3DS MAX R5.0 & Photoshop R7.0

室外建筑效果图实例制作精粹

张战军　侯军祥　编著

中国建筑工业出版社

图书在版编目（CIP）数据

室外建筑效果图实例制作精粹／张战军，侯军祥编著.
北京：中国建筑工业出版社，2004
ISBN 7-112-06781-2

Ⅰ.室...　Ⅱ.①张...②侯...　Ⅲ.建筑设计：计算机辅助
设计－应用软件,3DS MAX、Photoshop　Ⅳ.TU201.4

中国版本图书馆 CIP 数据核字(2004)第 076845 号

责任编辑：何　楠
责任设计：崔兰萍
责任校对：刘　梅　王　莉

3DS MAX R5.0 & Photoshop R7.0

室外建筑效果图实例制作精粹

张战军　侯军祥　编著

中国建筑工业出版社出版、发行（北京西郊百万庄）
新华书店经销
制版：北京嘉泰利德制版公司
印刷：北京建筑工业印刷厂

开本：787×1092 毫米　1/16
印张：23¼　字数：564 千字
版次：2004 年 10 月第一版
印次：2004 年 10 月第一次印刷
印数：1—1,500 册
定价：**220.00** 元(含光盘)
ISBN 7-112-06781-2
　TU·6028(12735)

本书首先分类介绍了使用 3DS MAX 和 Photoshop 制作室外建筑效果图的各种高级技巧和方法,然后精选了 7 幅有代表性的室外建筑效果图作品,对其中具有逼真材质和环境效果的售楼处以及一个复杂的办公楼场景效果图进行了逐步制作,对其他 5 幅效果图的制作过程也进行了扼要介绍,以起到强化读者实际制作技能的功效。全书策划周密准确,字里行间遍布各种创作技巧,还有许多技术性提示和警告性信息,几个精彩范例的制作几乎囊括了室外建筑效果图创作的所有技法。根据这些步骤,读者就可以制作出与作者一样水平的专业级电脑效果图。

本书及其配套光盘具有丰富的内容、经典的范例、高水平的创作效果、精美的包装和全彩印刷外。读者可通过对其中场景模型和图层文件的分析,来掌握各种创作方法和技巧;通过浏览和分析所提供的大幅面效果图,可在创作思路、艺术手法等方面得到不少启发;通过对其中造型文件的借用改造,可丰富读者自己所绘制的场景;通过对其中 PSD 文件和丰富逼真的各类贴图的使用,能为场景渲染和后期图像处理效果增色不少。通过对这些资料的充分利用,相信能大大提高读者的绘画速度和质量。

本书和光盘适合于正用电脑和准备用电脑进行室外建筑设计和效果图制作的人员使用,也可以作为多媒体制作、影视设计、广告制作和工业设计人员及美术工作者的参考书籍使用。

某商住办公楼设计方案效果图

某办公楼设计方案效果图

某办公楼设计方案效果图

某办公楼设计方案效果图

某办公楼设计方案效果图

某医院办公楼设计方案效果图

某住宅设计方案效果图

某住宅设计方案效果图

某宿舍设计方案效果图

某住宅设计方案效果图

某住宅设计方案效果图

某住宅群设计方案效果图

某通信站设计方案效果图

某通信站设计方案效果图

某别墅设计方案效果图

某别墅设计方案效果图

某小宾馆设计方案效果图

某别墅设计方案效果图

某小学校教学楼设计方案效果图

某商场设计方案效果图

花卉展销厅设计方案效果图

某体育训练馆设计方案效果图

某体育训练馆设计方案效果图

某体育训练馆设计方案效果图一

某体育训练馆设计方案效果图二

某单位大门设计方案效果图

某单位大门设计方案效果图

某住宅区大门设计方案效果图

某公寓门口装修设计方案效果图

某办公楼夜间照明设计方案效果图

某办公楼夜间照明设计方案效果图

某公园景观设计方案夜景效果图

某写字楼夜间照明设计方案效果图

某大厦夜间照明设计方案效果图

某大厦夜间照明设计方案效果图

某院落建筑规划设计方案鸟瞰图

某小学建筑规划设计方案鸟瞰图

某广场建筑群设计方案鸟瞰图

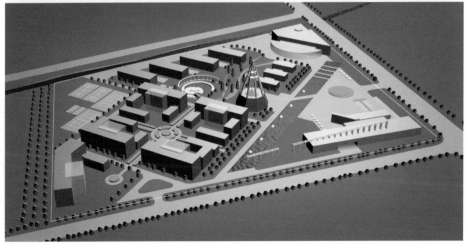

两个小区规划设计方案预览效果图

某住宅小区设计方案效果图

某果园基地规划设计方案鸟瞰图

前　言

　　如今，电脑效果图越来越为人们所瞩目，它不仅是设计师发展和完善原始方案构思、展现设计意图、吸引业主，获取工程设计项目的重要手段，同时也是众多商家推销他们尚不存在的建筑和装饰装修以及招商引资的有力工具。走在大街上，印有用电脑制作的室外建筑和室内设计效果图的大幅广告牌随处可见；每一次建筑与室内设计展览，就更是电脑效果图的海洋；面对这些精美、逼真、富于感染力的效果图，我们不禁要问：它们是如何用电脑制作出来的？

　　其实，用电脑制作效果图并非深奥的尖端学科，每一个具有高中以上文化程度和稍具美术素养的人都可以在两三个月内很好地掌握它，关键是要有一两本真正实用的创作电脑效果图的技术书籍。目前，市面上关于3DS MAX和Photoshop这类建模渲染和平面图像处理的资料、书籍几乎随处可见，其种类不下数百种之多。但这些指导书往往是就软件论软件，缺乏针对性，读者借助这些书籍可以初步掌握这些软件的使用，但从中很难直接学到创作效果图的方法，更谈不上技巧。还有一些书籍虽然标榜要指导读者学习制作效果图，但涉及制作效果图的篇幅很小，实际上还仅是在介绍软件的功能。有些书籍要么只介绍一些空洞的理论，读者在真正制作时还是感到无从下手，要么举一些非专业的、简单粗陋的实例，读者学完以后还是不能制作出能达到市场要求的精美效果图。

　　有鉴于此，作者与中国建筑工业出版社合作，特别推出了效果图创作的姊妹篇《室内设计效果图实例制作精粹》和《室外建筑效果图实例制作精粹》。这两本书都是以最新的软件3DS MAX R5.0和Photoshop R7.0为制作工具，结合大量实例训练来介绍效果图的制作方法和技巧，实例训练又是"Step By Step"式的具体操作步骤的详解，这不仅有助于读者迅速理解各种创作方法和技巧，而且能使读者对创作专业级复杂的效果图有一个具体的感受，在自己接到绘图任务时不致于无从下手。作者是在建筑设计院专门从事电脑效果图、电脑动画的创作人员，有多年的工作经验，书中所介绍的电脑效果图的制作方法、技巧是作者实际工作经验的整理和总结，其中的实例也是作者实际工作中的一些精彩作品。

　　本书首先分类介绍了使用3DS MAX和Photoshop制作室外建筑效果图的各种高级技巧和方法，然后精选了作者7幅有代表性的室外建筑效果图作品，对其中具有逼真材质和环境效果的售楼处以及一个复杂的办公楼场景效果图进行了逐步制作，对其他5幅效果图的制作过程也进行了扼要介绍，以起到强化读者实际制作技能的功效。全书策划周密准确，字里行间遍布各种创作技巧，还有许多技术性提示和警告性信息，几个精彩范例的制作几乎囊括了效果图创作的所有技法。根据这些步骤，读者就可以制作出与作者一样水平的专业级电脑效果图。相信通过对这部分的阅读和实练，读者都能在两三个月内很好地掌握效果图创作的各种技法。

　　本书采用全彩印刷，能为读者学习过程中对色彩的感受提供一定的参考。随书还有2张配套光盘，光盘中不仅包含了书中所有实例文件以及制作的过程文件，能帮助读者更好地学习书中内容，而且还为读者精选了几百个使用频率很高的室外建筑场景所需的贴图素材，都已用Photoshop软件处理好，可直接使用。书中的所有模型和PSD文件也可以直接或改造后合并到您的效果图中使用，这些都将为您的电脑效果图创作提供极大便利。可以说这本书是物超所值的，欢迎广大读者朋友们选购阅读，谢谢！

在许多发达国家，电脑效果图的绘制出现了专门化的趋势。相信随着我国大量商业化建筑与装修装饰设计需求的急剧增加，电脑效果图的需求也必将大量增加，这无疑为未来的社会提供了一种诱人的职业选择机会。

在本套图书的写作和出版过程中，得到北京总装备部工程设计研究总院的领导、同事的大力支持和帮助，也得到中国建筑工业出版社工作人员的紧密协作与精心指导，在此一并向他们表示衷心的感谢！本书中的观点、体会、感想仅代表作者个人意见，所介绍的建议、方法和技巧也是作者的一家之言和个人经验，其中的错漏和不妥之处是难免的，恳切希望得到各方面及时的批评和指正，欢迎效果图创作的爱好者与本书作者进行共同探讨。如果在学习使用过程中发现问题，可以与作者联系：

Email：zzjhm@cetin.net.cn

编者

2003 年 12 月于北京

目　　录

第一章
电脑建筑画创作概论

在建筑设计过程中，当建筑师确定设计方案后，就必须向客户展示他的设计，而向非专业人士展示建筑设计确实相当困难，因为没有真实立体的场景直观效果，抽象的设计图纸(如平、立、剖面图、材料说明等)对于普通人是很难理解和想像的，而电脑建筑画正是完成这种展示的最佳途径。当前，随着计算机技术突飞猛进的发展，计算机已经应用到人类社会生活的方方面面，当然也毫不例外地成为创作电脑建筑画的有力工具。用计算机绘制的室外建筑与室内设计效果图越来越多地出现在各种设计方案的汇报、投标、竞赛以及房地产商的招商广告中，成为设计师展现自己作品、吸引业主，获取工程设计项目的重要手段，越来越受到广大设计人员和效果图绘制者的重视和青睐。

1.1 电脑建筑画简介

建筑画，又称建筑效果图、建筑表现图，是指包含室外建筑、小区园林规划、室内装饰装修设计等建筑对象的绘画作品，主要是用来展现建筑空间设计构思和效果。电脑建筑画，顾名思义就是"以电脑为创作工具而绘制的建筑画"，以此来区别用传统绘画工具，完全由人直接手绘而成的建筑画。与传统手绘建筑画相比，利用电脑绘制建筑画有其独特的魅力和优越性，主要表现在以下几点：

首先传统手绘建筑画是人运用画法几何的方法绘制透视，完全依靠人的感觉，要求制图者具有较高的绘画水平和对尺度的敏锐感觉。因此空间的透视往往直接受到绘画者个人的主观局限，不能做到非常准确，偏差、变形几乎是难免的，有时甚至会出现明显的失真。而电脑建筑画的透视是由电脑通过科学计算得到的，各构件的尺度、远近关系都被描绘得非常精确。对于没有学过画法几何的人也可以轻松得到建筑场景的透视，因此绘制透视这部分工作几乎完全是由计算机来完成了。

其次，在电脑中场景模型允许以各种透视角度来观看，可以方便地修改和替换材料、材质，提供同一场景的多种影像效果，有利于设计师对方案的推敲和修改。另外，在电脑中建筑画的体现形式是一个数字化电脑文件，因此可以方便地进行无数次不同比例的输出、修改与保存，彻底改变了传统手绘建筑画"一次性使用"的弊端。譬如说，当你想改变建筑场景的透视角度时，传统手绘建筑画就只能从头重新开始，另画一张；而在计算机上你就可以轻松改变相机的角度，让计算机重新渲染一遍即可。当你想改变建筑场景中某个组件的大小、形状、材质、色彩时，你都可以轻松修改，计算机会很快重新渲染完毕，大大提高了工作效率。因此，用电脑绘制建筑画更加适合建筑设计表现本身所要求的时效性、实用性和工程性，这些都是传统手工绘制建筑画所无法比拟的。

第三，电脑建筑画的色彩、材料质感、配景等比较真实精细，具有准确性和科学性。与其他门类的设计效果图相比，电脑效果画需表现的内容更加广泛，除了最基本的空间构造与气氛烘托外，还涉及到器物、植物、人物等的绘制。在室外场景中，建筑模型繁琐复杂，对光影、建筑体量和气势、环境配景等都要求真实、准确、融洽；在室内场景中，物体尺度与人体更为接近，需要更加细致入微的刻画，从空间界面、光影、色彩、直到材料质感的表现，都要达到相当的深度。由于电脑对场景中的所有要素都采用数字化参数的描述方式，这就使得场景模型、材质、灯光、透视等的绘制和编辑变得容易控制。另外，由于电脑所特有的精确计算能力和绘图技法，使得室内外建筑场景不仅透视关系非常正确，而且电脑通过复杂的光照模拟技术能使建筑材料质感、植物、人物、光影、色彩和环境空间的空气感都能得到较为真实的表达，有些配景甚至本身就是真实的照片，通过电脑融入了建筑画中，体现了电脑建筑画的真实性和准确性。

最后，由于电脑建筑画是一种高度数据化的信息，因此它可以在不同地方的显示器中显示，也可以通过打印机打印成彩色图像，既可以保存到磁盘中，也可以通过网络、无线电波等进行传输，这不仅便于交流，也适合现代设计方式的需要。计算机绘画采用的是电子工具和媒介，这就节省了大量的绘图用具和绘图空间，同时使用键盘和鼠标代替了画笔，也使制作过程变得整洁、轻松和容易。譬如，在传统手工绘画中通过颜料混合很难调出的颜色，在电脑中就很容易调整出来。这是因为电脑在真彩模式显示时，能提供 1600 多万种不同的颜色，大大超过了人眼所能分辨和人脑所能想像的颜色种类，而且每种颜色都有固定的参数描述，随时可以选择使用，真正能做到"所见即所得"，避免了创作者调颜料的随机性。

需要指出的是，虽然电脑建筑画具有如此众多的优越性，但是它在某些方面并不能完全取代传统手绘建筑画。这是因为电脑这种绘画工具是通过数量化的方法和可精确调节的技术性指标来模拟场景的，因此它对设计作品的意境表达、艺术效果、绘画随意性和人为夸张渲染等方面要逊于传统手工绘画。手工绘画善于表现场景的意境、气氛、艺术效果和创作者的主观感受，富有人情味。相比之下电脑建筑画作品往往显得有些呆板、生硬。这一方面是由于电脑这种绘图工具所致，更重要的是创作者手绘建筑画的修养薄弱，缺乏手绘效果图的训练，对如何表现场景各部分的素描关系、灯光效果、色彩关系、材料质感、环境气氛等缺乏良好的认识所致。因此要想绘制出非常好的电脑建筑画作品来，不仅要掌握电脑软件的使用技法，还要有一些手绘效果图的功底，懂得一些建筑画绘制的基础理论，掌握一些绘画过程中的基本原则，这样就可以在场景渲染和图像处理中对画面进行一定的效果处理来弥补。

1.2 建筑画绘制基础理论

对于创作电脑建筑画而言，电脑就相当于一支画笔，而能否创作出一幅令人满意的作品，还需要创作者对建筑有很强的理解和想像能力，画面谋篇构图能力，色彩搭配能力，不同时空中的光影变幻能力等。这一切都要求我们有一定的美术基础，而且要在学习和日后的创作过程中不断提高自己的艺术修养和审美能力。在这里简单介绍一些相关的建筑绘画基础理论，这些理论与电脑并没有直接关系，它们都是人们在长期的实践中总结出来的，符合绝大多数人的审美观，我们应以这些理论为指导，把这些理论运用到实践中去。

1.2.1 把握画面总体效果

建筑设计效果图描绘的是宏大的室外场景，注重建筑物的整体结构和体量效果，追求大的环境气氛和对建筑物本体的理性思考。室内设计效果图属于近景图画，更加重视室内建筑物的表面效果和细部结构，追求的是画面构图、色彩和艺术表现力，带有一定的人为感情色彩。在建筑画的创作中应总体把握画面的形、色关系，将丰富的自然环境及建筑实体归纳和组织在有序的关系之中，把天、地、建筑、配景、器具等看作几个色块的构成关系，合理安排其间的进退、强弱、虚实、明暗、冷暖等关系，使之形成一定的秩序，该突出的部分加强，该退让的部分减弱，从而表现出协调而统一的总体效果，使画面的各部分形象丰富却不觉得繁琐破碎，形象单纯却不觉得空洞贫乏。画好建筑画，就必须从总体关系着手，把握画面的总体效果，只有这样才能符合人的视觉和审美规律。

平均对待整体与局部、重点与一般是整体表现的大忌，因此在作画之先必须统筹安排，使画面主次分明，重点突出。在以单体建筑为题材的建筑画中往往把重点放在入口部分；在群体建筑为题材的建筑画中又常把重点放在主题建筑或放在所围合的主体空间上。为了突出重点，可以使其在构图上处于显要位置或用透视聚焦法加以强调。在处理手法上也应将形体结构、相邻界面交待清楚，并在明度和色相对比上作相对的夸张，细部加以精心刻画，至于配景诸如天、地、车、树、人物等只能作烘托处理，不宜喧宾夺主。一般的画只能有一个重点，较大的画或更大场面的画可以有多个次重点。由于从画面整体出发对重点局部作了突出的刻画，因而加大了表现深度，使之具有了丰富的内涵，达到"尽精微、致广大"的境界。画面中不仅要抓住重点，整体把握，同时也要处理好各部分之间的有机组合关系，使部分与部分之间处于适度关系，使其上下、左右、前后相互联系，互为依存，这样才能使被描绘的对象得到比较充分和完整的表现。

1.2.2 建筑画面构图

画面构图有一些行之有效的原则，说起来并不困难，然而如何把这些原则运用到实践中去，就要凭每个人自己不断地努力了。

(1)画幅形式：一般根据所表现的建筑性格、造型等因素来决定。横向体型的建筑，宜采用横幅构图，以使画面空间舒展开阔、平稳安定；竖向体型的建筑，宜多采用竖幅构图，以加强建筑物挺拔高耸之势；小型建筑宜采用方形构图，以表达温静和亲切的气氛。

(2)主体建筑：从画面布局上说，主体建筑应安排在画面的主要位置和视觉中心。过于居中，可能会使人感到呆板，应略偏中心，使建筑物正面主要入口所在的地方，留有较大的空间，比较适宜。主体建筑的大小应与画面成合适的比例，如果太大，容易使画面拥挤局促；反之，主体建筑过小，会使画面空旷而不紧凑，削弱了建筑的表现力和感染力。从画面表现的空间纵深上说，主体建筑应放在中景，对其形体结构细部要做深入的刻画，前景和远景仅起陪衬作用。近景一般安排地面、树木、建筑小品、建筑物局部和影子等，近景色重而不强调体积，没有前景的画面会缺少纵深的空间感。远景安排诸如次要建筑、远树、远山、天空中的云层等，远景色淡而含蓄，无远景则画面会如模型般虚假。

(3)建筑透视：在设计意图明确、所要表现的内容确定的情况下，所面临的主要问题就是如何选取最理想的透视角度。透视角度的选取应尽可能多地表现建筑整体与环境的关系，场景的选取也应尽可能大些。大多情况下，我们选择建筑整体设计中功能最重要、最容易出效果的部分进行表现。有时我们还重点表现设计师认为最精彩的设计部分，因为这里最能体现设计师的设计新意，可能也是建筑画最精彩的部分。平行透视适合表现建筑庄重、肃穆的气氛。成角透视能够比较自由、活泼地反映出建筑的正侧两个面，容易表现出建筑的体积感，并具有较强的明暗对比效果，是一种有较强表现力的透视形式，在电脑建筑画中运用广泛。三点透视具有强烈的透视感，高视点视野开阔，地面相应看得多些，在表现城市规划和建筑群时，常采用视点提高的方法来绘制"鸟瞰图"；视点低则庄重稳定，地面看得相应少些，我们常采用仰视的办法来加强建筑物挺拔高耸之势。

(4)画面背景：背景的选择和绘制应考虑它与建筑物的互衬关系。外形简单的建筑宜衬以丰富的背景，而外形复杂的建筑则宜衬以简单的背景。建筑物应与背景在明暗上有适当的对比，对比愈大图像愈清晰，实体感愈强，对比愈小，则图像粘连而愈模糊。比如，天空与建筑墙面的明度靠近，则两者必然相互粘连而不能相互衬托；如果窗户与天空的明度相接近，那么窗户将成为一片墙面上透天的孔洞。建筑是静止的，如果利用背景的动势如翻滚的云、奔走的汽车人流等，则可以使静止的建筑增强表现力。

(5)比例与尺度：任何造型艺术都有比例问题，只有比例谐调的物体才会引起人们的美感，1：1.618被称为黄金分割，是公认和谐美的比例关系，这一比例广泛应用于建筑和艺术领域。尺度是研究整体和局部，用来感知、比较物象大小的，它和比例是互相联系的。我们可以从局部和整体的关系中找到适当的尺度感。局部越小，通过对比作用更可以衬托出整体的高大，反之，过大的局部会使整体显得矮小。在建筑画创作中，我们常常以人体作为标准，其他物体与人体进行比较，以获得比较正确的比例和尺度关系。只有正确处理好空间、物物之间的尺度与比例关系，才能从整体上表现出建筑环境的美感和真实感。

(6)画面均衡与韵律美：在建筑画创作过程中，应先根据建筑的规划设计来构图制作，然后再利用配景来使画面整体上保持均衡、稳定，并与主体建筑一起形成统一的力感、动感和韵律感。画面均衡能给人以安定、平衡和完整的感觉，要获得均衡的画面效果，就要避免使各构图要素在轻重、疏密、变化上的等同。视觉上的轻重感往往根据物体的大小、形状、色彩和质地来判断。在其他条件相同的情况下，深色的物体要比浅色的物体重，体积大的物体要比小的重，表面粗糙的物体要比表面光滑的显得重。疏密的处理要讲究层次变化，使物体排列有节奏，富于韵律感。韵律感的产生既要靠连续、重复，又要靠交错、变化，两者必须和谐统一。只有连续重复而无变化，会产生单调感；反之，则会显得紊乱，没有节奏感。

1.2.3　建筑画面色调

色彩在建筑画中起着非常重要的作用，尤其在表达建筑的色彩设计和建筑环境气氛方面，色彩有着不可替代的作用。建筑色彩是和建筑中的每一个物体的材质紧密联系在一起的，它比建筑形体更具表达感情的作用，能够先于形体反映画面的感情效果。一幅建筑画在色彩方面最重要的因素是整体色调的把握，因为画面的色调往往决定了表现对象的许多重要特征和环境气氛方面的特点。如深沉的色调常常体现出表现对象庄重肃穆的特点；而商业或娱乐性的建筑则往往通过明快、活跃的色调来表现。一幅画的色调是由构成画面的一种总的色彩倾向决定的。因此，在着色过程中必须有意识地把握这一种色彩倾向。色调的选择只有与所表现对象的时空氛围相一致，才能真正显示出它的美感。

色彩具有三种属性，即色度、饱和度和亮度。色度确定色彩的种类，饱和度决定色彩的浓度，亮度决定色彩的明暗。色彩在色度上有暖色和冷色之分，用红、黄、橙、赭石、熟褐等色组成的画面，具有热烈、奔放、刺激的特点，使人感觉温暖，称之为暖调子，适合表现商业环境或餐厅等。用蓝、绿、青、蓝紫等色组成的画面，具有安静、稳重、清怡、凉爽的特点，称之为冷调子，一般用于表现办公建筑、公共和纪念性建筑。对于暖色，饱和度越高越具温暖感，亮度越高越具有前进、突出、接近的效果，体积也越觉得有膨胀感，显得体积扩大。对于冷色，饱和度越高越具有凉爽感，亮度越高越具有后退、凹进、远离的效果，体积也越觉得有缩聚感，显得体积缩小。色彩在亮度上有亮色、暗色之分。亮色具有明快、清亮的特点，有一尘不染的清洁效果，称之为亮调子，一般适合表现开敞的公共厅堂和一般的建筑物。暗色显得端庄、厚重，烘托气氛更浓，容易表现灯光效果，称之为暗调子，一般适合表现酒吧、舞厅和室外建筑的夜景。色彩的重量感取决于亮度和饱和度，亮度和饱和度高的显得轻，低的则显得重，在建筑画创作中常利用色彩的轻重作为建筑构图达到平衡和稳定的辅助手段。另外，色度、饱和度、亮度都比较接近的朦胧色调，感觉柔和、静雅，可形成一种和谐的气氛，称之为中性调子，一般适合表现居室、客房等。一般建筑画不常选用过亮和过暗的调子，因为那样会减少画面层次，而经常选用具有少量明、暗色块的中等调子来表现。

同类色调画面容易取得典雅、朴素的效果，一般比较容易绘制，但应注意变化其亮度和饱和度，亦不可忽视点缀必要的少量低纯度对比色，如人物、汽车等配景，以使画面不流于单调。要画好对比色调则需要一定的功力，就建筑画而言，经常使用的是冷暖色对比。对比色调要求画面以某一色系为主调，而控制对比色的面积，可以使画面出现灿烂的色彩效果，但一定要有主有辅，提高某一色性，降低与之相对的另一色性，并处理好面积对比和明暗对比。如蓝天、绿树、碧水、玻璃幕等为冷色系，米黄色建筑、淡黄色路面、高纯度红黄汽车、衣着艳丽的人物等为暖色系。在画面中，恰当地处理冷色和暖色的面积和深浅对比，能使画面艳而不俗。更深层次，可以在冷色区域加入暖色变化，或者在暖色区域加入冷色变化，则更能使画面光彩夺目，绚丽多姿。如在蓝色玻璃幕墙上产生黄昏时分的金黄色阳光反射效果，将建筑物的受光面处理为暖色，而次受光和背光面处理为弱冷色，蓝色天空中的冷暖渐变等。

1.2.4 建筑画面光影效果

没有光便无法体现物体的形状、质感和颜色。画家正是利用绘画艺术对光照效果的分析和色彩表现的理论来绘画的。在自然界中，物体受光形式是多种多样的，而在建筑画中则要根据特定时空选择最佳的受光形式。建筑画常选用两面受光形式，以充分表现建筑形体的细部和空间的层次。一个建筑物至少可看到三个面，其中一个面几乎与光线垂直，受光充足，因而最亮，称之为受光面；另一个面几乎与光线平行，受光条件差，称之为次受光面；第三个面不受光直接照射，只有环境光，明度暗，常为建筑构件的底面，称为背光面。受光面决非都一样亮，暗面也非都一样暗。由于物体材质特性、人视距离、空气层等因素的影响，受光面的各部分在受光明度幅度内，也有相对明暗之分；同样背光面各部分，在背光明度幅度内，也有相对明暗的差别。

光源照射物体，有一部分光会被物体反射出来，再去照亮其他物体，这种光线就成为漫反射光或环境光。当光源色冷时，物体受光面冷而亮，背光面则偏暖而暗；反之当光源色暖时，受光面暖而亮，背光面则偏冷而暗。天、地、建筑及配景等的色彩相互影响着对方的相对明暗和冷暖，这就是环境光的影响。由于环境光较弱，因此它对受光面影响不甚明显，而对背光面影响较为明显。背光面上部受天空影响，一般暗而冷；下部受地面环境光影响相对亮而色暖。物体间距离近，则环境光反射强而亮，相互色彩影响较明显；距离远，则环境光反射弱而暗，相互色彩影响较小。正确表现物体间环境光的相互影响，能在更深层次上强化画面色调的冷暖对比，产生真实的画面效果。

任何光源受物体的遮挡都会投射阴影，物体的投影既反映了物体的形状，也反映出被投面表面的凹凸变化，对于表现建筑形象起着十分重要的作用。在鸟瞰图中，我们经常采用一面受光，其他面背光的形式，这样可在地面上产生明显的阴影，以衬托建筑物，增强空间层次感。在平视建筑物时，准确明显的阴影关系也能增强建筑的立体感和真实感。在室内环境中，由于光源数量多，光线的颜色和强度不同，方向不同，往往相互抵消，因此阴影的效果不是很明显。而室内光滑表面如石材、木质漆面、水面、镜面等的反射倒影的刻画，却显得很重要。正确的倒影关系对于反映物体材料质感、活跃画面气氛有着十分重要的作用。总之，"艺术地再现真实"是建筑画绘制的较高境界，而正确掌握建筑空间中的光影关系是达到这一目标的必然要求。

1.2.5 建筑画面配景处理

建筑画所表现的建筑应融于一个真实可信的时空环境之中，只有真实地表现了环境之美，才能使主体建筑表现得更完整、更可信，才能形成特定的建筑气氛和意。主体建筑以外，空间环境的每一部分都可作为配景处理，如天空、远山、地面、水面、相邻建筑、植物绿化、人物、汽车、小品、器具等，这些环境构件是建筑物最重要的衬托因素。刻画好配景能有效地烘托环境气氛，衬托主体建筑的体量、动势和空间层次。适当的人物、景物等点缀不但可以弥补构图和画面处理上的不足、平衡画面，同时也能活跃、渲染特有的气氛。为了妥善地处理好环境表现，应考虑以下几个方面：

(1)环境与主体建筑应协调、统一，使建筑所处的环境具有真实感和可信感。要对建筑所处的地形、地貌等自然环境作比较真实的描绘，以期使建筑画尽量符合建成后的真实效果。配景的设置要与建筑物的功能性一致，如住宅小区要有宁静的气氛；工厂建筑应有紧张和欣欣向荣的气氛；园林建筑则应有美好的自然景观。

(2)环境配景的设置应起到加强建筑画面空间层次感的效果。不同类型的配景所表现的空间特性是不一样的，须小心处理。一般而言，近处的配景应偏暖，明度反差大，体积感强，纯度也比较高；远景应相对偏冷，明度反差小，体积感弱，距离越远纯度也应相对降低。为了有效地突出主体、衬托建筑，应以深衬浅或浅衬深、繁衬简或简衬繁的原则，通过天空、树丛等自然景物的配置来突出建筑物的外轮廓。配景的轮廓应避免与建筑的轮廓相重复，云的走向要避免与建筑的主要走向相平行，行人车辆等也应避免均匀布置等。在表现人物、车辆等配景时，应注意透视关系和比例关系，特别是它们与视平线的关系应设置正确。比如，在粘贴人物时就要保证场景中所有人物的大小与整个场景的尺度关系正确，并且站在同一高度的所有人的眼睛都应和观察者的视线在同一水平线上。另外，还应注意配景的虚实关系处理，在近景的描绘中，人物和其他景物的比例较大，需要刻画得细致一些。

(3)建筑配景能衬托建筑、丰富画面、活跃气氛，但也不能罗列太多，应作高度的概括和简化，且要求每个配景图案性要强，层次要少，以防配景过于繁杂、刻画过于精细生动而冲淡主体建筑，产生喧宾夺主的效果。应选择那些适合表现设计思想，能活跃气氛和平衡画面整体色彩的配景。比如，如果整个画面的色调过于灰暗，则可以加上一些明度和纯度较高的配景来起到点缀的作用；反之，如果色彩对比过于强烈或色调不够统一，则应当用灰性的配景来起到调和作用，以使色调更加悦目。配景的位置应考虑到构图和实际场景的需要，不应遮挡重点表现的中心部位，可在建筑画中有漏洞或不好表现的非重点部位进行绘制。

1.3 电脑建筑画创作经验谈

电脑建筑画是设计师头脑中构思的三维影像表现，然而这种头脑中的构思是看不见摸不着的；电脑建筑画又是一种"有计划的预想"的表达过程，它具有一定的目的性和实践性。因此要想创作出一幅优秀的电脑建筑画并不是一件简单的事情，况且在实际的工程设计中还要受到诸如建设单位的特殊要求、时间限制、欣赏习惯以及绘制者个人软件掌握程度、创作技法水平、对建筑的理解和美术素养等各种因素的制约。那么到底怎样才能创作出一幅优秀的电脑建筑画呢？这里是编者的几点创作经验和感想：

(1)所绘制的室外建筑或室内设计必须是个成功的设计。这是效果图创作好坏的基础，因为一个考虑不成熟的或不完备的设计方案，即使绘制者的绘画素养和技法水平再高，效果图再花哨，那也是空洞的，没有意义的。当然，一个成功的设计还要考虑建设单位的特殊要求、欣赏习惯，以便于设计师与建设单位及有关方面进行沟通，使自己的设计得到认可，进而变为现实。

(2)作为展示设计结果或用于工程投标的建筑表现图，要完整、精确和艺术地表达出设计的各个方面，同时又必须具有相当强的艺术感染力。"艺术地再现真实"是电脑效果图创作的较高境界。因此一个优秀的效果图的绘制者必须具有一定的室内外建筑设计和绘画方面的知识素养，比如应掌握和理解建筑环境和各种物体所具有的立体、空间、尺度、灯光、气氛、色彩、材料质感等表现特征，应具有透视与画面的构图能力以及色彩知识与运用的能力等等。这样的效果图绘制者才可能将建筑形体、色彩、灯光的"度"控制得当，以便处理好建筑设计的空间、物物、色彩等关系，才能从整体上把握住建筑环境的色调和气氛。

(3)效果图创作者要在深刻理解和熟练运用各种软件的命令、功能的基础上，能熟练掌握并灵活运用建筑效果图创作的各种技法。这对于利用计算机绘制效果图来说是最基础的。在本书中编者通过大量的实例训练，对电脑效果图的各种创作方法和技巧进行了比较全面和详细的介绍，相信通过本书的学习，能使您具有创作优秀电脑表现图的能力。

(4)效果图创作者平时要做到眼勤手勤，多收集整理一些创作素材。常备的素材图库有以下三类：一是三维模型图库，如各种配景小品、桌椅、沙发、床具、灯具等配景物。使用三维模型图库来制作相关的物体和配景，省却了用户自己建立三维模型的麻烦，提高了工作效率。二是影像图库，如绘画中经常要使用的配景人物、植物、灯具以及天空、外景、水面等，它们来自于书本、广告画报上的图片，光盘图库、有些甚至是自己实拍的照片。三是材料纹理图库，如石材、木纹、布纹以及各种反射贴图、拼花贴图等，这对于材质的制作会提供极大的方便。大量的常备图库对于电脑效果图的创作是十分必要的，当你收集整理的素材几乎能够包罗万象，十分丰富时，你想用什么类型、什么形态与色彩的素材，几乎都能信手拈来，这样你的绘画速度和质量都会有很大的提高。本书配套光盘中为您精选了几百个贴图素材，都已用Photoshop软件处理好，可直接使用，将为您的电脑效果图创作提供极大方便。

电脑建筑画是绘制者对绘图软件指令、创作技法、对建筑设计的理解以及个人各种素养的综合运用。以上几点是创作优秀电脑效果图的先决条件，而在实际的创作过程中，还必须做到以下几点：

(5)在动手绘制电脑效果图前，绘制者必须深刻领会设计师的设计意图，这是电脑效果图创作的重要阶段。绘制者必须首先读懂建筑设计的平面、立面、剖面图及其材料表，并与设计师进行交谈，搞清楚所要表现的主要空间关系、物物关系、整体明暗、色彩与灯光关系、物体细部构造以及与周围环境的关系等，最主要的是领会建筑设计的意图，即想要表现一种什么样性质的建筑空间意境：是简洁明快的现代化高层，还是庄重严肃的纪念性建筑，或是气氛热烈浓厚、温暖的商业环境与餐厅，还是感觉柔和静雅、亲切和谐的居室、客房……或是兼而有之。一旦理解了设计的意图、场景的构造、以及各种需要表现的关系之后，我们的头脑里就基本上有了一幅大致完整的作品。以后的一切表现就均应围绕这一中心展开，包括模型、材质、灯光的创建、透视角度的选取、光影与色调的设置等，甚至极其微小的器物、配景、陈设品的设置。只有心中有了这个目标，我们才能做到有的放矢，然后通过不断调试去完善、实现甚至超越这个目标。

(6)在对建筑设计方案进行了全面分析并领会了设计意图之后，首先应确定大致的透视方向，在这个观察方向上应能最大限度地表现建筑设计的意图、空间、造型，在未来的渲染图上能得到均衡、稳定的画面布局。然后就可以在3DS MAX中动手建立建筑场景的三维模型了。由于我们最终想要的结果是一幅静帧的彩色效果图，因此在视线方向上被遮挡或看不到的场景部分可以不去建模，以使我们的工作更快捷有效。在3DS MAX中建立三维模型应遵循以下几个原则：一、应按不同材质部位将场景拆解成多个组成部件，来分别建立模型（一般以物体来区分），以便于将来材质和贴图坐标的设定；二、为便于模型的创建，各部位材质相同的复杂物体也可拆解成多个组成部件，在分别建立模型后再通过拼装组合起来；三、在建模过程中尤为重要的是物体的准确位置和物体间的精密结合，因此在必要时应该尽量使用3DS MAX的各种锁定、捕捉、对齐和精确输入功能。总之，通过这种"搭积木"的方式就可以"拼装"出整个建筑场景的三维模型。

另外，改变物体及其材质的缺省名称，使其具有一定的意义，有助于对复杂场景众多物体的归类管理。比如组成墙体的物体及其材质有Wall01、Wall02、Wall03、Wall-glass、Wall-qun等，这些物体都是墙体的组成部分，因此都有关键词"Wall"，墙体上的窗玻璃、墙裙还可用Wall-glass(墙－玻璃)、Wall-qun(墙－裙)来表示，它们的材质也建议用与物体名称相同的大写字母来表示。将属于同一部分(如顶棚部分)并且材质和贴图坐标相同的物体联结或编组为一个物体，将会大量减少物体个数，也有利于物体的归类管理和渲染调试。

(7)在建模过程中，应使用适当多的面来建立模型。由于组成物体的面越多，物体显示、调试、编辑和渲染的速度就越慢，因此在不影响最终图像渲染效果的情况下，应尽量减少物体模型中的面。这可通过以下几种方法来做到：一、对于一些外形复杂的物体和配景，如配楼、植物、人物、灯具、器物等，应尽可能通过在Photoshop中粘贴的办法来处理，它们的模型一般可不必创建。二、尽量使用贴图材料，建立简单模型的办法，如地面拼花图案、砖墙缝隙和纹理、窄的凹痕和分格线等。三、根据物体在画面中的大小来确定组成物体的面的多少，比如一个由曲面组成的物体，如果它距视点较近，那么它在画面中就较大，为使其渲染后表面光滑，就必须使其具有较多的面；相反，如果它在画面中很小，那么只要很少的面，就可得到光滑的渲染效果。又比如，在场景中位于相同位置的两个圆柱，较粗的圆柱需要使用比细圆柱较多的面才能得到同样光滑的渲染效果。四、去除物体的厚度会减少组成物体的面数，比如对于很薄的物体如窗帘、旗帜、壁画等以及在场景中只能看到一个面的物体如地面、水面、草地、反光玻璃等，都可以将它们变为没有厚度的单面物体，而它们的渲染效果不会降低。五、合并修改堆栈，将物体塌陷为一个可编辑的物体，可释放相当多的内存，有助于提高渲染速度和降低模型量。六、复制物体时，尽量使用关联(Instance)复制，这样也可减少模型文件的存储量。

(8)三维模型一经建立并调整妥当之后，便可对其进行渲染了。这里的渲染是指给物体设置材质和贴图坐标、建立相机、布置灯光、调试和最终渲染输出的过程。物体材质和贴图坐标的设置可在所有物体建立完毕以后，也可以在每个物体模型建立之后，这主要依个人的习惯而定，不过最好还是一边制作物体模型，一边制作并指定材质和贴图坐标。如果在很多模型制作完成后再分别制作并指定材质和贴图坐标，那将会比较复杂和混乱。比如建立了一个柱子之后，就给它赋予材质和贴图坐标，然后复制该柱子，则柱子的模型和材质均被复制了；相反，如果所有柱子复制完毕之后再赋材质和贴图坐标，那么每个柱子都进行一遍材质和贴图坐标的设定，那就太麻烦了。相机的建立和调整要考虑充分表现设计意图以及画面的构图，相机一般应在建筑模型基本建立之后创建，而建筑环境的模型一般应在相机、灯光等调整完毕之后加入。灯光的布置一般应在相机的建立和调整之后，布置灯光主要需考虑的是能模拟光源照射的真实感、空气感和场景空间感。在渲染过程中，尤为重要的是对设计意图和整个场景色调的把握，一幅效果图最后成功与否，在很大程度上取决于这一阶段的创作。在确信已获得了最佳的相机角度、灯光和材质效果之后，就可以进行最后的渲染计算了。最终的渲染尺寸要尽量大一些，以保证将来平面图像处理和打印输出能产生较好的效果。

(9)利用Photoshop进行的平面图像处理包括两方面的内容：一方面是为物体的材质创建和编辑贴图。对贴图的创建和编辑应主要考虑贴图的尺寸、色彩、纹理的大小和连续性等，要保证它们符合实际场景贴图材质和贴图坐标的需要；另一方面是对在3DS MAX中生成的建筑渲染图所进行的修饰、编辑和补充，这可用来提高效果图整体的艺术表现力、真实性和完整性。另外，还可以利用适当的绘图和滤镜工具，来进行画幅的装帧和版式设计、加入一些文字和图像以及产生表现设计意图的油画效果、水彩效果、蜡笔效果、白描效果等等。经过Photoshop后期图像处理的建筑效果图，即可作为最终的作品，通过相应的输出设备来打印出一幅真实而生动的电脑建筑画。由于利用Photoshop进行的图像处理是"所见即所得"的，用起来感觉干净利索，而且其功能愈来愈强大，因此在效果图创作过程中，利用Photoshop的创作成分越来越多了。

以上是编者对自己多年电脑建筑画创作的经验和感受，希望能对初学者有所启发。在下面的几章中，我们将通过一些实例训练和几个完整的室外建筑效果图作品来介绍电脑建筑画的具体制作过程和技法。

第二章

室外建筑效果图创作技法

3DS MAX R5.0和Photoshop R7.0是目前国内用户群最大的三维制作和图形图像处理软件,在影视广告和电脑建筑画制作领域被广泛应用。本书并不打算详细介绍它们的操作方法,这是因为市面上已有大量的书籍介绍它们的入门知识和使用方法。本书主要介绍如何运用它们创作出精美的室外建筑效果图,因此本章将直接介绍使用3DS MAX和Photoshop制作室外建筑效果图的各种高级技巧和方法。熟练掌握并灵活运用这些创作技法,是以后的练习和效果图制作的基础。

2.1 3DS MAX 中的创作技法

电脑建筑画的具体制作过程主要有建模、渲染和后期处理三个环节,其中建模和渲染两个环节在3DS MAX中完成,3DS MAX渲染结果的后期平面图像处理在Photoshop中进行。建模渲染过程包括建立建筑线架模型、给模型赋予特定的材质和贴图坐标、设置相机来观察建筑、布置灯光产生光影效果、大幅面渲染生成等几个步骤。下面我们通过实例来分类介绍在各个步骤中的创作技法。

2.1.1 建筑模型创建技法

同创作真实的模型类似,在3DS MAX中建模,首先需要对建筑各层的平、立、剖面图进行分析,研究它的建筑材料、色彩,以及它的体量关系、细部构造和所处环境等,争取在创作前对建筑形象有一个基本的认识,为最后的建筑画效果确定一个基本构思。然后将建筑分解成各种不同材质的建筑构件分别建模,如某建筑立面可以分为石墙、玻璃、窗台、窗格、勒脚等不同材质的建筑构件,因而可以在3DS MAX中分别创建这些构件的模型,最后通过拼装组合就可以建立起整个建筑的立体模型。一般而言,我们总是从建筑的底层平面开始,按照建筑的各层平面布置以及立面形式逐层建立模型。如果方便也可以先完成大的体块,如整个立面墙体,再添加细部,最后处理一些不规则的部分来建立模型。

由于建筑通常都是由一些形状比较规则的物体组成,因此建筑物的建模难度要相对简单一些,只是有些繁杂罢了。最常使用的建模工具恐怕就是将二维平面图形延展(Extrude)成三维物体的延展变动工具。常用到的建筑建模方法大致有以下四种,这四种建模方法是建筑画制作过程中经常使用的,往往在一幅建筑画的制作过程中,四种方法要互相渗透,轮流使用。

2.1.1.1 直接三维建模

直接通过 ▨Create(创建)命令面板中的▨(几何体)面板,利用其中的三维建模工具建立基本的几何体,如标准几何体(Standard Primitives)、扩展几何体(Extended Primitives)。一般来讲,再复杂的场景造型也可以分解为若干个简单的几何体,一些简单、标准的几何体通过拼装组合可以建成复杂的物体。有许多模型构件，如门窗、墙体、地面、柱梁等都可以用三维建模工具一次性建成。比如一扇门的制作，我们就可以仅制作一个Box(方体)物体，然后给其粘贴上一个门的贴图即可。该场景模型如图2-001所示，其中门的贴图如图2-002所示，在配套光盘一的\Ch02目录下有该场景的模型文件2-1-1-1.max和所有用到的贴图文件。

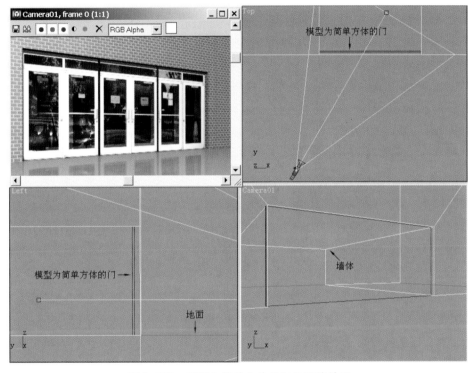

图2-001　模型为简单方体的门及渲染效果

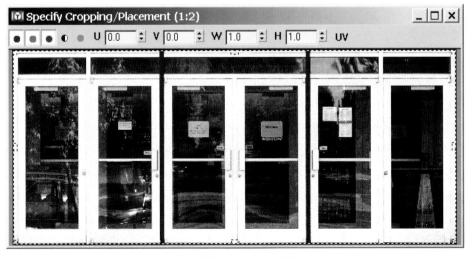

图2-002　复杂的门贴图

下面将利用标准几何体和扩展几何体来创建一个简单的高楼主体场景,以使我们对使用3DS MAX创建室外建筑模型产生一个感性认识。在配套光盘一的\Ch02目录下有该场景的模型文件2-1-1-2.max和所有用到的贴图文件。

(1)启动并进入3DS MAX R5.0,选择Customize/Units Setup菜单选项,在弹出的Units Setup对话框中,将度量系统设置为Metric(公制),公制单位设置为Meters(米),简写m。此时信息栏中数字后会出现m。

提示:在Units Setup对话框中设置的绘图单位,仅是信息栏和参数输入框中数字后的单位显示,只起标示作用,而与对象的实际尺寸比例无关。

对象的实际尺寸比例缺省为1单位=1英寸,需要改变它。在Units Setup对话框中按下System Unit Setup钮,在又弹出的System Unit Setup对话框中设置1 Unit=1.0 Centimeters(1单位=1.0cm),两次按下OK钮确定,以关闭所有打开的对话框。在下面所有章节的实例训练中,场景模型都是以这样的绘图单位来制作的。

(2)点取█/◙/Standard Primitives/Box,在Top视窗中画出一个任意大小的方体Box01,然后在其Name and Color展卷栏中将方体的名称改为Wall01,在Parameters展卷栏中设置Length=22m,Width=52m,Height=1.1m。

操作鼠标再次在Top视窗中画出一个任意大小的方体Box02,然后在其Name and Color展卷栏中将方体的名称改为Wall-d01,在Parameters展卷栏中设置Length=22m,Width=52m,Height=0.4m。

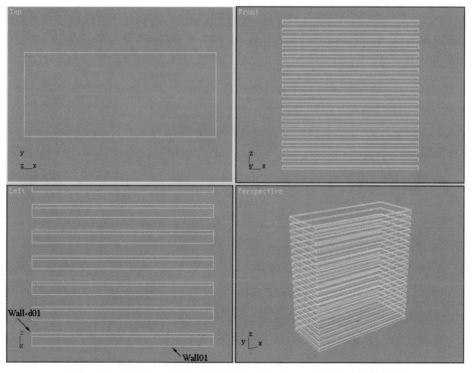

图2-003 Wall01～Wall19和Wall-d01～Wall-d19及其摆放位置

按下对齐钮▦，在屏幕中点取方体Wall01，在弹出的对话框中勾选X Position和Y Position，Current Object和Target Object都选择Center后按下Apply钮；勾选Z Position，Current Object选择Minimum，Target Object选择Maximum后回答OK，将Wall-d01与Wall01对齐，结果如图2-003所示。

使用选择工具▦，在Front视窗框选物体Wall01和Wall-d01；选择Tools/Array菜单命令，在弹出的对话框中将这两个物体进行一维阵列，在弹出的阵列对话框中，设置Y移动增量为3.0m，一维阵列的个数为19，并选择关联复制方式Instance，然后按下OK钮，则阵列产生的物体为Wall02～Wall19和Wall-d02～Wall-d19，结果也如图2-003所示。

提示：在阵列对话框中，我们看到复制有3种方式：Copy(独立复制)、Instance(关联复制)、Reference(参考复制)。如果选择Copy，则原对象和新对象将是完全相互独立的，这就是通常软件中的复制操作；如果选择Instance，则后来对原对象和新对象中任一对象的修改也会作用于另一对象；如果选择Reference，则后来对原对象的修改也会作用于复制出的新对象，而作用于新对象的操作不会改变原对象。

(3)按下按名称选择钮▦，在弹出的对话框中选取Wall01～Wall19后按下Select钮，以选择它们；选择Group/Group菜单选项，在弹出的对话框中输入组名称为Wall-1后回答OK；按下材质编辑钮▦，打开材质编辑器；选择第一个样本球，在名称框中设定材质名称为WALL，将该材质参数设定如下：

着色方式：Blinn
阴影区颜色Ambient：HSV(30，20，180)
过渡区颜色Diffuse：HSV(30，20，210)
高光区颜色Specular：HSV(30，10，230)
高光强度Specular Level：25
高光区域Glossiness：20

设定完毕后，按下材质编辑器中的▦钮，将材质WALL赋给当前被选择物体[Wall-1]。

按下按名称选择钮▦，在弹出的对话框中选取Wall-d01～Wall-d19后按下Select钮，以选择它们；选择Group/Group菜单选项，在弹出的对话框中输入组名称为Wall-d1后回答OK；在材质编辑器中选择第二个样本球，在名称框中设定材质名称为WALL-D，将该材质参数设定如下：

着色方式：Blinn
阴影区颜色Ambient：HSV(20，40，120)
过渡区颜色Diffuse：HSV(20，40，160)
高光区颜色Specular：HSV(20，10，200)
高光强度Specular Level：25
高光区域Glossiness：20

设定完毕后，按下材质编辑器中的▦钮，将材质WALL-D赋给当前被选择物体[Wall-d1]。

(4)点取 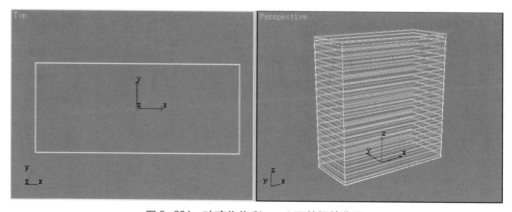按钮，

(4)点取 /Standard Primitives/Box，在Top视窗中画出一个任意大小的方体Box01，然后在其Name and Color展卷栏中将方体的名称改为Glass−1，在Parameters展卷栏中设置Length=21.6m，Width=51.6m，Height=54m。

按下对齐钮，按H键，在弹出的按名称选择对话框中选取Wall01后按下Pick钮，在又弹出的对齐对话框中勾选X Position和Y Position，Current Object和Target Object都选择Center后按下Apply钮；勾选Z Position，Current Object和Target Object都选择Minimum后回答OK，结果如图2−004所示。

在材质编辑器中选择第三个样本球，在名称框中设定材质名称为GLASS，将该材质参数设定如下：

着色方式：Blinn

阴影区颜色Ambient：HSV(0，0，0)

过渡区颜色Diffuse：HSV(0，0，0)

高光区颜色Specular：HSV(150，30，180)

高光强度Specular Level：35

高光区域Glossiness：35

纹理贴图Diffuse Color：100 Gradient

展开Maps展卷栏，设定Diffuse Color(纹理贴图)的强度值Amount=100，然后按下其右侧None长按钮，在弹出的材质贴图浏览器中选择Gradient(渐变)后回答OK；在Gradient贴图参数面板中，设置渐变颜色Color #1为HSV(150，110，150)，Color #2为HSV(150，60，180)，Color #3为HSV(150，10，230)，Color 2 Position为0.55，其他参数不变，该材质可产生渐变的反光玻璃效果。设定完毕后，按下材质编辑器中的钮，将材质GLASS赋给当前被选择物体Glass−1。按材质编辑器右上角的钮将其关闭。

(5)按下按名称选择钮，在弹出的对话框中选取所有物体后按下Select钮；选择Group/Group菜单选项，在弹出的对话框中输入组名称为W01后回答OK。

点取 /Standard/Target，在Top视窗拖动鼠标建立一个照相机Camera01；激活Perspective视窗，按下C键，则Perspective视窗变为Camera01视窗；通过调整相机及其

图2−004　玻璃物体Glass−1及其摆放位置

目标点的高度和位置，结果如图2-005所示。

点取 🖱/🔆/Standard/Target Spot，在Top视窗拖动鼠标建立一个目标聚光灯Spot01；然后在其Generate Parameters展卷栏中设置其亮度V为255(HSV为0，0，255)，Multiplier为1.35，在Spotlight Parameters展卷栏中勾选Show Cone钮，设置Hotspot为43，Falloff为45；在General Parameters展卷栏中，勾选Shadows区中的On钮，并选择Ray Traced Shadows阴影方式；使用移动钮🖱调整聚光灯Spot01及其目标点到如图2-005所示的位置。

点取 🖱/🔆/Standard/Omni，在Top视窗中单击，产生一个泛光灯Omni01；然后在其Generate Parameters展卷栏中按下颜色块，设置其亮度为120；使用移动钮🖱调整泛光灯Omni01到如图2-005所示的位置。

选择菜单命令Rendering/Environment，在弹出的对话框中单击Background区中的None长按钮，在又弹出的对话框中选择Gradient；拖动Gradient长按钮到材质编辑器的第四个示例球上松开鼠标，在弹出的对话框中选择Instance后回答OK，则产生一个Gradient材质，命名该材质为BACK；在Gradient贴图参数面板中，设置渐变颜色Color #1为HSV(150，150，150)，Color #2为HSV(150，120，200)，Color #3为HSV(150，20，245)，Noise Amount为0.7，Noise Size为4.7，Noise Phase为3.0，选择Fractal(分形)方式，其他参数不变。该材质可产生类似蓝天白云的背景效果。

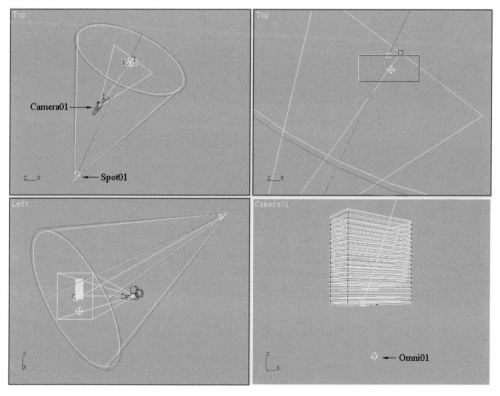

图2-005　相机、灯光和环境的设置

(6)点取 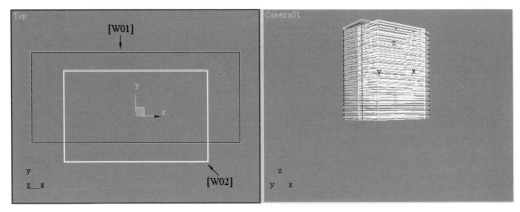钮，进入显示命令面板，在Hide By Category展卷栏中勾选Lights和Cameras项，将它们隐藏起来。

在Top视窗，使用移动钮🔸单击选择组合物体[W01]；然后选择菜单命令Edit/Clone，独立复制(Copy)[W01]为[W02]；在状态行中使用相对变换坐标钮，然后在Y输入栏输入−4.5m后回车，将[W02]向下移动4.5m。

选择菜单命令Group/Open，打开组合物体[W02]；在Left视窗，单击选择组合物体[Wall-02]；选择菜单命令Group/Open，打开组合物体[Wall-02]；单击选择[Wall-02]中的任一物体，然后点取🖉钮，进入变动命令面板，将Width的值改为36m；由于[Wall-02]中的其他物体都是关联(Instance)复制，因此所有物体都进行了同样的改变。选择菜单命令Group/Close，则[Wall-02]组合物体又组合起来。

同样，可以将[Wall-d02]的宽度也改为36m。

单击选择glass-02，在变动命令面板中将其Width的值改为35.6m；选择菜单命令Group/Close，则[W02]组合物体又组合起来，结果如图2-006所示。

图2-006　变动修改后的组合物体[W02]及其摆放位置

(7)点取 / /Standard Primitives/Box，在Top视窗中画出一个任意大小的方体Box01，在Parameters展卷栏中设置Length=1.0m，Width=1.0m，Height=58m。

按下对齐钮，按H键，在弹出的按名称选择对话框中选取[W01]后按下Pick钮，在又弹出的对齐对话框中勾选X Position，Current Object和Target Object都选择Minimum后按下Apply钮；勾选Y Position 和Z Position，Current Object和Target Object都选择Maximum后回答OK。

按下移动钮🔸，在状态行中使用相对变换坐标钮，在X输入栏输入−0.2m，在Y输入栏输入0.2m后回车，将Box01移动到如图2-007所示的位置。

通过关联复制、移动、对齐等命令，将Box01的关联复制物体Box02～Box05分别放置在如图2-007所示的位置。

提示：对于视线所及的范围外和被完全遮挡的物体，可不必建模。

按住Ctrl键，单击选择Box01~Box05；按下█钮，打开材质编辑器，选择第一个样本球，按下材质编辑器中的█钮，将材质WALL赋给当前被选择物体。

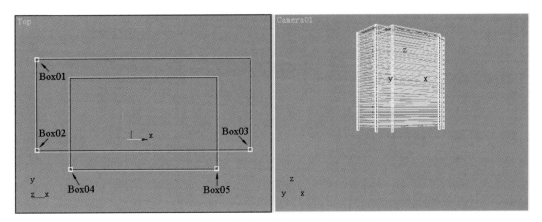

图2-007　Box01~Box05及其摆放位置

(8)在Top视窗，使用移动钮█单击选择Box01；选择菜单Edit/Clone命令，将其复制(Copy)为Box06；在Box06的变动命令面板中，将Width和Height值改为0.6m。

在状态行中使用相对变换坐标钮█，在X输入栏输入-0.1m，在Y输入栏输入-3.7m后回车，将Box06移动到如图2-008所示的位置。

选择Tools/Array菜单命令，在弹出的对话框中将物体Box06进行一维阵列，在弹出的阵列对话框中，设置Y移动增量为-3.5m，一维阵列的个数为5，并选择关联复制方式Instance，然后按下OK钮，则阵列产生的物体为Box06~Box10，结果也如图2-008所示。

同样，关联复制Box02为Box11，将Box11的宽高深设置为0.6m×0.6m×58m；在Top视窗将其向下移动-0.1m，向右移动3.7m；再关联复制Box11为Box12，将Box12向右移动44.0m，结果如图2-008所示。

提示：为符合我们的习惯，在本书中我们将Width翻译成"宽"，将Length翻译成"高"，将Height翻译成"深"，这是因为它们分别代表当前视图中物体在水平、垂直和深度方向上的尺寸。

关联复制Box11为Box13，在Top视窗将其向下移动-4.5m，向右移动8m；选择Tools/Array菜单命令，在弹出的对话框中将物体Box13进行一维水平阵列，在弹出的阵列对话框中，设置X移动增量为3.5m，Y移动增量为0.0m，一维阵列的个数为9，并选择关联复制方式Instance，然后按下OK钮，则阵列产生的物体为Box14~Box21，结果也如图2-008所示；

按住Ctrl键，单击选择Box01~Box05；选择菜单命令Group/Group，将它们组合为物体[Zhu01]；按下按名称选择钮█，在弹出的对话框中选取Box06~Box21后按下Select钮；选择Group/Group菜单选项，将它们组合为物体[Zhu02]。

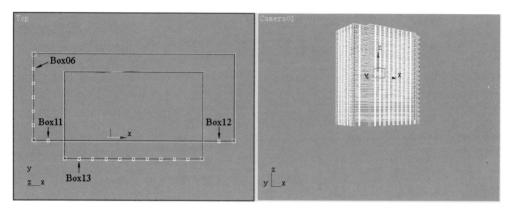

图 2-008　Box06～Box21 及其摆放位置

(9)点取 ▣/◉/Extended Primitives/L-Ext，在 Top 视窗中画出一个任意大小的 L 形方体 L-Ext01，在 Parameters 展卷栏中设置 Side Length=-1.5m，Front Length=1.5m，Side Width=0.8m，Front Width=0.8m，Height=58m。

按下对齐钮◪，按 H 键，在弹出的按名称选择对话框中选取[Zhu01]后按下 Pick 钮，在又弹出的对齐对话框中勾选 X Position、Y Position 和 Z Position，Current Object 和 Target Object 都选择 Minimum 后回答 OK。

按下移动钮✛，在状态行中使用相对变换坐标钮▣，在 X 输入栏输入 7.3m，在 Y 输入栏输入 3.8m 后回车，将 L-Ext01 移动到如图 2-009 所示的位置。

按下▣钮，打开材质编辑器，选择第一个样本球，按下材质编辑器中的▣钮，将材质 WALL 赋给当前被选择物体 L-Ext01；最后将物体 L-Ext01 的名称改为 Zhu03。

提示：我们经常将材质相同或某一类的物体编为一个组，是为了减少物体列表中的物体个数，以便于将来编辑和调试。物体组或物体的名称也使其具有一定的意义，如 Wall(墙体)、Zhu(柱子)等，这样可便于以后的选择和调试。

(10)点取 ▣/◉/Standard Primitives/Box，在 Top 视窗中画出一个任意大小的方体 Dimian(地面)，在 Parameters 展卷栏中设置 Length=400m，Width=400m，Height=1.0m；

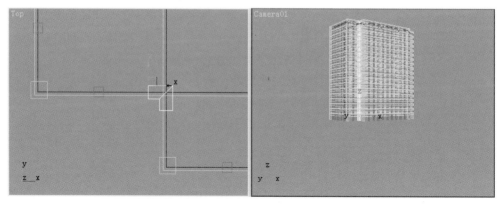

图 2-009　L 形方体 L-Ext01(Zhu03)及其摆放位置

使用对齐命令将其上边与物体Zhu03的底边对齐，如图2-010所示。

在材质编辑器中给物体Dimian赋予灰色材质DIMIAN，该材质参数定义如下：

着色方式：Blinn

阴影区颜色Ambient：HSV(0，0，190)

过渡区颜色Diffuse：HSV(0，0，220)

高光区颜色Specular：HSV(0，0，255)

高光强度Specular Level：20

高光区域Glossiness：15

自发光度Self-Illumination：10

至此整个场景的模型及材质、相机和灯光等都已初步制作完毕，我们可以渲染一下看看效果如何。激活照相机视窗，在快捷命令面板中的选择框 View ▾ 中选择Blowup渲染类型，然后按下着色渲染钮 📷，之后再依次按下Render钮和Close钮，在照相机视窗确定着色区域如图2-010所示后，按下照相机视窗中的OK钮，则可对场景进行着色，最终效果如图2-011所示；选菜单File/Save选项，将调试整理完毕的场景存储为2-1-1-2.max，以备将来再次调试、应用。

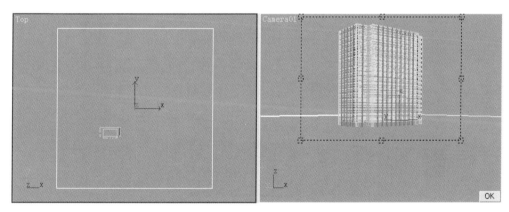

图2-010　地面物体Dimian及其摆放位置

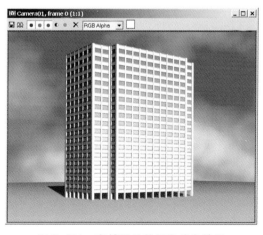

图2-011　高楼场景的最终着色效果

2.1.1.2　二维图形放样建模

先建立二维截面图形和放样路径图形，再将截面图形放置到放样路径上进行三维放样和各种挤压控制，最终生成三维物体。这是三维建模中功能最强和最常用到的建模方法之一。在 3DS MAX 中，将一些放样功能简化成了 Modify(变动)命令面板中的命令，如延展命令 Extrude，旋转成体命令 Lathe 等。放样建模一般用于创建较复杂的模型，如体育场的壳体、檐口、楼梯、室内吊顶、家具等。

在建筑模型制作中，经常需要制作类似如图2-012所示的带有门洞和许多窗洞的立面墙体，对此我们通常的制作方法是先建立墙体立面的二维图形，然后再用延展命令 Extrude 加厚即可。具体制作步骤如下(结果模型见配套光盘一中的 \Ch02\2-1-1-3.max)：

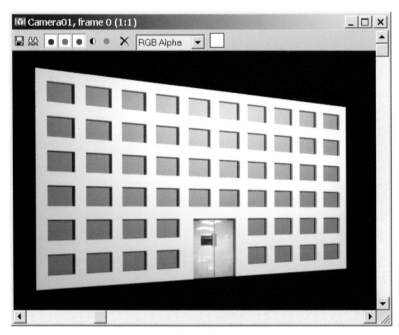

图 2-012　带有门洞和窗洞的立面墙体

(1)点取 ⬚/⬚/Splines/Rectangle，在 Front 视窗中画出一个任意方形 Rectangle01；然后在右侧命令面板中的 Parameters 展卷栏中设置 Length=19.0m，Width=36.0m；再画出一个方形 Rectangle02 并设置其 Length=2.5m，Width=1.8m。

按下对齐钮⬚，在屏幕中点形 Rectangle01，在弹出的对话框中勾选 X Position 和 Y Position，Current Object 和 Target Object 都选择 Minimum 后回答 OK；按下移动钮⬚，在状态行中使用相对变换坐标钮⬚，在 X 输入栏输入 1.0m，在 Y 输入栏输入 1.2m 后回车，将 Rectangle02 移动到如图 2-014 所示的位置。

在 Front 视窗，选择 Tools/Array 菜单命令，在弹出的对话框中将 Rectangle02 进行二维阵列，在弹出的阵列对话框中，将参数设置成如图 2-013 所示的数值后按下 OK 钮，则阵列产生 Rectangle03～Rectangle61，结果也如图 2-014 所示。

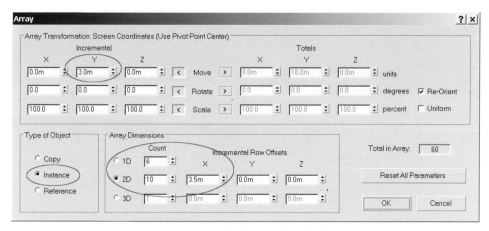

图 2-013　二维阵列对话框中的参数设置

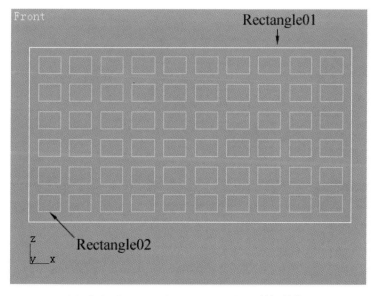

图 2-014　Rectangle01～Rectangle61 及其摆放位置

(2)在 Front 视窗，按住 Ctrl 键，单击选择中间两列最下面的四个方形；按 Del 键将被选择图形删除，结果如图 2-015 所示。

点取 //Splines/Rectangle，在 Front 视窗中画出一个任意方形 Rectangle26；然后在右侧命令面板中的 Parameters 展卷栏中设置 Length=7.0m，Width=5.0m。

按下对齐钮，在屏幕中点形 Rectangle01，在弹出的对话框中勾选 X Position，Current Object 和 Target Object 都选择 Center 后按下 Apply 钮；勾选 Y Position，Current Object 和 Target Object 都选择 Minimum 后回答 OK；按下移动钮，在状态行中使用相对变换坐标钮，在 Y 输入栏输入 -1.0m 后回车，将 Rectangle26 移动到如图 2-015 所示的位置。

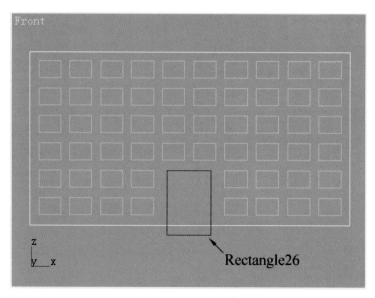

图 2-015 Rectangle01～Rectangle61 及其摆放位置

(3)单击选择方形 Rectangle01, 点取 钮进入变动命令面板, 在 Modifier List(变动下拉列表)中选择 Edit Spline 变动命令, 打开 Geometry 展卷栏, 按下 Attach 钮, 移动鼠标依次点击 Rectangle02～Rectangle61, 将它们和 Rectangle01 联结为一个图形。

按下曲线次物体钮 , 使用选择钮 , 单击选择 Rectangle01; 再按下 Boolean 钮, 按下其右侧中间图标(Subtraction 钮), 移动鼠标点击 Rectangle26, 则从 Rectangle01 中减去了图形 Rectangle26, 结果如图 2-016 所示; 再次按下 钮, 以关闭曲线次物体。

在 Modifier List 中选择 Extrude 变动命令, 在 Parameters 展卷栏中设置 Amount=0.4m, 结果也如图 2-016 所示。

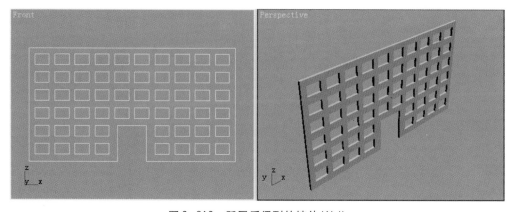

图 2-016 延展后得到的墙体 Wall

在变动命令面板顶端名称栏中，将延展后得到的物体 Rectangle01 更名为 Wall。

(4)制作玻璃：选择菜单命令 Edit/Clone，将 Wall 复制(Copy)为 Glass。

点取 ◢ 钮进入变动命令面板，在 Glass 变动堆栈列表中，选择 Extrude 变动修改，将延展厚度 Amount 改为 0.1m；然后在变动堆栈列表中，选择 Edit Spline 变动修改，按下曲线次物体钮 ◢，使用选择钮 ◣，选择窗洞图形，并按 Del 键将它们删除；再次按下 ◢ 钮，以关闭曲线次物体；最后在变动堆栈列表中，选择 Extrude 变动修改，结果如图 2-017 所示。

点取 ◥ / ◙ /Standard Primitives/Box，在 Front 视窗中画出一个宽高深为 5.0m × 6.0m × 0.1m 的方体 Door(门)，并勾选 Generate Mapping Coords.选项，以打开其内建贴图坐标；按下对齐钮 ◈，按 H 键，在弹出的按名称选择对话框中选取 Wall 后按下 Pick 钮，在又弹出的对齐对话框中勾选 X Position，Current Object 和 Target Object 都选择 Center 后按下 Apply 钮；勾选 Y Position 和 Z Position，Current Object 和 Target Object 都选择 Minimum 后回答 OK，结果也如图 2-017 所示。

分别给物体 Wall、Glass 和 Door 赋上材质，并建立灯光相机后，场景模型也如图 2-017 所示；对照相机视窗进行渲染，可得到如图 2-012 所示的效果。

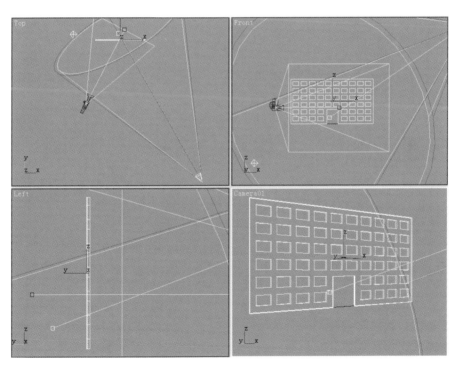

图 2-017　物体 Glass、Door 和相机灯光及其摆放位置

下面我们再举一个通过传统三维放样(Loft)建立建筑檐口模型的例子。如图 2-018 所示是檐口的最终渲染效果，在配套光盘一中的 \Ch02 目录下有该模型文件 2-1-1-4.max。

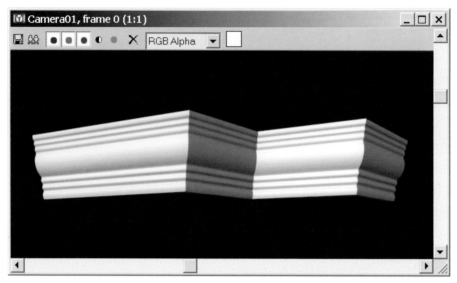

图 2-018　放样产生的檐口物体的渲染效果

(1)点取 //Splines/Line，在 Front 视窗绘制出檐口的大致截面图形 Line01；然后进入其变动命令面板，逐点进行曲率的调整，结果得到如图 2-019 所示的图形。

点取 //Splines/Rectangle，在 Top 视窗中画出宽高为 20m × 15m 的方形 Rectangle01；然后再画出一个宽高为 15m × 15m 的方形 Rectangle02；按下对齐钮，在弹出的对齐对话框中，勾选 X Position 和勾选 Y Position，Current Object 选择 Center，Target Object 都选择 Minimum 后回答 OK。

点取钮进入变动命令面板，加入 Edit Spline 变动命令，打开 Geometry 展卷栏，按下 Attach 钮，移动鼠标点击 Rectangle01，将它和 Rectangle02 联结为一个图形；按下曲线次物体钮，使用选择钮，单击选择 Rectangle01；再按下 Boolean 钮，按下其右侧中间图标(Subtraction 钮)，移动鼠标点击 Rectangle02，则从 Rectangle01 中减去了图形 Rectangle02；按下线段次物体钮，使用选择钮，框选 Rectangle02 右上方的两个线段，按 Del 键将其删除；再次按下钮，以关闭线段次物体，结果如图 2-019 所示。

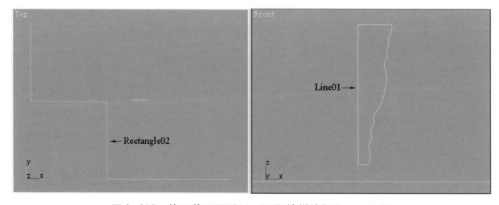

图 2-019　檐口截面图形 Line01 和放样路径 Rectangle02

(2)单击选择放样路径Rectangle02，然后点取▣/◙/Compound Objects/Loft，在Creation Method展卷栏中按下Get Shape钮，移动鼠标点击Line01，则Line01沿Rect-angle02轮廓进行分布，生成一个三维物体Loft01。

放样图形Shape01在路径Arc02上放置的方向不正确，为此点取✎钮，进入变动命令面板，打开Skin Parameters展卷栏，取消对Skin项的勾选，这样可清晰地显示出放样路径和图形；在变动堆栈中按下Loft左侧的＋号，再选取Shape；使用选择钮▶，单击选择路径上的放样图形。

按下快捷命令面板中的△钮，打开角度锁定功能；按下旋转钮◑，在Front视窗将放样图形绕Z轴旋转180°；在变动堆栈中选取Loft以关闭次物体层级；在Skin Parameters展卷栏，勾选Skin项，将放样物体Loft01完整显示；在Surface Parameters展卷栏，取消对Smooth Length项的勾选，以避免在拐角处进行平滑处理。

按下旋转钮◑，在Front视窗将放样物体Loft01绕Z轴旋转180°，结果如图2−020所示；给物体Loft01赋予一个材质，并建立相机和灯光，也如图2−020所示；最后对照相机视窗进行渲染，结果可见图2−018。

2.1.1.3　加工编辑建模

通过各种加工手段完善、生成新的几何造型。3DS MAX有强大的点面加工修改和变动

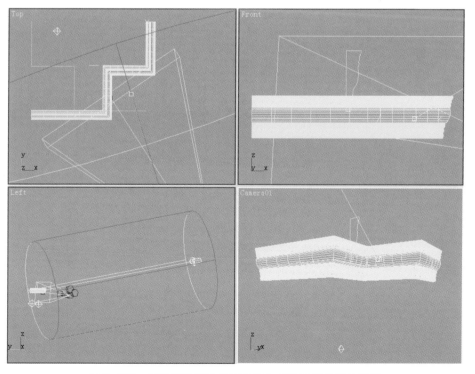

图2−020　编辑修改后的檐口物体Loft01及其他场景设置

堆栈的功能，使得有一些模型看起来复杂，而做起来却相当容易。比如一个平滑的坐椅的制作过程(如图2-021所示)，就是先制作一个十二边形的非平滑圆管，然后通过面延展而得到椅背和四条椅腿，并对椅背和四条椅腿的点面进行编辑修改，最后经平滑处理而生成平滑的坐椅骨架。该场景可参见配套光盘一中的 \Ch02\2-1-1-4.max。

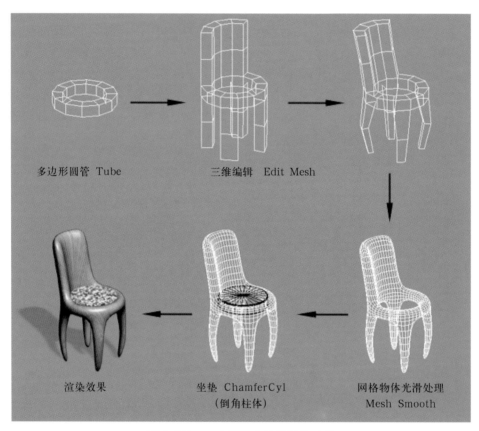

多边形圆管 Tube　　　　三维编辑 Edit Mesh

渲染效果　　　　坐垫 ChamferCyl　　　　网格物体光滑处理
　　　　　　　　（倒角柱体）　　　　　　　Mesh Smooth

图2-021　一个平滑坐椅的制作过程

　　布尔运算是一种重要的加工编辑建模方法，它实际上就是通过对两个以上对象进行并集、差集、交集运算，得到新物体形态的一种建模方法。布尔运算有助于创建复杂的建筑构件，是三维建模中不可缺少的工具。在建筑建模中我们常常会遇到这样的模型，比如穹顶、有异形窗洞的墙体等。这些模型很难用二维建模、放样和三维建模的方法创建而成，这时就需要一把"刻刀"，雕刻出这些模型，布尔运算就是3DS MAX建模中的三维刻刀工具。但布尔运算是一个不太稳定的工具，操作中有时会出错，产生的模型在渲染时也有可能出错，因此不是必要时，应尽量避免使用布尔运算建模。下面我们举一个建筑建模中经常遇到的弧墙面上开窗的例子，并使用布尔运算进行制作，如图2-022所示。该场景可参见配套光盘一中的 \Ch02\2-1-1-6.max。

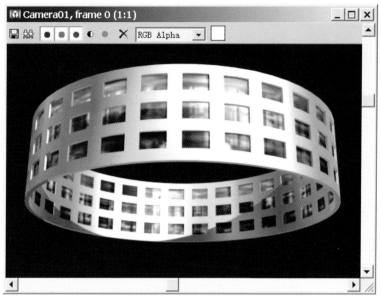

图 2-022　弧形墙面上窗洞的建模效果

　　(1)点取 ▧/◙/Standard Primitives/Tube，在 Top 视窗中画出一个任意大小的圆管物体 Tube01，在 Parameters 展卷栏中设置 Radius　1=20m，Radius　2=19.5m，Height=10m，Height Segments=1，Cap Segments=1，Sides=60，勾选 Smooth 选项。

　　点取 ▧/◙/Standard　Primitives/Box，在 Top 视窗中画出一个任意大小的方体 Box01，在 Parameters 展卷栏中设置 Length=3m，Width=2.7m，Height=1.8m。

　　按下对齐钮▨，点取物体 Tube01，在弹出的对齐对话框中勾选 X Position，Current Object 和 Target Object 都选择 Center 后按下 Apply 钮；勾选 Y Position 和 Z Position，Current　Object 和 Target　Object 都选择 Minimum 后回答 OK。

　　按下移动钮▣，在状态行中使用相对变换坐标钮▣，在 Y 输入栏输入 -1m，在 Z 输入栏输入 1.2m 后回车，将 Box01 移动到如图 2-023 所示的位置。

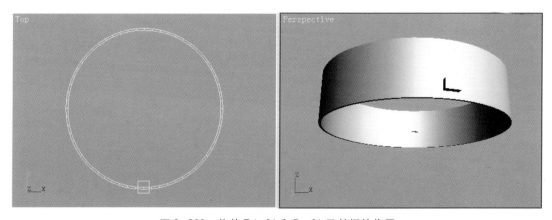

图 2-023　物体 Tube01 和 Box01 及其摆放位置

(2)在 Top 视窗，单击选取 Box01；点取 ⬛/Pivot/Affect Pivot Only，然后按下对齐钮⬛，点取物体 Tube01，在弹出的对齐对话框中勾选 X Position 和 Y Position，Current Object 和 Target Object 都选择 Center 后回答 OK，则物体 Box01 的变换轴心就放置在 Tube01 的中心了；再次按下 Affect Pivot Only 钮，取消对它的选择。

在 Top 视窗，选择 Tools/Array 菜单命令，在弹出的对话框中将 Box01 进行一维旋转阵列，在弹出的阵列对话框中，将参数设置成如图 2-024 所示的数值后按下 OK 钮，则阵列产生 Box02～Box30，结果如图 2-025 所示。

单击选取 Box01，点取 ⬛ 钮进入变动命令面板，在 Modifier List 中选择 Edit Mesh 变动命令，按下 Edit Geometry 展卷栏中的 Attach 钮，移动鼠标依次点击 Box02～Box30，将它们和 Box01 联结为一个物体；通过复制、移动，将 Box01 向上每隔 3m 复制两次；将复制物体 Box02 和 Box03，再通过 Attach 命令将它们与 Box01 联结为一个物体；按下移动钮 ⬛，将光标放在物体 Box01 上按鼠标右键，在弹出的菜单选项中选择 Convert To/Convert to Editable Mesh，将物体 Box01 塌陷为可编辑网格物体，结果也如图 2-025 所示。

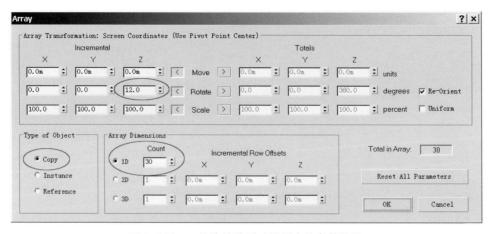

图 2-024　一维旋转阵列对话框中的参数设置

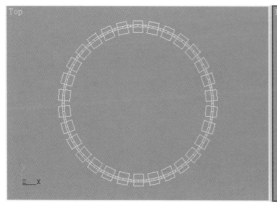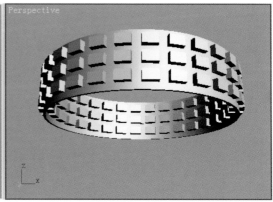

图 2-025　塌陷物体 Box01 及其摆放位置

(3)在 Top 视窗，单击选取 Tube01；点取 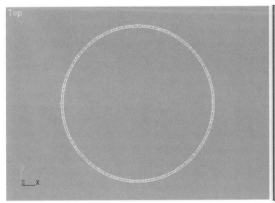/Compound Objects/Boolean，在其下的 Pick Boolean 展卷栏中按下 Pick Operand B 钮，在 Parameters 展卷栏中选择 Subtraction(A−B)，然后在屏幕中单击 Box01，这样就从 Tube01 中减去了 Box01，结果如图 4−026 所示；在 Name and Color 展卷栏中将 Tube01 更名为 Wall(墙体)。

提示：布尔运算是一个不太稳定的工具，在操作中需要采取一些措施来消除这种不稳定。

(a)3DS MAX 提供的 Undo 功能，对于大多数操作都可以返回，包括布尔运算。但一旦出错用 Undo 就会无法恢复，所建模型会遭到破坏。因此在布尔运算前有必要保存文件，如果出错可以重新调用。

(b)布尔运算的对象最好有多一些的 Segment(段数)，通过增加对象段数的办法可以大大减少布尔运算出错的机会。再者布尔运算的对象应充分相交，不应有共边的情况，否则该边的计算归属就成了问题，这极易使布尔运算失败。解决的办法很简单，使布尔运算两对象不共面即可。

(c)布尔运算只能在单个元素间稳定操作，完成一次布尔运算后，需要单击 Pick Operand B，再选择下一个布尔对象。应尽量减少布尔运算的次数，最好在布尔运算前将布尔对象进行塌陷，可使布尔运算不易出错。在本例中我们将所有 Box 物体都连接为一个物体，并进行了塌陷，这样就减少了布尔运算次数，也减少了布尔运算出错的机会。另外，如果要进行多次布尔运算，每做一次布尔运算就应将布尔结果塌陷一次。

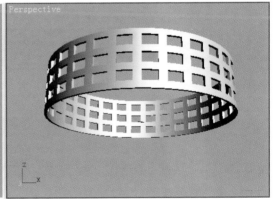

图 4−026　布尔运算后的物体 Tube01

(4)点取 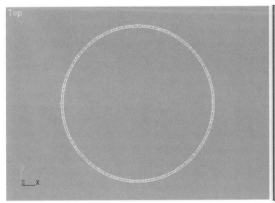/Standard Primitives/Tube，在 Top 视窗中画出一个任意大小的圆管物体 Glass，在 Parameters 展卷栏中设置 Radius 1=19.8m，Radius 2=19.7m，Height=8m，Height Segments=1，Cap Segments=1，Sides=60，勾选 Smooth 选项。

按下对齐钮，点取物体 Wall，在弹出的对齐对话框中勾选 X Position、Y Position 和 Z Position，Current Object 和 Target Object 都选择 Center 后回答 OK。

分别给 Wall 和 Glass 赋予材质和贴图坐标，并建立相机和灯光，结果如图 2−027 所示，渲染效果如图 2−022 所示。

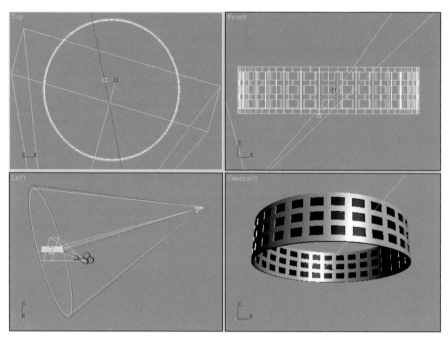

图 2-027　Wall 和 Glass 及其摆放位置

2.1.1.4　特殊建模方法

在针对建筑的建模中，经常会遇到网架结构、围栏铁艺等的建模，这种模型要使用传统的方法制作是十分繁琐的，而且模型量也将大大地增加，因此需采用特殊的建模方法。在 3DS MAX 中，有一个简单的制作网架结构模型的命令 Lattice，它位于变动命令列表中。下面我们举一个实例来介绍该命令的应用(该实例场景可参见配套光盘一中的\Ch02\2-1-1-7.max)。

点取 ／ ／Standard Primitives/Box，在 Top 视窗中画出一个任意大小的方体 Box01，在 Parameters 展卷栏中设置 Length=2m，Width=20m，Height=2m，Length Segs=1，Width Segs=10，Height Segs=1；点取 钮进入变动命令面板，在 Modifier List 中选择 Lattice 变动命令，在其下的变动面板中设置参数成如图 2-028 所示的数值，结果在方体的每个段上产生了支柱，每个节点上出现了连接球体；在 Modifier List 中选择 Bend 变动命令，设置 Bend Angle=180，Bend Axis 为 X 轴，结果如图 2-029 所示。

提示：Lattice 变动命令能将所选中对象(如方体、球体、柱体等)，按其边线和节点轻易处理成网架结构。该命令面板中参数较少，也较好理解。

在 Geometry(几何体)区可设置网架的组成。勾选 Apply to Entire Objects 则变动对所有对象起作用；选择 Joints Only from Vertexes 则网架仅由节点构成；选择 Struts Only from Edges 则网架仅由支柱构成，支柱的连接处无节点；如果选择 Both，则网架由支柱及其连接处的节点构成。

Struts 区的选项可对支柱的大小和段数进行调整。Radius 确定支柱的半径；Segments 确定支柱长度方向上的段数，一般为 1，以减少点面构成；Sides 确定支柱截面边数，边数越多支柱越接近圆柱；Material ID确定支柱的材质编号，以便于以后可以给支柱和连接点赋予不同的材质；End Caps被选取则可为支柱两端加盖；Smooth确定是否对支柱的棱角进行光滑处理。

Joints区的选项可对连接点进行调整。Geodesic Base Type确定节点的构成结构，Teatra为四面体，Octa为八面体，Icosa为十二面体；Radius确定支柱的半径；Segments确定节点段数，段数越多节点越接近球体；Material ID确定节点的材质编号；Smooth确定是否对节点表面进行光滑处理。

在Mapping Coordinates区可确定网架的贴图坐标：None不对网架指定贴图坐标；Reuse Existing使用当前对象(网架化以前)已有的贴图坐标；New自动为支柱赋予柱型贴图坐标，为节点赋予球型贴图坐标。

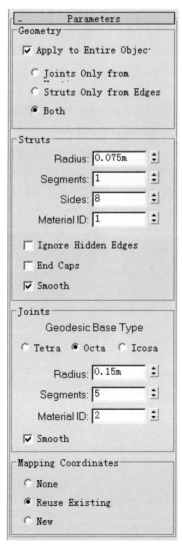

图2-028　Lattice(网架化)变动面板中的参数设置

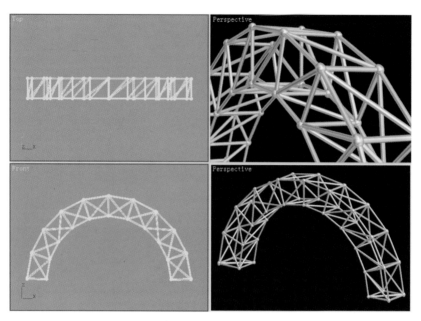

图2-029　方形网架结构模型的创建结果

　　对于如图2-030所示的围栏铁艺，如果采用传统的建模方法，在场景中出现少数几个还不至于使模型量过大，但成批出现则应利用3DS MAX中的Opacity(透明)贴图来完成，在建模时只须建一个Box平板，在Photoshop中完成一个围栏铁艺的黑白模板贴图，如图2-031所示，在3DS MAX中将它以一定的比例贴在这个平板上即可。下面我们就来逐步制作如图2-030所示的这个围栏铁艺场景(该实例场景可参见配套光盘一中的\Ch02\2-1-1-8.max)。

图2-030　通过透空贴图制作的围栏铁艺效果

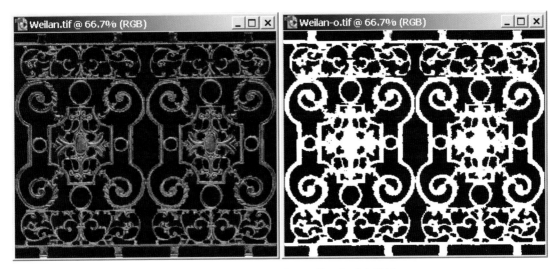

图 2-031　围栏铁艺贴图及其黑白透空模板

(1)点取 ⬛/◯/Standard Primitives/Box，在 Front 视窗中画出一个任意大小的方体 Weilan01，在 Parameters 展卷栏中设置 Length=1m，Width=6m，Height=0.01m，勾选 Generate Mapping Coords.(内建贴图坐标)选项。

按下材质编辑钮⬛，打开材质编辑器；选择第一个样本球，在名称框中设定材质名称为 WEILAN01，将该材质参数设定如下：

着色方式：Blinn

阴影区颜色 Ambient：HSV(0, 0, 0)

过渡区颜色 Diffuse：HSV(0, 0, 0)

高光区颜色 Specular：HSV(0, 0, 0)

高光强度 Specular Level：0

高光区域 Glossiness：0

自发光度 Self-Illumination：80

纹理贴图 Diffuse Color：100 Weilan.tif 设置 U Tiling=5.0

透明贴图 Opacity：100 Weilan-o.tif 设置 U Tiling=5.0

纹理贴图 Weilan.tif(如图 2-031 左图所示)是一个铁艺单元图像，而透明贴图 Weilan-o.tif(如图 2-031 右图所示)是 Weilan.tif 的黑白透空模板。

提示：Diffuse Color 贴图的显现由 Opacity 贴图控制，Opacity 贴图的纯白色部分使 Diffuse Color 贴图完全显现，纯黑色部分使 Diffuse Color 贴图完全透明而不能显现。因此本材质中将只有铁艺部分显现。材质 WEILAN01 的 Specular Level(高光强度)和 Glossiness(高光区域)必须设置为 0，以免在围栏 Weilan01 上产生反射高光而失真。

(2)点取 ⬛/◯/Standard Primitives/Cylinder，在 Left 视窗中画出一个任意大小的柱体 Weilan02，在 Parameters 展卷栏中设置 Radius=0.04m，Height=6m，Sides=18，勾选 Smooth 选项；再使用对齐命令将它与 Weilan01 对齐，结果如图 2-032 所示。

点取 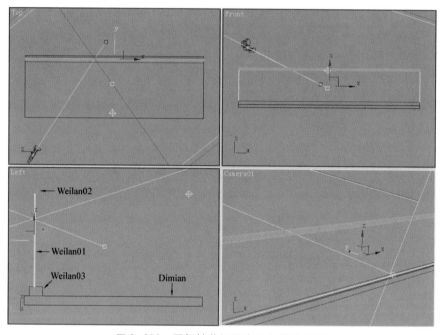/Standard Primitives/Box，在 Front 视窗中画出一个任意大小的方体 Weilan03，在 Parameters 展卷栏中设置 Length=0.15m，Width=6m，Height=0.1m；再使用对齐命令将它与 Weilan01 对齐，结果也如图 2-032 所示。

再建立一个地面物体 Dimian，并分别给新建的物体赋予材质；建立照相机以确定观察角度和范围；建立灯光模拟阳光照射，并产生阴影，结果场景如图 2-032 所示；最终的渲染效果如图 2-030 所示。

图 2-032　围栏铁艺场景中各物体的位置

2.1.2　建筑材料设定技法

建筑模型在初始创建时，只是建立了建筑物的形状，它还不具备任何表面特征，必须为它赋予适当材质，才能产生与现实材料相一致的效果。材质就是对真实材料视觉效果的模拟，而视觉效果包括颜色、质感、纹理、表面粗糙程度、反射、折射等诸多因素，这些视觉效果因素的变化和组合使得各种物质呈现出各不相同的视觉特征。材质正是对这些因素进行模拟，使场景对象具有某种材料特有的视觉特征。

在 3DS MAX 中，按下快捷工具面板中的 钮，可打开材质编辑器，在这里我们可进行材质的编辑制作。要想得到正确和理想的材质，首先要熟悉和深刻理解材质编辑器的各项功能；其次要对想生成的材质进行分析，了解它的视觉特性后，看材质编辑器中哪些参数会影响这些视觉因素，影响的程度如何，以便定出参数数值；另外，还要配合当前场景的实际情况如色调要求、远近关系、环境等进行特殊的参数调整。总之，材质的编辑制作是十分灵活的。对于模型的创建，我们可以根据确定的数据进行建模，而制作材质就完全凭感觉和经验了。

建筑画中，对材料质感的表现，关键在于对材料的色彩、纹理和反光程度的把握。增加作品的真实感，增加视觉冲击力，关键在于材质贴图与光照的高超技艺，材质在制作时一定要与光照同时调节,因为受光本身就是材质的一个重要属性。另外合理地使用贴图坐标也是关键,对不同形态的模型,应选择最合适的贴图坐标进行贴图。下面就建筑画中常用材质的定义和贴图坐标指定技法进行详细的讲解。

提示: 本节材质实例中的贴图都可在配套光盘一中的\Ch02目录下找到。

2.1.2.1 墙面材质的制作与指定技法

由于建筑技术的发展,建筑墙面所用材料已十分丰富,在建筑画制作中要把握每种材料自身的表面特性,使其色彩、纹理、纹路尺度、反光、表面质感等尽可能接近实际,有真实感。

(1)普通外墙面

对于普通抹灰、喷浆、刷漆的墙面材质,一般采用Blinn着色方式,材质的Diffuse(过渡区颜色)的色值决定了材料本身的颜色,Ambient(阴影区颜色)要比Diffuse色值的亮度L低,Specular(高光区颜色)要比Diffuse色值的亮度L高许多而接近白色,这三个区域的色调H和饱和度S一般应设的较相近或相同;Specular Level(高光强度)和Glossiness(高光区域)决定了物体表面的抛光度和反光程度,对于这类普通漆面材质,Specular Level和Glossiness的值应设置的较低,一般在30以下。下面是一个淡黄色漆面材质参数设置的例子,图2-033是该材质的渲染效果。

提示: 在调整材质的颜色时,尽量使用HLS系统,因为它更容易设置和调整颜色。H代表颜色的色相分量,改变它可改变颜色种类;L代表颜色的亮度分量,改变它可改变颜色的亮度;S代表颜色的饱和度分量,改变它可改变颜色的浓度。

着色方式:Blinn

阴影区颜色Ambient:HSV(35,50,160)

过渡区颜色Diffuse:HSV(35,50,200)

高光区颜色Specular:HSV(35,30,230)

高光强度Specular Level:25

高光区域Glossiness:20

图2-033 淡黄色漆面墙的渲染效果

(2)毛糙石墙面

墙面的毛糙石效果可以分为两种，一种是水刷石(或干粘石)墙面，这种墙表面粗糙程度不高，而且室外建筑场景的视点较远，因此很难看清楚墙面的纹理，只要有凹凸不平的感觉就可以了。这时我们通常的做法是将凹凸贴图(Bump)设定为 Noise 贴图类型，以使墙面产生麻点凹凸变化，墙面颜色由 Ambient、Diffuse 和 Specular 决定，其 Specular Level 和 Glossiness 的值应设置的较低，一般在 25 以下。下面是一个灰色毛糙石墙面材质参数设置的例子，图 2-034 是该材质的渲染效果。

提示：使用 Noise 类型贴图还有一个好处，就是不需要为物体指定贴图坐标。这种贴图对物体的整个几何形体进行计算，因此最后的贴图效果也能自然而随机地通过整个几何形体。

着色方式：Blinn

阴影区颜色 Ambient：HSV(35，50，160)

过渡区颜色 Diffuse：HSV(35，50，200)

高光区颜色 Specular：HSV(35，30，230)

高光强度 Specular Level：20

高光区域 Glossiness：15

凹凸贴图 Bump：30 Noise

设置 Noise 贴图参数 Size=5.0，Color #1 为 HSV(0，0，0)，Color #2 为 HSV(0，0，255)。

图 2-034　采用 Noise 凹凸贴图的墙面渲染效果

另一种毛糙石墙面是蘑菇石墙面，这种墙表面粗糙程度高，石材质感表现要求也高，因此需要使用类似如图 2-035 所示的蘑菇石贴图。蘑菇石贴图一般用于材质的纹理贴图，贴图强度为100，这就决定了材料的颜色和纹理。Specular 决定反光颜色，Specular Level 和

Glossiness的值也应设置的较低，一般在20以下。下面是一个蘑菇石材质参数设置的例子，图2-036是该材质的渲染效果。

提示：由于蘑菇石贴图本身就具有凹凸效果，因此不需要为凹凸贴图(Bump)指定贴图。但如果建筑物距视点较近，材料凹凸效果需要加强时，可将凹凸贴图与纹理贴图使用同一张蘑菇石贴图，来产生更明显的凹凸效果。

着色方式：Blinn

阴影区颜色 Ambient：HSV(0，0，0)

过渡区颜色 Diffuse：HSV(0，0，0)

高光区颜色 Specular：HSV(150，15，170)

高光强度 Specular Level：20

高光区域 Glossiness：15

纹理贴图 Diffuse Color：100 Mogu.tif

提示：纹理贴图材质的颜色由 Ambient、Diffuse、Specular 以及纹理贴图共同决定。当 Diffuse Color 的贴图强度为 100 时，材质与 Ambient 和 Diffuse 的色值无关，因此它们都可设置为 0，Specular 的色值决定反射高光的颜色。当 Diffuse Color 的贴图强度小于 100，比如为 60 时，材质的颜色有 60％ 归纹理贴图决定，40％ 归 Ambient、Diffuse 和 Specular 决定。

图 2-035　常用的蘑菇石贴图

图2-036　蘑菇石墙面渲染效果

(3)磨光石墙面

磨光石墙面材质的设定也可以分为两种，一种是像磨光花岗石、麻石等细小纹理的石材墙面，我们一般采用Noise类型纹理贴图即可。另一种是磨光大理石这种大花纹表面的石材墙面，对此我们采用大理石位图(Bitmap)类型纹理贴图的方式。磨光石墙面在阳光照射下一般都具有明显的反光，会在墙上形成明显的明暗退晕。同时由于反光的存在，这些材质的纹理一般都较弱。抓住材料的这些特性，在3DS MAX中编辑材质时，可将材质的Specular Level(高光强度)和Glossiness(高光区域)设置得较高，一般在30以上；如果需要还可以设一点Self-Illumination(自发光)；另外，如果是在近景，磨光石墙面反射倒影的特性就有必要表现出来，这时可以采用Flat Mirror(平面镜)或Raytrace(光线跟踪)类型反射贴图(Reflection)，反射贴图的强度一般较低，在30以下。

下面是一个采用Noise类型纹理贴图的麻石材质设置的例子，图2-037是该材质的渲染效果。

着色方式：Blinn

阴影区颜色Ambient：HSV(0, 0, 0)

过渡区颜色Diffuse：HSV(0, 0, 0)

高光区颜色Specular：HSV(10, 20, 230)

高光强度Specular Level：40

高光区域Glossiness：30

纹理贴图Diffuse Color：100 Noise

在Noise贴图参数面板中，设置Noise Type为Turbulence(混乱)，Size=5.0，Color #1为HSV(10, 70, 200)，Color #2为HSV(10, 60, 90)。

提示：材质的颜色主要由 Noise 贴图参数面板中的 Color #1 和 Color #2 决定，这两个颜色确定麻石中的亮点和黑点。它们的差别越大，则麻石纹理越清晰。

图 2—037　采用 Noise 纹理贴图的麻石墙面渲染效果

　　下面是一个采用大理石纹理贴图的材质的参数设置情况，图 2—038 是该材质的渲染效果。

　　提示：如果将一张大花纹石材贴图在 3DS MAX 中简单地按 Tile 方式粘贴会造成石材花纹规则排列而失真。这是因为每块天然石材的纹理都是不相同的，在色泽上也都存在微差，即使对于每块花纹大致相同的通体砖类材料，在实际铺装时工人也不会按花纹进行规则排列。为此需要在 Photoshop 中通过拼贴、修改等方式制作一个较大的贴图单元或整个墙面的贴图，来人为地避免花纹的规则排列。

　　着色方式：Blinn

　　阴影区颜色 Ambient：HSV(0，0，0)

　　过渡区颜色 Diffuse：HSV(0，0，0)

　　高光区颜色 Specular：HSV(30，20，230)

　　高光强度 Specular Level：45

　　高光区域 Glossiness：30

　　纹理贴图 Diffuse Color：100 Dalishi01.tif(Dalishi02.tif)

图 2-038　大理石墙面和圆柱渲染效果

(4)砌砖墙面

使用类似图 2-039 所示的砌砖贴图的墙面,在建筑效果图中也常出现。这种墙面材质与蘑菇石墙面材质的设定方法类似,砌砖贴图一般用于材质的纹理贴图,贴图强度为 100,这就决定了材料的颜色和纹理。Specular 决定反光颜色,Specular Level 和 Glossiness 的值也应设置的较低,一般在 20 以下。下面是一个砌砖材质参数设置的例子,图 2-040 是该材质的渲染效果。

提示:如果要加强砖缝的凹陷效果时,可将凹凸贴图与纹理贴图使用同一张砌砖贴图,来产生更明显的凹凸效果。这时需注意的是:如果砖缝的亮度比砖面的亮度还高,则会产生砖缝突出的效果。为使砖缝凹陷,应将凹凸贴图参数面板 Output 展卷栏中的 Invert 钮勾选,以反转贴图亮度,或者将凹凸贴图的强度设置为负值。

着色方式:Blinn

阴影区颜色 Ambient:HSV(0,0,0)

过渡区颜色 Diffuse:HSV(0,0,0)

高光区颜色 Specular:HSV(25,30,210)

高光强度 Specular Level:20

高光区域 Glossiness:15

纹理贴图 Diffuse Color:100 Zhuan.tif(Mianz.tif)

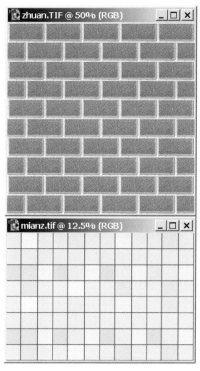

图 2-039　常用的砌砖贴图

图 2-040　砌砖墙面渲染效果

（5）金属墙面

　　金属材料在建筑中较常使用，比如金属镀膜面砖墙面、铝合金挂板墙面、铝合金窗框窗棱、天线避雷针、栏杆等。根据金属表面反光程度的高低，可将金属材质分为光亮和亚光两种。金属的表面是靠强烈的明暗反差来体现的，即亮的地方很亮，暗的地方很暗，因此要形成较好的金属质感，必须选用一张有明显反差的混乱图像来作为反射贴图，如图 2—041 是几张常用的灰色反射贴图。金属材质应选择 Metal 着色方式，阴影区颜色 Ambient 的亮度应设置的很低，在 70 以下，过渡区颜色 Diffuse 的亮度应设置的较高，在 150 以上。对于不锈钢、镀膜面砖等光亮的金属，高光强度 Specular Level 和高光区域 Glossiness 都设置的很高，一般在 60 以上，反射贴图强度为 100 左右，反射贴图模糊度 Blur Offset 在 0.05 以下；对于铝制亚光表面，Specular Level 和 Glossiness 的数值较高，一般在 40 以上，反射贴图强度在 70 以下，反射贴图模糊度 Blur Offset 为 0.05 以上。另外需要指出的是，只使用反射贴图时不需要指定贴图坐标。

图 2—041　常用灰色金属反射贴图

下面是一个光亮金属材质设置的例子，图 2—042 是应用该材质的建筑物的渲染效果。

着色方式：Metal

阴影区颜色 Ambient：HSV(150，15，40)

过渡区颜色 Diffuse：HSV(150，20，150)

高光强度 Specular Level：60

高光区域 Glossiness：65

反射贴图 Reflection：90 Metals.tif 设置 Blur Offset=0.05

图 2-042 亮光金属墙体渲染效果

下面是一个亚光金属材质设置的例子，图 2-043 是应用该材质的建筑物的渲染效果。

着色方式：Metal

阴影区颜色 Ambient：HSV(150，15，40)

过渡区颜色 Diffuse：HSV(150，15，190)

高光强度 Specular Level：40

高光区域 Glossiness：50

反射贴图 Reflection：60 Refmap.gif 设置 Blur Offset=0.07

图 2-043 亚光金属墙体渲染效果

(6)墙面分格线的处理

墙面分格线(包括石材分缝、砖缝、铝板接缝、墙面色带等)是在电脑建筑画制作过程中经常遇到的。如果采用直接建模的方法制作分格线，会非常繁琐，模型量也十分巨大，因此极少使用这种方法。在 3DS MAX 中，我们一般将纹理贴图设置为 Mask 类型贴图的方法来解决这个问题。下面我们列出一个 Mask 贴图材质的参数设置，该材质能产生带有凹凸砖缝线的淡黄色麻石的墙面效果，如图 2-044 所示。下面我们来详细介绍这种方法的妙用。

着色方式：Blinn

阴影区颜色 Ambient：HSV(0，0，0)

过渡区颜色 Diffuse：HSV(35，60，120)

高光区颜色 Specular：HSV(35，30，230)

高光强度 Specular Level：40

高光区域 Glossiness：30

纹理贴图 Diffuse Color：100 Mask 贴图类型

凹凸贴图 Bump：20 Fenge.tif

在 Mask 参数面板中设置 Map 项为 Noise 贴图，在 Noise 参数面板中设置 Size=3.3，Color #1 为 HVS(35，50，255)，Color #2 为 HVS(35，50，140)。

在 Mask 参数面板中设置 Mask 项为贴图 Fenge.tif，该贴图是在 Photoshop 中制作的一幅 600×600Pixels 的黑白砖缝图像，如图 2-045 所示。它用来控制物体表面颜色的分布，纯白部分(砖面)的颜色由 Map 项贴图决定，纯黑部分(砖缝)的颜色由 Ambient、Diffuse 和 Specular 的颜色决定，灰色部分的颜色由两者共同决定。Map 项贴图采用 Noise 类型贴图可产生淡黄色麻石的砖面效果。

凹凸贴图 Fenge.tif 确定砖缝为凹陷效果。

提示：使用 Mask 类型贴图是在物体表面产生分格线、色带的一种较简单的方法。在大型建筑场景的远景透视及鸟瞰时，一般很难感觉到墙面分格线的存在，如果建筑不大且相机视点又比较近的情况下，材料质感会表现得十分突出，这样就应当表现出墙面的分格线，甚至分格线的凹凸效果。

在 Mask 类型贴图材质中，Map 项贴图提供材质的主要颜色，Mask 项贴图提供分格线的形状，Ambient、Diffuse 和 Specular 的颜色决定分格线的颜色。对于普通外墙面、毛糙石墙面、面砖墙面和金属墙面，也可以将 Map 项设置为 Noise 类型贴图，我们可将 Noise 贴图中的 Color #1 和 Color #2 设置成相同的颜色，这样它所提供的是单色的墙面效果，调整这两个颜色也就调整了墙面的颜色；对于大理石墙面，只要将 Map 项设置为大理石贴图即可。确定墙面分格线形状的黑白贴图，一般在 Photoshop 中根据实际情况进行制作，但要保证其四方连续性，这样才能使贴图按 Tile 方式重复粘贴后纹路在连接处没有拼接的痕迹。Ambient 和 Diffuse 确定分格线的主要颜色，因此它们的颜色与墙面颜色差别越大，则分格线就越明显。

图 2-044　带有凹凸砖缝线的淡黄色麻石墙面效果

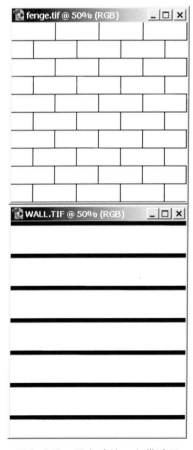

图 2-045　黑白砖缝、色带贴图

建筑墙面上的色带一般比较宽,而且它被设计在建筑的特定位置,对此我们也可以采取上述 Mask 类型贴图的方法,并配合贴图坐标的设置来灵活处理。下面是一个产生色带的麻石材质的参数设置,图 2-046 是应用该材质的建筑墙面的渲染效果。

着色方式:Blinn

阴影区颜色 Ambient:HSV(10,70,80)

过渡区颜色 Diffuse:HSV(10,70,130)

高光区颜色 Specular:HSV(10,20,230)

高光强度 Specular Level:40

高光区域 Glossiness:30

纹理贴图 Diffuse Color:100 Mask 贴图类型

在 Mask 参数面板中设置 Map 项为 Noise 类型贴图,在 Noise 参数面板中设置 Noise Type 为 Turbulence,Size=2.0,Color #1 为 HVS(10,70,200),Color #2 为 HVS(10,60,90);在 Mask 参数面板中设置 Mask 项为贴图 Sedai.tif,该贴图是在 Photoshop 中制作的黑白色带图像,如图 2-045 所示。

图 2-046　带有暗红色带的麻石墙面效果

在 3DS MAX 中,还有一种更简便的分格线材质设定方法,这就是使用 Bricks(砌砖)贴图类型。使用它也能产生多种分缝的砌砖,并能对砖面以及砖缝的大小、颜色、纹理、表面变化等进行设置。下面是一个采用 Bricks 贴图类型的材质参数,图 2-047 是 Bricks 贴图面板设置参数,图 2-048 是应用该材质的渲染效果,将该图与图 2-044 进行比较,可见效果类似,而且图 2-048 中各砖面的颜色还有些许变化,更加接近真实的效果。

着色方式:Blinn

阴影区颜色 Ambient:HSV(0,0,0)

过渡区颜色 Diffuse:HSV(0,0,0)

高光区颜色 Specular:HSV(35,30,230)

高光强度 Specular Level：40

高光区域 Glossiness：30

纹理贴图 Diffuse Color：100 Bricks 贴图类型

凹凸贴图 Bump：20 Bricks 贴图类型

提示：纹理贴图 Bricks 参数面板中，砖面纹理采用 Noise 贴图类型，其参数与上文淡黄色麻石材质中的 Noise 参数相同。砖缝颜色也与上文中淡黄色麻石材质中的过渡区颜色 Diffuse 相同。

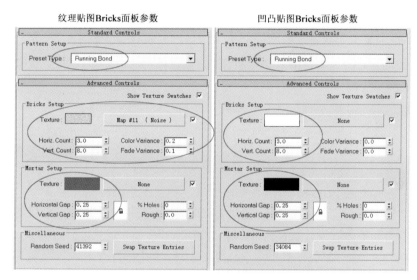

图 2-047　Bricks 贴图参数面板中的设置

图 2-048　采用 Bricks 类型贴图所渲染的淡黄色麻石墙面效果

(7)贴图坐标的指定技法

贴图坐标是用来指定贴图位于物体上的位置、方向及大小比例的。在3DS MAX中共有3种设定贴图坐标的方式：

(a)建立物体时，在Parameters展卷栏中有Generate Mapping Coords选项，如果这个物体要指定贴图坐标，请将它打开。这是一种内建的贴图坐标。

(b)在Modify命令面板指定一个UVW Map修改功能，你可以从数种贴图坐标系统中选择一种，并自行设定贴图坐标的位置、大小和方向。

(c)对特殊的物体使用特殊的贴图坐标设定，如Loft(放样)物体提供了内定的贴图选项，可以让你沿着物体的纵向与横向指定贴图坐标。

还有3种情况并不需要指定贴图坐标也可以使用贴图：

(a)反射和折射贴图不需要指定贴图坐标，它们使用"环境贴图"系统，贴图位置与视点有关，固定于场景中的世界坐标。

(b)3D程序式贴图(如Noise、Marble等)也不需要贴图坐标指定，因为它们是根据物体的自用轴自行计算产生的。

(c)Face Map(面贴图)材质也不需要贴图坐标指定，因为它们自动将贴图放置于物体的每个组成平面上。

内建贴图坐标是专用于基本物体类型使用的，而通过UVW Map修改功能，可以针对某一个物体进行坐标系统的单独指定，这种方式具有很大的弹性，几乎可以任意指定坐标位置。如果一个物体具有几种类型的贴图方式(如纹理、凹凸、透明贴图等)，那么每种贴图方式都要求不同的坐标系统，这时就用到内建坐标系统。如果同一个材质应用到几个不同的物体上，你要根据不同物体进行坐标系统的调整，这时就要用到UVW Map修改功能。当这两种指定方式冲突时，系统先确定UVW Map修改功能，其次才认可内建坐标系统。为了增加制作速度，对于指定了UVW Map修改功能的物体，最好将其Generate Mapping Coords(内建坐标系统)选项关闭。

使用UVW Map修改功能，可以针对不同的物体使用多种方式进行贴图。平面贴图法(Plannar)将贴图以贯穿的方式粘贴在三维对象上；圆柱体贴图法(Cylindrical)将贴图弯曲成圆柱体，并把它包在三维对象的外面；球体贴图法(Spherical)将贴图弯曲成球体，并把它包在三维对象的外面；为避免球体贴图坐标在物体顶部和底部产生的不自然效果，我们可以采用收缩包裹法(Shrink Wrap)来设定贴图坐标，它优于球体贴图法；立方体贴图法(Box)将在六个面分别放置一个重复的贴图，就好像用一个盒子将对象包裹起来，这种贴图方法在相对复杂抽象的物体表面使用起来比较方便；面贴图法(Face)将贴图以Plannar贴图法应用于三维对象的每个面片；XYZ to UVW选项用于制作一个3D程序纹理(如细胞贴图Cellular)"胶粘"在动态的对象表面，当对象伸展时，纹理贴图也同样伸展。

在电脑建筑画制作过程中，我们经常使用的是Box贴图方式。这是因为建筑墙体一般有多个相互垂直的面组成，使用Box贴图方式能保证各个侧面都能按平面贴图的方式粘贴贴图。而如果使用简单的平面贴图方式，则只有一个方向上的墙面能被正确地粘贴纹理，其他侧面会产生纵向撕裂纹理而失真，如图2-049中左图所示。

图 2-049　分别采用 Plannar 和 Box 两种贴图方式所产生的墙面效果

　　图 2-049 中右图为采用 Box 贴图方式所产生的效果，这种贴图坐标是这样设定的：首先选择墙体，然后点取▱钮进入变动命令面板，在 Modifiers List 中选择 UVW Map 变动命令，打开 UVW Mapping 左侧的 ＋ 号，选择 Gizmo 以打开 Gizmo 显示，在 Parameters 展卷栏中选择 Box 贴图方式，设置 Length、Width 和 Height 的值均为 0.75m，将 Box 贴图坐标与墙体边线对齐，如图 2-050 所示。最后在变动堆栈列表中选取 UVW Mapping，以关闭 Gizmo 显示，这样我们就给墙体赋予了一个边长为 0.75m 的正方体贴图坐标。

　　提示：本例中所用砌砖贴图为 Zhuan.tif，如图 2-039 所示，是一个四方连续的 640 × 640Pixels 的图像。由于其宽高比为 1，因此 Box 贴图坐标可设置成正方体，从而可以保证贴图纹理不变形。

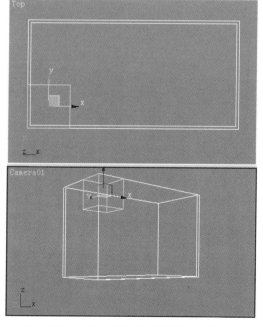

图 2-050　将 Box 贴图坐标与墙体边线对齐

2.1.2.2 玻璃材质的设置技法

玻璃的种类很多，在建筑中常用的有各种窗玻璃、幕墙玻璃等，包括镀膜的镜面玻璃、透明玻璃、有色玻璃、磨砂玻璃等。要在建筑画中正确表现出这些玻璃的质感，关键在于表达出这些玻璃的透明和反射光线的程度。

提示：由于窗和幕墙在建筑中的重要性，使得玻璃的处理常常关系到整张建筑画的效果。加上玻璃具有集透明、反射、折射于一身的特性，使得玻璃的处理在建筑画中的创作很难把握，不能单靠在3DS MAX中通过赋玻璃材质的方法直接计算生成，还主要靠在Photoshop中选择后处理，具体方法请参见第2.2.3节"主体建筑中玻璃的处理"。

(1)镜面玻璃

镜面玻璃反射能力最强，能充分反映周围景象，明暗对比强烈，镜面玻璃的表面实际上也就是周围环境的表现。在表现中可以稍比周围的环境景象弱一点；在转折处常常有强烈的高光。如果是有色镜面玻璃，在表现时要注意使玻璃中环境景象带上一定的色彩倾向，以与周围的环境区别开来，对比度也要比无色的镜面玻璃更弱一些。

根据镜面玻璃的这些特性，我们在3DS MAX中编辑材质时，可将事先在Photoshop中制作的一张城市街景图(如图2-051中左图所示)，作为玻璃材质的Diffuse Color(纹理)贴图，以造成镜面反射周围环境的模拟效果。镜面玻璃材质的Specular Level和Glossiness设置得较高，一般在35以上。下面是一个镜面玻璃材质设置的例子，图2-052是使用该材质的渲染效果。

着色方式：Blinn

阴影区颜色Ambient：HSV(0，0，0)

过渡区颜色Diffuse：HSV(0，0，0)

高光区颜色Specular：HSV(150，40，220)

高光强度Specular Level：45

高光区域Glossiness：35

纹理贴图Diffuse Color：100 Glass01.tif

提示：在该材质的设定中，玻璃的效果主要靠纹理贴图Glass01.tif来体现。在Photoshop中制作这种镜面反射图像时，除了蓝天外，应在图像下部融入建筑和树木等，建筑和树木应适当降低亮度和对比度。对于玻璃幕墙中光怪陆离的反射景象，也可以在Photoshop中通过多幅图像的融合、渐变等合成方式以及特效处理产生。

如果需要还可以通过Filter/Blur/Gaussian Blur滤镜命令对整幅图像进行一些模糊处理，也可以通过Filter/Distort/Zigzag滤镜命令进行波状效果的处理，这样将来贴到物体上后，就会形成玻璃表面不平而形成的倒影变形的逼真效果，如图2-051中右图所示。如果是有色反光玻璃，还应在贴图中加上一层玻璃的色彩。

图 2-051　镜面玻璃材质所用环境贴图

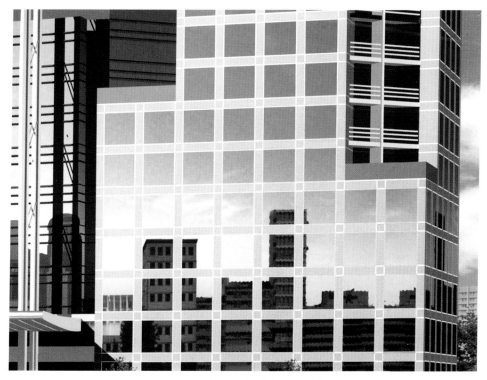

图 2-052　镜面反射玻璃的渲染效果

(2)透明玻璃

透明玻璃的表现，关键在于描绘透过玻璃所看到的景物。如透过大面积的玻璃窗，能把室内的顶棚、灯具、墙面、柱子、家具等物隐约显现出来，这就需要在建模时，把这些室内物体的轮廓建立起来，不需要十分准确，比如在室内建一些薄片物体代替楼板、圆柱代替立柱，立方体代替家具等。如果需要还可以设置一点反射高光效果，这可通过粘贴反射贴图来实现，反射贴图的强度一般较低，在40以下，反射模糊Blur Offset在0.05以上，反射位图多采用类似图2－053所示的混乱黑白图像。透明玻璃材质应勾选两面着色选项2－Sided，其Specular Level和Glossiness设置得比较高，一般在35以上；不透明度在50左右；在Extended Parameters展卷栏，透明落点一般应选择Falloff In，即确认玻璃中心比边缘更透明；滤镜颜色Filter影响玻璃的颜色，一般与过渡区颜色Diffuse相同。下面是一个透明玻璃材质设置的例子，图2－054是透明玻璃材质的渲染效果，室内所见到的顶棚上可以建一些长方形的面片并赋予自发光材质作为日光灯效果。

着色方式：Blinn 勾选2－Sided

阴影区颜色Ambient：HSV(150, 80, 100)

过渡区颜色Diffuse：HSV(150, 80, 150)

高光区颜色Specular：HSV(150, 40, 200)

高光强度Specular Level：35

高光区域Glossiness：40

不透明度Opacity：40

透明落点Falloff：In

滤镜颜色Filter：HSV(150, 80, 150)

反射贴图Reflection：30 Glass03.jpg 设置Blur Offset为0.05

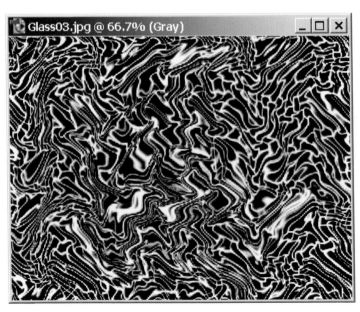

图2－053　透明玻璃所用反射高光贴图

图 2-054　透明玻璃渲染效果

2.1.2.3　地面材质的设置技法

地面是建筑物重要的衬托因素，在建筑画中往往占据前景部分，因此也需要仔细地绘制。

(1)道路

普通的道路材质没有什么特殊，与普通墙面的设置类似，只不过高光强度 Specular Level 和高光区域 Glossiness 要设置得更低，在 20 以下。为了更突出真实的效果，我们可以将道路进行渐变处理，即纹理贴图使用 Gradient(渐变)贴图类型。如果还要道路分线的话，可以将纹理贴图设置为 Bricks 类型贴图，砖面使用 Gradient(渐变)贴图类型即可。下面是一个有分线和渐变的道路材质设置的例子，图 2-055 是 Bricks 和 Gradient 贴图类型面板中的参数设置，图 2-056 是使用该材质的道路的渲染效果，在配套光盘一的 \Ch02 目录下可找到该场景的模型文件 2-1-2-3.max。

着色方式：Blinn

阴影区颜色 Ambient：HSV(0, 0, 0)

过渡区颜色 Diffuse：HSV(0, 0, 0)

高光区颜色 Specular：HSV(0, 0, 200)

高光强度 Specular Level：20

高光区域 Glossiness：15

纹理贴图 Diffuse Color：100 Bricks 贴图类型

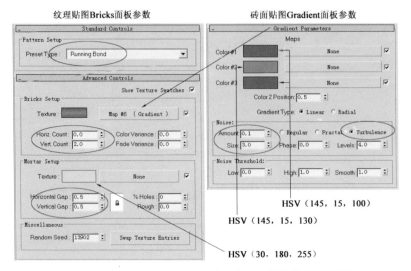

纹理贴图Bricks面板参数　　　　　　　　砖面贴图Gradient面板参数

HSV（145，15，100）

HSV（145，15，130）

HSV（30，180，255）

图 2-055　Bricks 和 Gradient 贴图类型面板中的参数设置

图 2-056　有分线和渐变的道路渲染效果

(2)铺地

地面铺地材质与砌砖材质的设置类似，关键是在Photoshop中制作出一幅四方连续的铺地图案贴图，图 2-057就是一幅在 Photoshop 中制作的石材图案贴图。在室外建筑画中，我们很少描绘地面的反射倒影，但有时为表现雨后场景或近景地面效果时，才将地面的反射贴图打开。下面是一个使用贴图 2-057的铺地材质参数设置的例子，使用该材质的铺地渲染效果如图 2-056所示。

着色方式：Blinn

阴影区颜色 Ambient：HSV(0，0，0)

过渡区颜色 Diffuse：HSV(0，0，0)

高光区颜色 Specular：HSV(25，20，230)

高光强度 Specular Level：30

高光区域 Glossiness：25

纹理贴图 Diffuse Color：100 Pudi.tif 设置 U Tiling=100，V Tiling=5.0

提示：在图 2-056 所示的场景中，铺地是一个 100m×5m×0.1m 的 Box 物体，而贴图 Pudi.tif 是一幅宽高为 200×200Pixels 的正方形图像，因此为保证粘贴后铺地图案不变形，我们将宽高方向上的贴图重复次数进行了相应的设置。

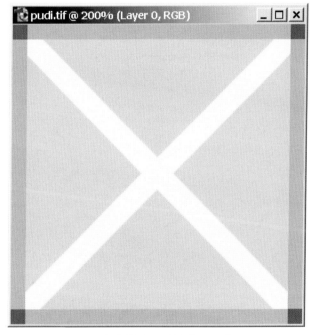

图 2-057　四方连续的石材铺地图案贴图 Pudi.tif

(3)草地

一般来说，对于在 3DS MAX 中的草地，我们仅赋予一个简单的草绿色，以便于在 Photoshop 中进行选择，之后可直接粘贴有透视感的高精度草地照片即可。但对于远景或不便于在 Photoshop 中进行选择粘贴的草地，我们也可以给其赋予一个具有草地纹理的贴图材质。图 2-058 是一幅草地照片，下面是使用它的草地材质参数，使用该材质的草地渲染效果如图 2-056 所示。

着色方式：Blinn

阴影区颜色 Ambient：HSV(0，0，0)

过渡区颜色 Diffuse：HSV(0，0，0)

高光区颜色 Specular：HSV(25，20，230)

高光强度 Specular Level：30

高光区域 Glossiness：25

纹理贴图 Diffuse Color：100 Grass.tif

在纹理贴图 Grass.tif 的参数面板中勾选 U Mirror 和 V Mirror 项，并设置 U Tiling=5.0，V Tiling=2.0。

提示：在贴图参数面板中，若将 U、V Mirror 项打开，则位图被变为上、下、左、右互为镜像的四幅四分之一尺寸图像，这四幅图像拼在一起的位图用于贴图。这里打开 Mirror 钮是为了使草地贴图变得四方连续，避免重复贴图后出现明显的拼接痕迹。

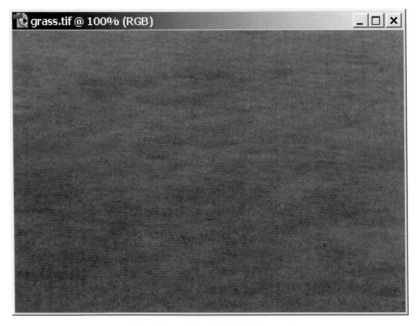

图 2-058　草地纹理贴图 Grass.tif

2.1.2.4　瓦屋顶及配景的处理

瓦屋顶是在建筑画中经常遇到的，尤其是在俯视图中更要细致地刻画。配景中的人物、汽车、树木等一般是在 Photoshop 中进行直接粘贴的，但有时如在网架、花架、铁花围栏等后面放置的人、车、树等，它们在 Photoshop 中不易进行选择，因此也必须在 3DS MAX 中采用透空贴图的办法来实现。

(1)瓦屋顶

瓦屋顶的质感可由贴图模拟，如图 2-059 是几种常用瓦的贴图。由于瓦屋面经常是两坡或者四坡，因此应当给每一个坡面单独赋贴图坐标，才能确保瓦楞的方向正确。如果要突出瓦楞的凹凸感，还可以通过凹凸贴图来体现。下面是一个瓦屋面贴图材质的参数设置，使用该材质的瓦屋面的渲染效果如图 2-060 所示。

着色方式：Blinn

阴影区颜色 Ambient：HSV(0, 0, 0)

过渡区颜色 Diffuse：HSV(0，0，0)

高光区颜色 Specular：HSV(15，30，220)

高光强度 Specular Level：30

高光区域 Glossiness：25

纹理贴图 Diffuse Color：100 Wa01.tif

图 2—059　几种常用屋瓦的贴图

图 2—060　瓦屋顶的渲染效果

(2)配景人、车、树等的处理

采用透空贴图材质制作人、车、树等配景的方法是这样的：先在 Photoshop 中制作出人、车、树等的贴图及其黑白模板，如图2-061所示是已制作好的人物及其黑白贴图模板；然后在 3DS MAX 中的 Front 视窗建立一个 Box 薄片物体，薄片的宽高比要与贴图的宽高比相符，而厚度越薄越好，并打开 Box 物体内建贴图坐标；最后建立一个透空贴图材质，并赋给薄片物体即可。透空贴图材质的建立方法可参见第2.1.1.4节"特殊建模方法"中透空围栏铁艺材质的制作方法。为了确保人、车、树等不变形，还应当在 3DS MAX 中调整薄片物体，使它与照相机视线方向垂直。下面是一个人物透空贴图材质的参数设置，使用该材质的渲染效果如图2-062所示，在配套光盘一的\Ch02目录下可找到该场景的模型文件 2-1-2-4.max。

　　着色方式：Blinn

　　阴影区颜色 Ambient：HSV(0, 0, 0)

　　过渡区颜色 Diffuse：HSV(0, 0, 0)

　　高光区颜色 Specular：HSV(0, 0, 0)

　　高光强度 Specular Level：0

　　高光区域 Glossiness：0

　　自发光度 Self-Illumination：100

　　纹理贴图 Diffuse Color：100 People.tif

　　透明贴图 Opacity：100 People-o.tif

2.1.3　建筑场景透视设定技法

在 3DS MAX 中，建筑场景的透视完全由照相机决定，照相机代表人的眼睛，通过对照相机观察角度和视野范围的调整，可决定照相机视窗中建筑物的位置和尺寸，这样也就决定了整幅建筑画的构图和创作意图。照相机的设置在整个建筑画制作过程中有着统观全局的作用，一旦确定了建筑的透视，对于那些照相机"看"不到的对象就无需建模，从而

图 2-061　人物贴图及其黑白贴图模板

图 2-062　采用透空贴图材质制作的人物效果

使场景的复杂程度大大降低,而最终渲染效果却不会改变。灯光的布置也应以照相机的设置为基础,根据照相机视窗中的内容来进行灯光位置、颜色、照射角度、阴影等的布置和调整。

(1)建筑场景透视的创建:通常情况下,可先在 Top 视窗中创建一个给定大致透视方向的相机;然后在 Front 或 Left 视窗中,把相机和目标点一起移动到人眼的高度(距地面1.6m左右),这样能保证视线水平,并与实际人眼的观看高度相符合;点取 Perspective 视窗并按C 键,则 Perspective 视窗变为 Camera 视窗;最后通过对相机视点、目标点以及镜头的修改、移动、拉伸、旋转等来调整透视,直至满意为止。

在调整透视的过程中,可打开相机取景框(在相机参数面板中打开 Show Cone 旁的 On钮即可),以显示相机的视野棱锥。这样可清楚地看到相机的取景范围,为进一步调整取景带来方便。另外,可以按住 Shift 键并移动镜头复制几个相机,然后对每个相机进行适当的调整,这样可形成几个不同的透视,有利于最终透视的调整、比较和选择。

提示:相机的目标点只是用来辅助定位,目标与照相机间的距离对构图没有什么影响。照相机位置与目标点的连线直观地显示出视线。定义观察建筑物的视点时,一般选取人的视点高度,这样的透视与人平常习惯的观察方式一致,所产生的画面会让人感到舒适、自然。

(2)相机镜头(视野)的选择:相机镜头的尺寸 Lens 和视野角度 FOV 值成反比关系,它们是描述同一事物的两种不同方式。3DS MAX默认的镜头是43.456mm，与正常人的自然视力有相当的视野，比大多数135照相机的50mm标准镜头的视野略宽。对于一般的单体建筑物，采用这种缺省的镜头即可，如图2-063所示。

照相机镜头焦距越小，则视野越宽，焦距小于50mm的镜头，会产生比正常人可能的视角圆锥大的视野，这些镜头产生的视野称为广角视野，这种镜头也称作广角镜头。构图使用的广角镜头一般焦距在28~35mm之间，低于28mm的镜头会产生严重的透视变形，我们一般不予采用。宽视野使照相机视窗中主体建筑所占画面比例减小，形成建筑后退、视野开阔的感觉，如图2-063所示。焦距超过50mm的镜头称为长焦镜头，它能比人眼更加地将场景拉近。这种拉近的结果会使透视线变平，透视线向外展开被缩小了，在纵深方向上的透视看上去会显得更平。窄视野能将远处的建筑物拉入画面，使之占据较大幅面，形成清晰的图线，也如图2-063所示。

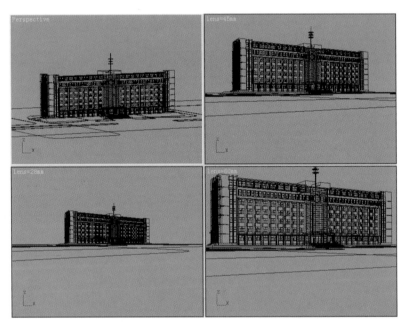

图2-063　45mm、28mm及60mm镜头中的建筑

(3)建筑场景透视方法的选择：从建筑表现的特点来看，通常用的最多的场景透视方法有单点透视、两点透视和三点透视三种。

单点透视：又称"平行透视"，这是最基本的透视作图方法。当相机和其目标点的连线平行于地面(视线水平)，且在Front或Left视窗垂直于屏幕时，在照相机视窗形成单点透视，如图2-064所示。这时，场景中造型的所有水平线都汇聚于地平线上的同一点，该点就称为灭点。单点透视使建筑或建筑空间的一个主要面平行于画面，而其他面垂直于画面。由于单点透视能给人以稳定、平静的感受，适合表现建筑的庄重、肃穆的气氛，因此这种方法常常用于表现一些纪念性的建筑。单点透视的缺点是比较呆板，与真实效果有一定距离，在一些较复杂的场景中，仅仅用平行透视的方法就不足以完整地表达各种复杂的空间关系，这时就可能会用到除平行透视外的其他透视方法。

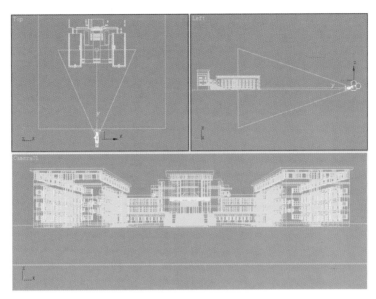

图 2-064　单点透视中的建筑

　　两点透视：又称"成角透视"。当相机和目标点的连线平行于地面(视线水平)，但在 Front 或 Left 视窗，视线不再垂直于屏幕时形成两点透视，如图 2-065 所示。两点透视使建筑主体与画面成一定角度，建筑各个面的各条平行线向两个方向消失在视平线上，即产生两个消失点(灭点)。两点透视能够比较自由、活泼地反映出建筑的正侧两个面，容易表现出建筑物的体积感，并能够具有较强的明暗对比效果，是一种具有较强表现力的透视形式，在建筑效果图中运用最广泛。两点透视的画面应围绕一个需要重点表现的中心来组织，视线应朝向这个中心来安置，以使重点表现部位位于画面的视觉中心。透视场景也不要过于对称，以免产生死气、呆板的感觉。

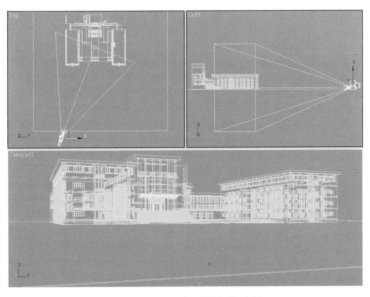

图 2-065　两点透视中的建筑

三点透视：当相机和目标点不在一个水平线上(俯视或仰视)时，就产生了三点透视，如图2-065所示。三点透视所表现的对象倾斜于画面，没有任何一条边平行于画面，其三条棱线均与画面成一定角度，分别消失于三个消失点上。三点透视具有强烈的透视感，特别适合表现那些体量硕大的建筑物或表现强烈的"空间透视感"。在表现高层建筑时，当建筑物的高度远远大于其长度和宽度时，宜采用这种透视方法。此外，在表现城市规划和建筑群时，常常采用把视点抬高的方法来绘制鸟瞰图，这也是三点透视的一种形式。

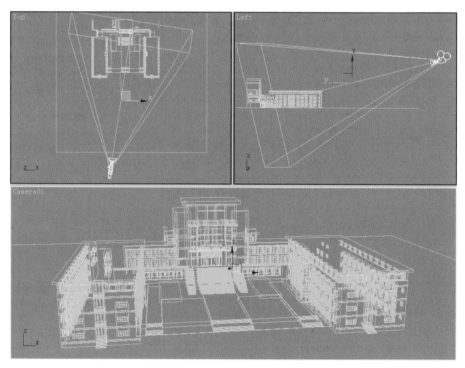

图2-066　三点透视中的建筑

(4)建筑场景透视的调整：三点透视可以表现比较大的空间群体，也可用于着重表现设计师的设计重点部位，但它会使场景造型的垂直线开始倾斜而变得有锥度，从而产生变形视差，如图2-067所示。在现实生活中，这种视觉变形人们习以为常，但在渲染图中，如果产生这样的变形，就会带来一系列不利因素，其中最为主要的就是添加配景比较困难，容易出现许多破绽，看上去不真实，像房屋倒塌一般。为了纠正这种变形视差，一种通常使用的方法是采用两点透视方法，即将相机视点与目标点的连线(视线)保持水平，而将相机视点的高度放置在人眼(距地面1.6m)的高度，这样可使本来不太高的建筑显得挺拔一些，大一些，也有利于加强地面的进深感，减小变形后处理的难度，在渲染完成之后可将近处变形大的部分裁去。如果这时建筑跑到了视窗之外，一种方法是让相机视点远离被摄物体，另一种方法是减小相机镜头尺寸(扩大视野范围)，以使建筑完全位于视窗内。但如果相机视点距建筑物过远的话，会造成建筑的立体感减弱，形象不生动的局面。因此这两种方法应结合运用，以取得正确的透视效果，如图2-068所示。

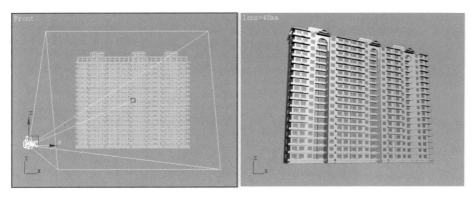

图 2-067 仰视透视图中的视差变形

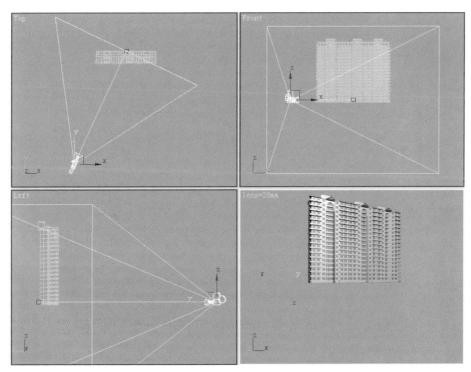

图 2-068 低视点广视野成角透视中的建筑

　　鸟瞰透视图的角度变化很多，但同样也要注意视觉变形，如果相机视点和目标点(确定视线的方向)的位置不合适，会使远处的建筑似乎歪倒了一样，如图 2-069 所示，在有高层的鸟瞰图中尤其要注意这一点。为了控制变形，应当将相机视点远离建筑群，使视线倾斜的角度尽量减小，并适当减小相机镜头尺寸(扩大视野范围)，将建筑群收入整个视图之中，如图 2-070 所示。在渲染计算时，可通过 Rendering/Blowup 命令，框定出需要渲染的视图局部进行着色，以节约大量的内存和计算时间。

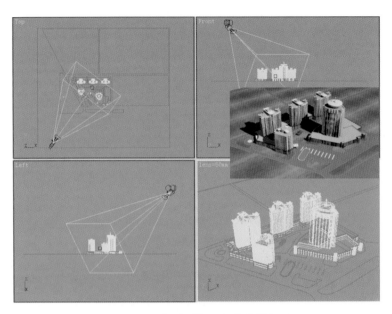

图 2-069　鸟瞰透视图中的视觉变形

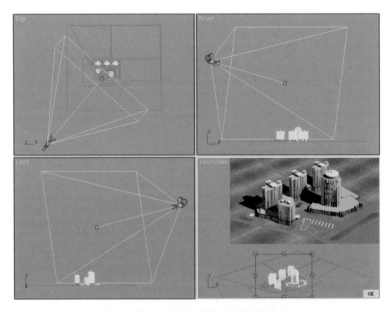

图 2-070　相机设定情况及透视效果

2.1.4　建筑场景灯光设定与布置技法

　　灯光与阴影在建筑效果图中起着至关重要的作用。光照使建筑物各个表面的明暗形成对比，体现出建筑物的透视和体量关系，建筑质感通过照明得以体现，建筑外形和层次通过阴影来确定，建筑效果图的真实感在很大程度上取决于灯光的布置。场景内布置灯光的数量、位置以及光线的颜色、强度、入射角度、阴影、大气环境等综合指标决定了场景的光照效果。3DS MAX 提供了各种灯光照明效果，根据建筑的特点和要表现的主立面视角，调整确定灯光的上述参数，可获得最佳的光照表现效果。对于室外建筑效果图来说，布光的任务基本上是要在模拟日光照射的基础上,使建筑物不同被照面的明暗形成明确对比,并利用阴影的方位和长短有效地表现建筑的体量和空间造型效果。另外,由于物体的质感(如颜色、亮度、高光、纹理等)受灯光的影响很大,因此在调整灯光时还要注意同时不断调整物体材质参数,使二者相互协调,以获得真实的建筑效果。

(1)摄影棚中的光照模式:对于肖像和静物摄影,专业摄影师使用的标准设置如图2-071所示,该图显示了这种光源设置的顶视图,被照射的对象(Subject Being Lit)放在中间,使用三个光源来照明这个场景。对于室外建筑场景,我们也应当采用这种光照模式。

主体光:又称关键光源(Key Light),通常用它来照亮场景中主要景物和周围区域,并且担负有投射景物阴影的任务。主光决定场景主要的明暗和光影关系,它具有明确的方向性和目标性,摄影师主要用它来刻画被摄对象。

辅助光:又称补光(Fill Light),它用来照射被射对象上那些未被主体光照到的部位,并用来柔化或消除主体光源产生的阴影,同时能形成一定的景深和层次。

背景光(Back Light):它可使被射对象背面光照不到的区域不致于太暗而完全不可见。实际上是在被射对象边缘形成了一道轮廓光,勾勒出对象的外轮廓,使对象与背景分离。

一般而言,主体光是最明亮的光源,辅助光则不那么明亮,而背景光则相当昏暗。主体光和辅助光可以互换位置,这取决于希望场景的哪一边更明亮一些。

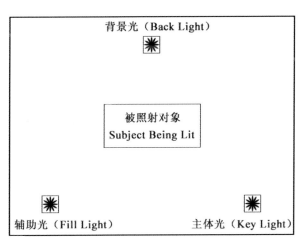

图2-071 摄影棚中的三点标准光照模式

(2)灯光类型:3DS MAX为我们提供了六种标准灯光类型,如图2-072所示。由于室外建筑场景布光的任务基本上是模拟日光照射,因此使用这些标准的灯光即可很好地完成室外建筑场景的渲染,并达到理想逼真的效果。但3DS MAX的这些光源与现实世界中光源的特性以及对场景的照明功效都有很大的不同,因此我们必须深刻理解这些照明工具的特性与照明效果之间的关系,再根据具体情况,想方设法来布置设定光源才能得到真实的照明效果。

泛光灯(Omni)是均匀向其四周辐射光线的点光源,它能照亮任何朝向光源方向的表面,而不受几何形体或距离的阻挡及影响。由于泛光灯没有明确的照射目标,是典型的点光源,通常在建筑场景中用作辅助光和背景光。

目标聚光灯(Target Spot)是有投射方向和目标的光源，它使光线控制在一个指向目标点的可调光锥之内，并能产生阴影和投射位图图像，其光强衰减和照射范围也都能被很好地控制。由于聚光灯的可约束性和目标明确，通常在建筑场景中被用作主体光，它是建筑立面效果上的主要照明光源。聚光灯能为场景局部提供明暗变化、渐变褪晕、特殊效果、阴影等，有时它也和泛光灯组合使用，来刻画建筑细部。

平行光(Directional)用于模拟自然界的平行光，如太阳光。它基本上与聚光灯一样，惟一不同的是光线之间是平行的，也被用作主体光源。当聚光灯与被照对象的距离很远时，被照对象所接受的光线之间近似是平行的，因此平行光和聚光灯可互换使用。一般而言，室外建筑单体的太阳光模拟可以用聚光灯或平行光，而在大型鸟瞰图或楼群效果图的制作中宜采用平行光，以得到平行阴影效果。

自由聚光灯(Free Spot)和自由平行光(Free Directional)是受限制的目标聚光灯和平行光，它们无法通过改变光源点和目标点来改变投射方向和范围，只能通过旋转工具来改变其投射方向。它们的其他设置与目标聚光灯和平行光完全相同，在建筑画制作中一般不予使用，它们多用于漫游动画制作。

天光(Skylight)模拟空气对光的散射，使光的分布趋于平缓均匀，并充满各个角落。仅当使用Light Tracer(选择菜单Rendering/Advanced Lighting命令，在Advanced Lighting对话框的下拉选项中选择Light Tracer)方式渲染时，天光才会起作用。这种光可在场景外包裹一个球体，模拟天空散射光线对建筑的影响，它可被赋予一种颜色或一幅贴图。由于采用天光时渲染的速度会极慢，因此在电脑建筑效果图制作中，目前还很少使用它。

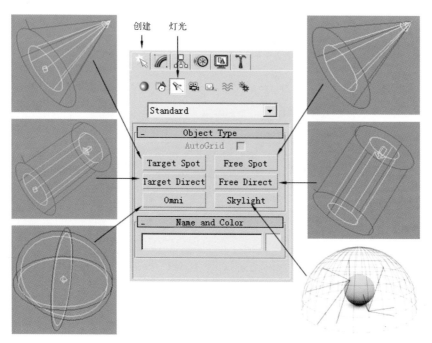

图 2-072　3DS MAX 的六种标准灯光类型

提示：3DS MAX中还提供了一个环境光(Ambient)，可通过Rendering/Environment菜单命令进行设置。环境光对场景中所有物体的照度一致，没有方向，不产生过亮光斑或阴影。环境光可被看作是一个系统参数，用于决定场景的基本色调和亮度。在室外建筑效果图制作中，一般可不必关心环境光的设置，使用缺省的纯黑色即可。

(3)灯光的常用参数：泛光灯、聚光灯和平行光的参数比较类似，如图2-073所示是聚光灯的参数面板。在制作室外建筑效果图过程中，常需调整的灯光参数有下面几个：

光线跟踪阴影(Ray Traced Shadows)：与贴图阴影(Shadow Map)相反，它能产生真实的日光阴影，阴影的边缘极为清晰，适合室外建筑效果图中主体光的阴影设置。这种阴影计算方式对于具有透明性质的对象如玻璃，也能根据玻璃颜色和透明程度而投下有一定玻璃色彩和明暗不同的阴影。

阴影的颜色和亮度：在Shadow Parameters(阴影参数)面板中，点取Color右侧的色块，可人为地改变阴影的颜色和亮度。也可以改变Dens.(密度)的数值来改变阴影的浓密程度。我们常用这两个选项来改变过黑的阴影，以便能看清阴影中的建筑细部。

排除灯光照明作用(Exclude)：该项可以有选择地照亮场景对象，在刻画建筑细部的泛光灯中经常使用。灯光对物体有照明(Illumination)和投影(Shadow Casting)两个作用，可对其一进行排除，也可以两个都排除(Both)。

提示：要想排除物体接受阴影(Receive Shadows)的能力，可在该物体的属性对话框中关掉该项即可。也可以通过关掉物体属性对话框中的Cast Shadows项来使物体不投射阴影。

灯光颜色和强度倍增器(Multiplier)：点取Intensity/Color/Attenuation面板中的色块可调节当前灯光的颜色。颜色的亮度值(Value)等于灯光的强度，在室外建筑场景中，灯光一般只使用其亮度，即使用白色灯光。可以通过调整灯光的亮度来改变灯光的照射强度，也可以通过调整Multiplier的值来改变灯光强度。Multiplier的缺省值是1.0，灯光强度不变，若值为2.0，则灯光强度增加一倍，而且保持灯光色度(Hue)和饱和度(Sat)不变。增大Multiplier可以使较暗淡的光在其照射中心显得明亮，而在边缘显示出其原来的色相，这是用其他方法很难达到的效果。Multiplier也可以为负值，表示它会"吸光"，能使物体表面变暗，有减光效果，常用在处理局部过亮的时候。

聚光区(Hotspot/Beam)和衰减区(Falloff/Field)：这两个参数是聚光灯和平行光所特有的。在Hotspot区域内的灯光强度最强，并且不会发生衰减变化；在Falloff区域内光强逐渐衰减，衰减区外的灯光强度为0。在室外建筑场景中，我们通常将Hotspot和Falloff的值设置得很接近，而使建筑场景完全位于Hotspot区域之中。

提示：Falloff区域内光强衰减的方向是在聚光灯照射光锥底面由中心向外，而在Intensity/Color/Attenuation参数面板中Attenuation所控制的衰减是指沿聚光灯光源点到目标点方向上的衰减。

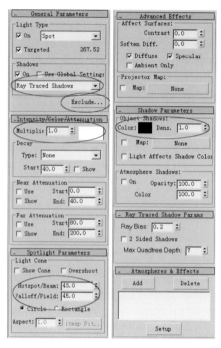

图 2-073 聚光灯参数面板

(4)影响光照效果的因素：与现实世界中的灯光不同，3DS MAX中的灯光照射效果不受几何形体或距离的阻挡及影响，如图 2-074 所示，处于密闭球体内的泛光灯仍然能照亮容器外面的平板物体。

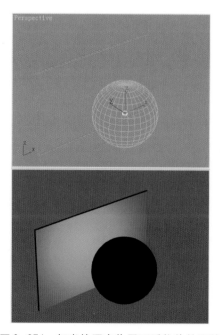

图 2-074　灯光的照亮作用不受物体的阻挡

场景中物体表面任一点被照射的强度由光线与该点表面法线的夹角决定，这个角度越小，照射强度就越大，物体表面该点被照得越亮，当达到 0°（直射）时，物体表面该点被照得最亮；相反，如果这个夹角越大，则灯光对物体的影响就越小，当角度为 90° 或与光线方向相反（夹角大于 90°）时，将不受这个灯光的影响，如图 2-075 所示。

提示：表面法线是一个数学用语，物体表面某点的法线是指通过该点且垂直于该点所在平面的矢量，其方向指向该点所在面的外侧。一般来说，3DS MAX 生成的物体都是法线向外的，当法线方向与观看方向的夹角小于 90° 时，面才会被渲染着色。否则该面就不会被着色，在这种情况下，或者通过 Normal 变动命令翻转法线方向，或者给面赋予 2-Sided（双面）材质，才能使该面进行着色渲染。

实际上灯光与物体间的距离也不会影响物体表面的光照效果，只不过距离越远，对于物体表面某点来说，光线与该点法线的夹角就相对越小，因此该点就被照射得更亮。

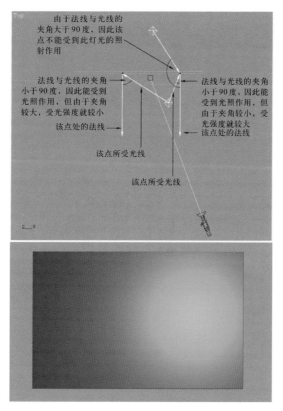

图 2-075　灯光的照射强度与光线入射角度的关系

（5）室外建筑场景布光：通过对 3DS MAX 各类灯光特性的分析及其参数的调整，就可以控制灯光的各种属性，产生我们需要的变化；再通过调整光源的位置使建筑各面所受光线角度不同，从而使各面所受光强不同，这样建筑就会产生我们需要的明暗、层次变化；最后以摄影棚中的光照模式为基础来统筹安排布置灯光，就可以很容易地模拟出现实世界中的日光照明效果。

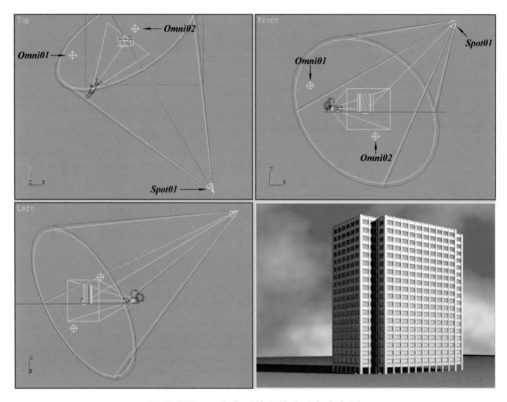

图 2-076 　一个典型的室外建筑布光实例

　　如图 2-076 所示，就是一个典型的建筑场景实例。其中聚光灯 Spot01 作为主体光，模拟太阳的照明效果。它一般离建筑较远，以使建筑所受光线间近似平行，这样可以减小阴影的变形。如果主体光采用平行光(Directional)，距离的远近就无关紧要了。由于 Spot01 的照射方向与照相机视线方向相反，因此建筑只有一个面受到它的影响，这个面就成为主受光面。建筑的其他面由辅助光和背景光照亮，由于这两个灯光亮度明显偏暗，因此它们所照射的面就是次受光面。主次受光面亮度的明显差别对于表现建筑的体量感十分重要。另外，通过调整主体光 Spot01 的位置还能改变阴影的大小和方向，比如本例中，Spot01 在 Top 视窗越往右偏，则阴影就越大，但主受光面所受光强由于照射角度的关系就有所降低；Spot01 在 Front 视窗越往高处，则建筑上的阴影也就越大越向下倾斜，主受光面由于照射角度的关系所受光强也就会有所降低，这时可通过增大 Multiplier 的值来补偿。

　　提示：切记不要将主体光与相机放在同侧且以 45°角入射，如图 2-077 左图所示。这种角度的光线会使建筑各面受光均等，没有强烈的反差，对表现建筑的体量和层次不利。如果主体光必须与相机在同侧时，应调整灯光的位置使光线入射角度明显偏向一个主受光面，以使建筑相邻面有明显的亮度反差，如图 2-077 右图所示。这时由于建筑的两个受光面都由主体光照射，因此可省去设置辅助光。

　　在 Spot01 参数面板中，打开 Ray Traced Shadows 阴影设置，并设定灯光强度为 HSV (0，0，255)，Multiplier 为 1.0。由于室外白天的日光是白色，因此我们一般只使用灯光颜

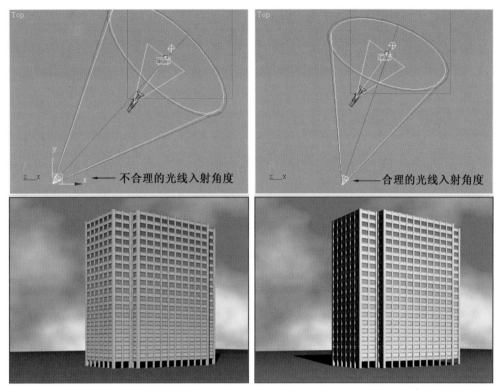

图 2-077　主体光与相机在同侧时的布光

色的亮度值，也可以设置略微复杂一些，比如模拟傍晚彩霞的照射等。设置聚光区(Hotspot/Beam)和衰减区(Falloff/Field)分别为43.0和45.0，并勾选Show Cone选项，以观察聚光灯照射范围，要使建筑场景完全处于Hotspot区域。这可通过灯光视窗来验证，灯光视窗可这样得到：激活任一视窗，按$键，则该视窗变为Spot窗口，在这里可以清楚地看到Hotspot和Falloff区域的照射范围。在Spot01参数面板的Shadow Parameters展卷栏中设置阴影亮度为50，以使阴影亮度达到整个环境的明暗要求。

　　在图2-076中辅助光Omni01，位于主体投射光线的另一侧，用来照亮建筑的次受光面，其亮度较暗，一般在110左右。Omni01一般放置在比建筑物稍高的位置，这样次受光面从上到下由于光线入射角度的关系而出现由明到暗的轻微变化。如果要去除这种变化，可将辅助光放置在建筑物一半的高度，并远离次受光面。有时，我们也将辅助光放于地下并远离次受光面，这样我们就使辅助光既照亮了次受光面，又提亮了建筑的底面，起到了大部分背景光的作用，这时我们常常就省去了设置背景光。

　　背景光Omni02从Top视窗中看，一般位于建筑背面，照相机视线的延长线上，亮度很昏暗，在60以下。从Front视窗中看，背景光应位于地面以下较远的位置，以便照亮建筑底面，起到环境光的作用。之所以将背景光放置在照相机视点的斜对角，是因为这样可使主次受光面都不受背景光的影响。对于室外建筑场景的背景，我们往往不在3DS MAX中进行渲染，而是在Photoshop中粘贴(参见第2.1.5和2.2.1节中的有关介绍)，因此背景光常常省略，而用辅助光代替照亮建筑底面。

提示：对于一般的室外建筑场景，上述三个灯光能很好地模拟日光照射作用，但有些时候只设置这三个灯光是不够的，比如为高层玻璃幕墙的局部高光要设置灯光，透明玻璃所透出的室内模型要提供照明等，这些灯光可以是泛光灯，也可能是聚光灯，但它们都是不投影的，并且往往需打开Exclude，排除不应照亮的物体，因此这种灯光就称为局部泛光灯或局部聚光灯。

2.1.5 建筑场景大幅面渲染生成技法

在整个室外建筑场景调试完毕，并通过小幅面预渲染达到了满意的效果后，我们就可以进行大幅面的渲染生成了，这是整个效果图制作在3DS MAX中进行的最后一步。进行大幅面的渲染生成首先应激活照相机视窗，然后选择菜单Rendering/Render命令，或者直接按快捷命令面板中的🖼钮，都会弹出如图2-078所示的渲染对话框。在制作室外建筑效果图过程中，渲染对话框中的参数大多采用缺省设置，常需应用的渲染参数有下面几个：

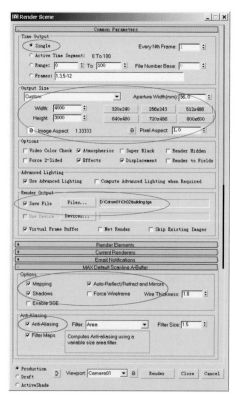

图2-078 大幅面渲染时的着色参数设置

(1)由于我们需要渲染生成的是静帧的建筑渲染图，因此在渲染对话框中Common Parameters展卷栏中的Time Out区，应选择Single(单帧)，这样将只渲染场景的当前帧。在Output Size区选择Custom着色方式，这样可任意设置渲染的宽高像素数，Width和Height输入区即可用来输入渲染的宽高像素数，其下的Image Aspect的值自动变为宽高像素数的比值。为防止渲染后变形，一般应设置Pixel Aspect(每个像素宽高的比值)的值为1.0。

提示：着色场景使用 Custom 着色方式，一般使用 4/3 的 Image Aspect(图像宽高比)和 1.0 的 Pixel Aspect(像素宽高比)。例如在着色场景对话框中当 Width 设为 3600 时，Height 就应设为 2700。但有时根据构图的需要，没有必要非得使图像宽高比为 4/3，但像素宽高比一定要保证为 1.0。

最终渲染输出图像的宽高像素数应根据效果图的用途、输出到纸上时的幅面以及所用输出设备来设定。比如，所用的输出打印机打印精度在 720dpi，如果打印成 A4 幅面，则输出位图宽度要设在 2000 点以上时才能产生较好的效果；一般情况下，A3 幅面应设在 2500 点以上；A2 幅面设在 3000 点以上；A1 幅面设在 3500 点以上；A0 幅面设在 4000 点以上时打印效果才会较理想。

(2)在 Render Output 区按下 Files 钮，在弹出的对话框中可指定生成渲染图放置的目录、文件名、存储格式等。对于室外建筑效果图，建议使用 TGA 格式存储渲染图，因为 TGA 格式是一种通用性很强的图像文件格式，非常适合用来在多种软件间传递数据。更重要的是 TGA 格式可以保留 Alpha 通道，所谓 Alpha 通道就是指除图像自身色彩信息外的一种灰度信息。在室外建筑效果图制作中，通过 Alpha 通道可以自动将前景与背景分离，避免手工选取。如图 2-079 所示即是一幅在 3DS MAX 中渲染生成的一幅效果图，在 Photoshop 中可见它自动带有透明背景，非常便于背景的粘贴(请参见第 2.2.1 节"背景的选择与处理"中的介绍)。

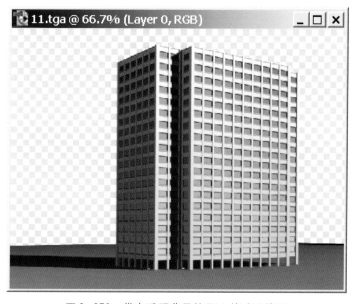

图 2-079　带有透明背景的 TGA 格式渲染图

要想得到带有 Alpha 通道的 TGA 文件，需要打开如图 2-080 所示的 TGA 图像控制参数对话框，在该对话框中只有选择 32 位时才会产生 Alpha 通道。勾选 Compress 选项会使图像压缩，减少文件存储空间。Alpha Split 选项会使图像 Alpha 通道以单独的文件形式存储，使 Alpha 通道与原图像分离，该项不用勾选。Pre-Multiplied Alpha 选项会使图像在 Alpha 通道边缘的像素抗拒齿(Anti-aliasing)而产生柔化效果，能避免与背景相融时产生生硬的边缘。由于我们在3DS MAX中一般不设置背景，而使用缺省的黑背景，如果勾选该项，就会在图像边缘形成黑边，如图2-081所示，上图为勾选Pre-Multiplied Alpha选项存储时，在Photoshop中与背景融合后的效果，下图是不勾选Pre-Multiplied Alpha选项时的效果。为避免产生这种黑边，我们一般不勾选Pre-Multiplied Alpha选项，除非我们在Photoshop中使用3DS MAX生成的背景或与生成背景颜色接近的背景。

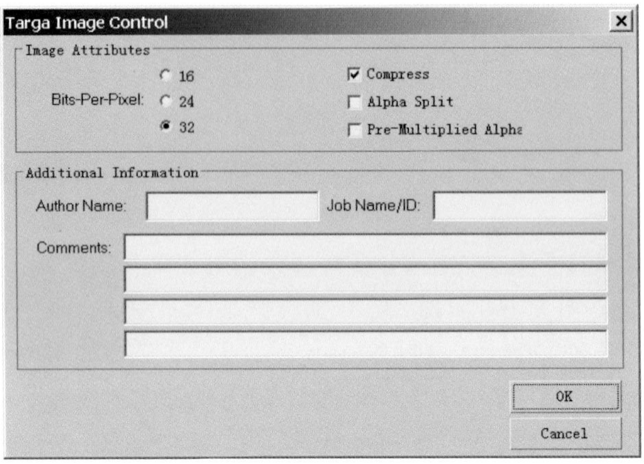

图2-080　TGA图像控制参数对话框

图2-081　勾选Pre-Multiplied Alpha选项产生的图像黑边

(3)在渲染对话框 MAX Default Scanline A-buffer 展卷栏中 Mapping 选项确定材质贴图和背景贴图是否有效；Auto-Reflect/Refract and Mirrors 选项确定是否进行反射、折射、镜面反射计算；Shodows 选项确定是否进行阴影计算；Anti-aliasing 选项确定是否进行抗锯齿运算。这几个选项对于最终的大幅面结果十分重要，应注意在最后渲染计算时把它们打开。在小幅面调试渲染时可根据需要关闭其中的任一项或多项，以节省时间。

(4)将该场景中所有用到的文件，如贴图、模型、纹理等，都放在该场景文件所在的目录下，这样 3DS MAX 在渲染时能很容易地搜索到所需的贴图，可提高着色速度，也便于项目文件归档，有利于将来查阅和利用。在正式进行大幅面渲染之前，还应确保所有必要的物体都没有被隐藏，各项与渲染有关的参数都已设置正确，磁盘有足够的空间来存放大幅面渲染的中间文件和渲染结果等。在图像的生成过程中，还可在 Render Scene 对话框中逐项核查场景和渲染的各项参数。如果发现错误，应及时按 Esc 键退出，待重新设定后再生成，以免浪费时间。

2.2　Photoshop 中的创作技法

经过 3DS MAX 建模渲染得到的大幅面建筑渲染图还需要进入 Photoshop 中进行平面图像处理，这是制作电脑建筑画制作的最后一道工序，直接关系到电脑建筑画的最终效果。使用 Photoshop 处理建筑渲染图，其主要的内容大致包括以下几个方面：

＊利用 Photoshop 强大的色彩调节功能，通过调整整幅画面及其局部的色彩平衡、明暗和对比度，进一步提高图像的色彩质量，完善影像的视觉效果。

＊综合运用 Photoshop 的各类选择、绘画和编辑工具，裁剪图像调整构图，绘制一些精彩的建筑细部及环境景观如玻璃内透与反射、草地、水面、阴影、倒影等，以活跃整幅画面的气氛。

＊通过 Photoshop 的制作和粘贴复合功能，为建筑的渲染图添加必要的环境配景，如背景天空、人物、汽车、植物、建筑小品等，以创造丰富、逼真的环境景观效果。

2.2.1　背景的选择与处理

室外建筑效果图的背景可以使用一幅真实的蓝天白云照片，也可以使用艺术化的退晕图像，还可以使用经过艺术处理的天空图像。作为室外建筑效果图特别是低视点的建筑表现图最主要的背景，天空在画幅中占有很大的面积，它既要反映当时当地的时间、气候等环境特征，也要烘托整幅画面的气氛，突出主体建筑的体量、形式和艺术构思，因此选择、制作和使用合适的天空背景十分重要。

背景的选择和绘制，关键应考虑它与建筑物的互衬关系。外形简单的建筑宜衬以丰富的背景(如变化丰富的蓝天白云)，而外形复杂的建筑则宜衬以简单的背景(如艺术化的退晕背景、云淡天高的天空背景)。背景还应与建筑物在明暗上有适当的对比，对比愈大图像愈清晰，实体感愈强，对比愈小，则图像粘连而愈模糊。比如，天空与建筑墙面的明度靠近，则两者必然相互粘连而不能相互衬托；如果窗户与天空的明度相雷同，那么窗户将成为一片墙面上透天的孔洞。建筑是静止的，如果利用背景的动势如翻滚的云、奔走的汽车人流等，则可以使静止的建筑增强表现力。另外，我们还常常利用背景天空中的云彩来平衡画面，如图2-082所示，建筑的重心偏右，因此我们选用一幅左侧云彩偏多的天空背景图像。

图2-082 利用背景天空中的云彩来平衡画面

　　背景图像与建筑的融合过程很简单，首先应将背景图像粘贴到建筑渲染图中并将其放置在建筑图层的下面；如果在3DS MAX中渲染保存的文件带有Alpha通道(详见第2.1.5节"建筑场景大幅面渲染生成技法")，这是由于建筑图层的背景是透明的，因此背景图像将自动显露出来，下面仅要做的是改变背景的大小、位置、色彩等使其符合建筑画面构图的需要；如果3DS MAX渲染保存的文件不带Alpha通道，这就需要在建筑图层中选择背景部分区域，然后删除该选择区域的内容，使该部分透明即可。

2.2.2 主体建筑的整体调整与细部修描

　　虽然我们在渲染过程中注意保持了画面的整体效果，但由于在3DS MAX场景中使用的是一种模拟灯光，与自然界的日光、各种光源和环境光总有一些差距，这样渲染的表现图不可能将光线布设得尽善尽美。刚渲染出来的表现图往往显得灰白，有的建筑的某些受光面太亮(或没有亮起来)，而阴影部分又显得不够浓重，不受光面和阴影部分明暗混淆而细部又都表现不清，总之建筑及其环境各个局部的明暗和色彩的表现程度不平衡，某些局部还可能会出现某些模型和纹理上的漏洞等。针对这些问题大可不必反复地调整改动3DS MAX场景中的模型、材质和灯光，只要将渲染图放到Photoshop中，就可以根据真实的场景光色随心所欲地修描改动那些认为不够满意的部分，使画面中的建筑更加完美。

　　渲染图整体颜色调整和细部修描常用的处理过程有以下几种：

　　(1)裁剪：如果由3DS MAX计算得到的图像带有建筑环境，如道路、配楼、草地等，由于这时的图像宽高比一般是4∶3，但从实际的构图看可能需要裁剪掉一些不必要的部分，这

时就需要裁剪工具 进行裁剪。裁剪后，图像的文件量变小了，便于以后的处理操作，也有利于从构图的需要来粘贴图像。

(2)整体颜色调整：由于在3DS MAX中灯光、材质、环境、渲染算法等设置不当的原因，经计算得到的图像往往显得灰白，没有生气，这就需要对其整个画面进行颜色调整。总的说来，图像颜色的校正内容包括对其亮度及对比度、色调平衡、饱和度等方面的调节。一般情况下，使用在Image／Adjust菜单下的一系列命令，如Brightness&Contrast、Color Balance、Hue&Saturation、Variations以及精调命令Levels 、Curves等，即可调整出整个画面应有的颜色效果。

(3)局部颜色调整：经整体颜色校正后的渲染图尽管整体上的明暗、色调等达到了平衡，但是有些局部，如相邻颜色或过渡颜色局部，局部区域的明暗和退晕，尤其是要注意一些高光等明显部位是否太过分或不够，建筑的阴面是否太暗淡而变得缺乏变化等，这些可能还需要进行一些小的调整，以使它们之间的明暗和色彩关系更加协调。局部调整的过程一般是先选择要调整的区域，然后就可以针对该区域，像整体颜色调整一样来改变该区域的颜色。

提示：局部颜色调整的关键是要选择出需调整的局部区域，如果单纯使用勾选工具 和魔棒选择工具 来选择，会很复杂和繁琐。而我们常用的方法是：在3DS MAX中将建筑场景所有用到的材质逐一改变为某种纯色材质，且将自发光度设为100，不要任何贴图，如下是一个纯黄色材质的设置：

着色方式：Blinn

阴影区颜色Ambient：RGB(255，255，0)

过渡区颜色Diffuse：RGB(255，255，0)

高光区颜色Specular：RGB(255，255，0)

高光强度Specular Level：0

高光区域Glossiness：0

自发光度Self-Illumination：100

在将每个材质都改变为某种纯色自发光材质之后，重新进行计算着色。渲染前在渲染对话框MAX Default Scanline A-buffer展卷栏中关闭Shodows选项，不进行阴影计算，最后得到一幅与原建筑渲染图相同大小的纯色块图像。将建筑场景及其纯色块渲染图都调入Photoshop中，由于我们按第2.1.5节中的方法保存了渲染结果的Alpha通道，因此在Photoshop中没有图像的部分都是透明的，如图2-083所示。

在纯色块渲染图窗口，按Ctrl+A键以全选图像；按Ctrl+C键，将图像拷贝至内存。激活建筑渲染图窗口，按Ctrl+V键将图像粘贴进来，并自动新建一个图层；移动色块图层，将其完全覆盖住下层建筑图像；选择魔棒工具 ，在其参数行中设置Tolerance为16，勾选Anti-aliased选项，不选择Contiguous选项，这样整幅图像中与点取像素颜色相近的所有区域均会被选择；点取纯色块图层中的蓝色，则所有蓝色区域均被选择；关闭纯色块图层显示，可见建筑中玻璃部分被选择了，如图2-084所示；激活建筑图层，就可以对玻璃进行各种图像处理了。

通过上述方法获得的选择区域，如果再配合其他的选择工具来增删选区，就可以得到更精确的选择范围，这样就能更精致地调整局部的颜色和修描那些欠缺的部分。

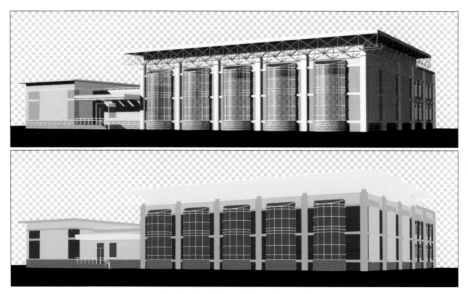

图 2—083　某建筑场景及其纯色块渲染图

图 2—084　利用纯色块渲染图来选择局部区域

　　(4)局部修饰、补足：由于在 3DS MAX 中建模、赋材质和贴图坐标、布置灯光等时的疏忽，在渲染后的画面中可能会出现某些局部的漏洞，这就需要利用 Photoshop 的绘图工具进行局部修饰、补足，常用的绘画工具有图章工具、渐变工具、画线工具、毛笔工具、橡皮工具、钝化工具、亮化工具、加黑工具等。另外，还可以利用绘画工具为建筑场景添加一些细部如建筑墙壁上的纵横分格线、色带、斑马线等，或者对于那些在 3DS MAX 中难以实现或无法实现的效果，也可以通过 Photoshop 的强大滤镜功能来实现，比如有时为了表现建筑玻璃墙上的高光效果，则采用 Photoshop 自带的滤镜来表现。具体方法为：选择菜单命令 Filter/Render/Lens Flare，在弹出的对话框中输入如图 2—085所示的高光亮度，并选择 50—300mm Zoom 选项，移动小"＋"字光标到要产生高光的位置，便可产生不错的效果，切记光圈不可过大，否则会失真。

图 2-085　Lens Flare 对话框参数设置及所得效果

2.2.3　主体建筑中玻璃的处理

在第 2.1.2.2 节"玻璃材质的设置技法"中，我们介绍了玻璃材质的设定技法，对于透明玻璃我们最好制作出简化的室内模型，比如用一些圆柱体代替立柱、立方体代替楼板、灯具和家具等，这样可更好地表现玻璃的透明质感。如果需要，这些透明玻璃还可以到 Photoshop 中进行色彩、对比、明暗、反射贴图、模糊等处理，以得到更加真实的效果。采用透明玻璃并制作出室内模型的方法能得到较好的渲染效果，但模型的制作量会增大，材质、灯光和渲染的复杂性也会增加，一般情况下我们还是多采用透明玻璃材质，不专门建立室内模型，而到 Photoshop 中粘贴环境反射贴图的方式来处理建筑中的窗户和幕墙。

对于镜面玻璃，我们很少使用反射贴图材质的方法，而常采用渲染时使用一个蓝色材质，然后在 Photoshop 中选择后进行贴图处理的方法。由于 Photoshop 中的处理是"所见即所得"的，因此反射贴图在玻璃中的位置、大小、颜色、模糊程度、透明度等的调整都非常便利。下面我们举一个例子来介绍玻璃的处理过程，实例文件见配套光盘一中的 \Ch02\2-2-3.psd。

(1)如图 2-086 所示是一个建筑渲染图中的玻璃幕部分，利用上一节中纯色块渲染图的方式选择了该部分图像。该建筑中玻璃幕即采用了第 2.1.2.2 节"玻璃材质的设置技法"中所列的透明玻璃材质实例，可见渲染完毕后效果还是不错的，下面只需要粘贴适当的环境贴图即可。

图 2-086　建筑渲染图中的玻璃幕部分及其选择区域

(2)选菜单命令 File/Open，打开一个如图 2-087 所示的建筑效果图作为环境贴图；按 Ctrl+A 键全选环境图像；按 Ctrl+C 键将环境图像拷贝至内存；选菜单命令 File/Close，将环境图像窗口不存盘关闭。

提示：环境图像往往是一些有建筑、树木、天空等的贴图，也可以是一些只有树木或建筑的透明贴图，但必须保证和建筑环境相类似，以便贴上后有真实的感觉。

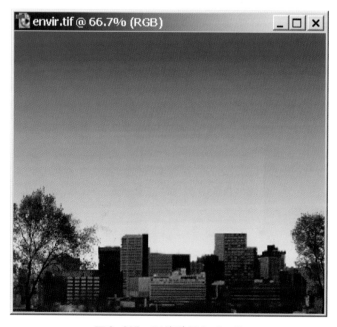

图 2-087　环境贴图 Envir.tif

(3)激活如图2-086所示的窗口；在图层工作面板中选择建筑所在的图层Layer 2；选择菜单命令Edit/Paste Into，则环境图像粘贴到了玻璃幕选择区域中，并新建一个图层Layer 3，如图2-088所示；选择菜单Edit/Transform/Flip Horizontal命令，将环境图像进行水平镜像；按Ctrl+T键，再按住Shift键，将环境图像放大一些，然后将其移动到如图2-088所示的位置。

图2-088　在玻璃幕中的环境图像及其位置

(4)在图层工作面板中将环境图层Layer 3的不透明度Opacity设定为50%；按住Alt键，使用移动工具 ⊕ 复制并移动环境图像，并新建一个图层Layer 3 Copy；按Ctrl+T键，再按住Shift键，将图层Layer 3 Copy缩小一些，然后将其移动到如图2-089所示的位置，这样所有玻璃幕中都粘贴上了环境图像。

图2-089　复制的环境图像及其位置

(5)在图层工作面板中点取纯色块渲染图层Layer 90；再次使用魔棒工具，选择出所有玻璃幕区域；然后在图层工作面板中关闭纯色块渲染图层Layer 90显示，而点取建筑所在图层Layer 2；按Ctrl+C键将玻璃幕图像拷贝至内存；在图层工作面板中点取Layer 3 Copy，按Ctrl+V键，将玻璃幕图像粘贴进来，并新建一个图层Layer 91。

提示：由于选择区域尚在，因此按Ctrl+V键后，玻璃幕图像刚好会覆盖在选择区域上。

在图层工作面板中将Layer 91的不透明度Opacity设定为50%，将混合模式设定为Overlay；选择菜单Image/Adjust/Brightness&Contrast命令，在弹出的对话框中将Brightness设置为−15，Contrast设置为+10后回答OK，结果如图2−090所示，至此玻璃幕处理完成。

提示：由于环境图层的加入，使得玻璃幕中的明暗对比、阴影等的强度减弱，因此需要将玻璃幕图像通过Overlay混合方式粘贴进来，以恢复玻璃幕中原有的明暗和阴影。

图2−090　玻璃幕的最终处理效果

上面我们详细介绍了玻璃幕的处理过程，对于一般的窗户玻璃等也可以这样处理，而对于一些要求较高的建筑入口部分，我们经常使用在Photoshop中粘贴室内效果图的方式。这种制作方式的处理过程与玻璃幕类似，也是通过纯色块渲染图获得建筑入口玻璃的选择区域，然后粘贴进去一个建筑门厅的室内图像，并通过Overlay图层恢复其原有的明暗细节和阴影关系。如图2−091所示即是一个通过这种方式处理的建筑入口的例子。

2.2.4　配景建筑的制作与处理

要有效地表现出整个建筑场景的真实感和主体建筑在环境中的气氛，就不可孤立地

图 2-091　建筑入口处玻璃的处理实例

表现主体建筑，还要对主体建筑物周围起衬托作用的建筑环境有所表现，这就需要配景建筑物的存在。在制作效果图过程中，配景建筑可直接在 3DS MAX 中直接建模，也可以在 Photoshop 中通过粘贴建筑贴图来完成。使用建模方法能使主体建筑和配景建筑获得统一的透视关系，但我们很难获得较适宜的三维环境建筑模型，自己制作也很麻烦，不可避免地会增加渲染时间，同时产生的画面在真实感上也有距离，且不易获得配景建筑与主体建筑的虚实关系。因此除非必要，我们一般都采用在 Photoshop 中贴图的方法。

目前市面上有很多种收集了大量材质贴图的 CDROM 光盘，其中有许多建筑风光照片和配景建筑、小品图片，我们只需将其中的建筑物利用 Photoshop 的选择工具提取出来即可。选择这种配景建筑的原则，主要是它们的透视关系要和渲染图上的主体建筑大体一致，而且当将其粘贴到渲染图中时，还要进行适当的放缩、变形、色彩等方面的处理以适应主体建筑和环境的需要。同时还应注意配景建筑在画面构图上的从属关系，不能与要表现的主体建筑争夺视觉中心地位，最好不要与主体建筑在明度、对比度和色彩上"粘"在一起，从而难分主次，降低主体建筑的表现力。如图 2-092 所示，为了突出主体住宅建筑，我们通过将配景建筑的对比度降低、亮度提高、模糊程度提高、色彩饱和度降低、增强环境色（加强与天空的融合程度）等手段来弱化它。对于远景高楼，我们常通过改变高楼建筑图层的透明度来提高它与天空背景的融合程度。

2.2.5　地面道路与草地的处理

在第 2.1.2.3 节"地面材质的设置技法"中，我们介绍了地面、道路和草地材质的设定方法，在着色后的渲染图中，也可以从纯色块渲染图中得到它们的选择区域，然后调整它们的颜色。建筑物前的道路一般来说冷灰色即可，明度应较浅，再配上树木在地上的阴影，就会显得很有光感，如图 2-093 所示。

图 2-092　渲染图中的配景建筑处理

图 2-093　地面与树影较高的明度对比会显得很有光感

　　对于草地我们通常的做法是：首先从纯色块渲染图中得到草地的选择区域，然后将一个真实的草地照片图像(如图 2-094 上图所示)粘贴进(Paste Into)该选区中，最后调整草地的颜色和形状，以使其符合整个场景的需要，结果如图 2-094 下图所示。

　　散落在地上的树影的处理方法是这样的：首先打开一个树木贴图(如图 2-095 所示)，并把树木拷贝至内存；然后执行 Edit Paste 菜单命令，将树木图像粘贴进来；最后将树木图层的不透明度、饱和度、亮度降低到适当大小，并通过变形命令将该图层拉大压扁并改变形状，至到满意为至。如果树影太生硬，可使用 Filter/Blur/Gaussian Blur 菜单命令，将其模糊处理，结果如图 2-093 所示。

　　在许多场景中有土坡、山体等不平的地面，对于那些较高较复杂的山体地形，我们往往

图 2-094　草地照片图像及其粘贴处理后的效果

图 2-095　作为树影贴图的透明背景树木图像

在 3DS MAX 中通过勾描地形等高线，建立模型的方法来处理，详情请见第六章第 6.1 节"制作山脉地形"中的介绍。对于一般的高低不平的土坡，则没有必要建模，只需将建筑物放在实际的标高，着色计算后，在 Photoshop 中将渲染图的相应位置粘贴一个坡地贴图即可，如图 2-096 所示。

图 2-096　在 Photoshop 中粘贴的坡地效果

2.2.6　水面及喷泉的制作与处理

建筑环境中经常会遇到诸如水池、水坑、河流、湖泊等的水面需要处理，而水面处理的好坏往往直接关系到画面气氛的表达。其实水面的处理也不是很复杂，关键是制作出水面的对周围景物的反射倒影效果，通常的做法是只在 3DS MAX 中给水面区域赋予一个简单的颜色，然后在 Photoshop 中选择后进行贴图处理，具体步骤如下：

(1)选择水面所在的区域，并使用 Select/Save Selection 菜单命令保存好该选区。

(2)找一张适合的水面图片(如图 2-097 所示)，使用 Edit/Paste Into 菜单命令粘贴到水面区域，通过放缩、变形、修补、颜色调整等一系列编辑后应使其基本与当前水面区域所在环境的色调相吻合。

图 2-097　水面照片贴图 Water.tif

(3)使用Select/Load Selection菜单命令调出保存的水面选区,将当前建筑环境的天空图片粘贴到水面区域,然后使用Edit/Transform/Flip Vertical菜单命令将天空图层垂直翻转,最后再调整天空图层的透明度、亮度等到合适的位置。

(4)调出保存的水面选区,将水面周围的建筑物粘贴进水面选区,然后将建筑图层也垂直翻转,并调整透明度、亮度等到合适的位置。

(5)使用Filter/Blur/Motion Blur菜单命令给建筑图层一点动态模糊效果,再使用诸如Filter/Distort/Ripple、Wave、Zigzag等菜单命令给建筑图层加上适当的波浪或涟漪特效。

(6)如果水面较大,可将建筑图层的下部逐渐变虚,具体方法是选择框选工具钮▣,在其参数行中设置 Feather的值到适当大小,然后框选建筑图层下部,则选区为羽化的边界,按 Del 键,则建筑下部就会逐渐变虚直至消失。

(7)对于水面周围的其他景物如树木、凉亭等,也可以模仿上面建筑倒影的制作方法进行处理。如图 2-098 所示就是一个通过上述方法制作的水面反射效果的实例。

图 2-098 采用贴图处理法制作的水面效果

对于鸟瞰图中大面积的水面,往往很难找到合适的水面贴图,因此我们只将天空以一定的透明度和虚实叠在水面上即可。具体步骤如下:

(1)选择水面所在的区域;如果水面区域复杂,不易选取,可利用纯色块渲染图进行选取。

(2)调整前景色为一种浅白蓝色,背景色为一种深黑蓝色;使用渐变工具钮▣,在水面区域从上部(远处)到下部(近处)进行直线方式渐变,这样可造成水面由近及远的深浅变化。

(3)将一幅多云的天空图片通过Edit/Paste Into菜单命令粘贴到水面区域,在图层工作面板降低天空图层的不透明度Opacity到合适的位置;调节天空的大小比例、颜色、对比等,使云的效果不要太明显,也不要太暗淡;然后将天空图层移动到合适的位置。

(4)为了更加真实,可以在水面上粘贴一些船只,并画上航迹,制作出它们的倒影;也可以在水边制作出一些树木的倒影,这样效果就更真实了。注意,由于鸟瞰图中,视点较远,我们可不必表现水面波浪,因此水中倒影也就无需波纹处理了。如图 2-099 所示就是一个通过上述方法制作的大面积水面效果的实例。

图2-099　鸟瞰图中大面积水面的制作效果

　　喷泉的制作方法有两种，一种是粘贴喷泉贴图，另一种是通过手工制作完成。由于逼真的喷泉贴图很难找到，而且粘贴后比较生硬，因此我们常采用手工制作的方法，具体步骤如下：

　　(1)使用椭圆形选择工具，画出喷泉所在的范围；选择菜单命令Select/Feather，在弹出的对话框中设置羽化边界的值为10后回答OK；使用矩形选择工具，按住Alt键，删除椭圆形选区的下半截，并把选区放置在水池的中心位置，结果如图2-100所示。

图2-100　半椭圆形喷泉选区

(2)调整前景色为浅蓝色RGB(225，250，255)；新建一个图层Layer 1，选择渐变工具钮![icon]，在其参数行中设置绘图模式为Dissolve，然后在喷泉区域从下到上进行直线方式透明渐变(从前景色过渡到透明)，结果如图2-101所示；注意将渐变线拉得长一些，可超出喷泉区域。

图2-101　喷泉的当前形态

(3)取消当前选择区域，选择Filter/Blur/Motion Blur菜单命令，在弹出的对话框中设置运动模糊的角度Angle为90°，模糊距离Distance为4Pixels后回答OK；选择Filter/Blur/Blur菜单命令，将喷泉水滴进行一点模糊，结果如图2-102所示。

图2-102　最终制作的喷泉效果

2.2.7 人车树等配景及其倒影阴影的制作与处理

建筑效果图中的配景，主要是人、车、树及街道上的一些路灯、护栏、广告牌之类的物件。这些配景对于营造生动真实的场景效果起着十分重要的作用，刻画好这些配景不但可以弥补构图和画面处理上的不足、平衡画面，同时也能极大地丰富画面，活跃、渲染特有的气氛。人车树等配景可以反复出现在不同的效果图中，大量常备的这类素材库对于建筑效果图的创作是十分必要的，当你收集整理的素材几乎能够包罗万象，十分丰富时，你想用什么类型、什么形态与色彩的素材，几乎都能信手拈来，这样你的绘画速度和质量都会有很大的提高。效果图创作者平时一定要做到眼勤手勤，多收集整理一些创作素材。在本书的配套光盘一中，每个实例的模型、所用到的贴图、影像都是经典的图形图像素材，可应用于您自己的建筑场景。在配套光盘二中，作者更为您精选了几百个使用频率很高的这类贴图素材，并都已用 Photoshop 软件处理好，可直接使用。

1.配景的选取与粘贴

为建筑渲染图添加配景往往需要以下几个步骤：

(1)从图像素材中裁剪选取配景：如果素材图像已处理为透明背景，那么只要按住 Ctrl 键，在图层工作面板中点击配景图层即可得到配景选区。如果素材图像已处理为单色背景，那么只要用魔棒工具单击选择单色背景之后，再用 Select/Inverse 菜单命令反转该选择区域，即可得到所需的配景选区。比较复杂的是，如果素材图像未经处理，那么就需要使用勾描工具，并配合诸如矩形选取工具、魔棒工具、路径工具等来勾描出所需的配景轮廓。对于树木、毛发等更为复杂的配景图像，则需要使用 Filter/Extract 菜单命令才能得到较好的配景选区。

图 2-103 对配景边缘处理前后的效果

(2)对配景边缘的处理：如图2-103左图所示，当把一个配景粘贴到场景图像中时，配景边缘往往会出现如剪刀修剪般的"硬边"，如果再加上选择不当，将原图像背景也加入到场景中，这就使得围绕配景总有一圈"线条"，使配景难于自然地融入场景中。为了去除这种轮廓，我们通常采用模糊处理边缘像素的方法，即首先在图层面板中单击配景图层，得到配景选区；然后选择菜单命令Select/Modify/Border，设置轮廓宽度为3Pixels(一般情况设置2~4Pixels宽的选择带即可得到很好的效果，注意值不能太大，否则虚化后会形成一圈毛边)，然后按下OK钮，这样就得到3Pixels宽的配景边缘选区；最后选择菜单命令Filter/Blur/Gaussian Blur，在弹出的对话框中设置模糊半径为0.8Pixel(注意该值也不能太大，否则也会产生毛边)，则配景边缘就能较好地融入场景中了，结果如图2-103右图所示。

(3)调整配景以协调同主体建筑的关系：粘贴进来的配景在经过边缘处理后，还需要改变配景的比例和尺度，特别是要注意它们与视平线的关系。同时应当考虑环境色调的影响，对配景进行明暗、色调、纯度等的调整，以保证它同主体建筑及其所处环境的统一协调。

提示：在建筑场景中粘贴人车树等配景时应做到以下几点：

* 建筑配景的使用应当有所节制，不能罗列太多，"配景永远是配景"，配景的作用只是烘托主体建筑，切不可喧宾夺主。应选择那些适合表现设计思想，能活跃建筑场景气氛和平衡画面整体色彩的配景进行粘贴。比如，如果整个画面的色调过于灰暗，则可以加上一些明度和纯度较高的色彩图像来起到点缀的作用；反之，如果色彩对比过于强烈或色调不够统一，则应当用灰性的贴图来起到调和作用，以使色调更加悦目。

* 配景粘贴的位置应考虑到构图和实际场景的需要，不应遮挡重点表现的中心部位，可在效果图中有漏洞或不好表现的非重点部位进行粘贴。

* 配景在画面中的透视、大小，特别是它们与视平线的关系应设置正确。比如人物配景，其大小是显示建筑物尺度的参照物，可以烘托主体建筑，还可以增加画面生动感和真实感。首先就要保证场景中所有人物的大小与整个场景的尺度关系正确，而且还要使站在同一高度的所有人的眼睛都应和观察者的视线在同一水平线上。如果画面中某一个人的头高于这个水平线，那只能解释为这个人站在比地面更高的地方，或是地面有倾斜。

* 考虑到整个场景色调对配景的影响，还应对配景色彩进行调整。另外，为防止粘贴得过分生硬，应给配景加入适量的环境色，使其与背景能很好地融合在一起。比如，当把一个人物粘贴到一个暖色调的场景中时，首先应将贴图改变为场景的暖色调；将贴图放置到地面上时，应将人物下部加入适量地面颜色以使图像融于画面中，看起来像是实际场景中的东西。

(4)为配景制作合理的倒影、阴影来丰富画面：对配景进行了选择、粘贴、融合、大小和色彩等调整之后，还应为配景制作出阴影，如果需要也应制作出倒影。要注意阴影的方向、大小、明暗等应与当前场景中主体建筑相一致，正确合理的阴影和倒影能使配景具有更强的真实感。在下文中我们将详细介绍配景倒影和阴影的制作方法。

2.制作配景的倒影

当场景中有水面、反射玻璃等反光景物，或者有时为表现雨后地面的反射效果时，我们需要为粘贴进来的配景制作倒影。对于像人物、树木、路灯等，这类与地面只有一点接触的配景，制作倒影就很简单，只需将原图像复制并垂直镜像，然后改变复制图像的不透明度即可。而对于像汽车、建筑、桌椅等，这类与地面有多个接触点的配景，就不能简单地作镜像处理，还需要对"倒影(镜像图像)"进行变形处理。具体步骤如下：

(1)如图2-104所示，一辆汽车粘贴到了场景中，并且大小、颜色等处理完毕，它位于图层Layer 1中；按住Alt和Shift键，使用移动工具钮 垂直向下移动并复制汽车图像为Layer 1 Copy；选择菜单命令Edit/Transform/Flip Vertical，将复制的汽车进行垂直镜像，并放置在如图2-104所示的位置；在图层工作面板中将图层Layer 1 Copy移动到图层Layer 1的下面。

图2-104　垂直镜像复制的汽车及其位置

(2)在图层工作面板中单击图层Layer 1 Copy，然后按Ctrl+T键，则图层Layer 1 Copy上出现变形框，将变形框下边中间的控制点向上移动一些，使复制的倒影汽车变扁一些。

按住Ctrl键，在图层工作面板中单击图层Layer 1 Copy，则倒影汽车选区出现；按住Alt键，选择方形框选工具 ，从选区中去除中间车轮左侧的图像，结果如图2-105所示；选择Edit/Transform/Skew菜单命令，则选区变形框出现，向上移动变形框右边中间控制点，使汽车右轮与原图像相接触，结果也如图2-105所示。

(3)同理选择倒影汽车中间车轮左侧的部分，进行扭曲变形，使左侧车轮也与原图车轮相接触，这样汽车的三个立足点与其倒影就能一一对应了；在图层工作面板中将图层Layer 1 Copy的不透明度Opacity设置为20%，结果如图2-106所示。

(4)如果觉得倒影下部太实，可以选择方形框选工具 ，在其参数行中设置Feather为40，框选倒影的下部区域，得到如图2-107所示的羽化选区；按Del键，则倒影下部产生了渐变透明变化，也如图2-107所示。

图 2-105　使倒影汽车右轮与原图像相接触

图 2-106　汽车倒影效果

图 2-107　倒影下部选区及渐变透明效果

3.制作配景的阴影

　　配景阴影的制作方法有两种，一种是手工变形制作，即首先复制配景图像作为阴影图层，并把该图层图像变为纯黑色；然后改变阴影图层的形状，使其从透视关系上成为配景阴影的形状，如图 2-108 左图所示；将阴影图层放置到配景图层的下面，并降低阴影图层的不透明度；最后使用 Filter/Blur/Gaussian Blur 菜单命令，将阴影边缘虚化，则阴影就与地面融为一体了，如图 2-108 右图所示。

图 2-108　用手工变形方法制作阴影效果

另一种制作阴影的方法是在 Photoshop 中安装 Eye Candy 3.0 滤镜插件，那么就可以使用其中的 Perspective Shadow 滤镜来轻松产生透视阴影了。采用这种方法产生阴影更方便快捷，且便于控制，但这种方法不能制作背光产生的阴影。具体制作步骤如下：

　　(1)如图 2-109 所示，一个人物粘贴到了场景中，并且大小、颜色等处理完毕，它位于图层 Layer 1 中；选择菜单命令 Layer/New/Layer，建立一个新图层 Layer 2；在图层工作面板中将图层 Layer 2 移动到图层 Layer 1 的下面。

　　(2)按住 Ctrl 键，在图层工作面板中单击图层 Layer 1，则人物选区出现，下面我们针对这个选区产生阴影；激活图层 Layer 2，选择菜单 Filter/ Eye Candy 3.0/ Perspective Shadow 命令，则弹出如图 2-110 所示的对话框，设置对话框的参数如图 2-110 中所示的数值，然后按下确定钮，则在图层 Layer 2 中产生了人物阴影，如图 2-109 所示。

　　(3)去除当前选择区域，移动阴影到适当的位置，结果也如图 2-109 所示。需要注意的是，有的配景图片，如果应用该滤镜则会产生如图 2-111 左图所示的人脚与阴影的分离失真，说明这种滤镜产生阴影的方式是从图像的最底部开始投射的，所以有进深的配景就会产生这种问题。这时我们需要对产生的阴影再进行变形处理，或者将配景一部分一部分地选择后再应用透视阴影滤镜。总之，要使阴影与原图像相接触并保持阴影投向基本不变即可，处理结果如图 2-111 右图所示。

图 2-109　通过 Perspective Shadow 滤镜产生的阴影效果

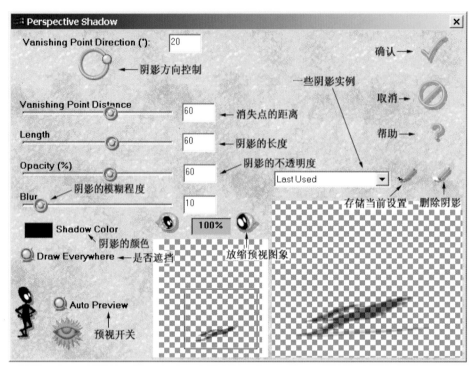

图 2—110 Perspective Shadow 滤镜对话框及参数设置

图 2—111 产生分离失真的阴影的变形处理

第三章
逐步制作某售楼处效果图

在上一章我们详细讲解了利用3DS MAX和Photoshop进行室外建筑效果图创作的各种技法，相信读者通过这部分的学习和训练之后，对利用这两个工具进行室外建筑效果图创作有了较深入的认识和体会。在本章我们通过一个完整实例的逐步制作，来介绍如何综合运用这些技法到实践当中去，以使读者的创作水平在实践中得到深化和变通，并对室外建筑效果图的创作思路和过程有一个完整具体的认识。

如图3-001所示是一幅售楼处外观设计效果图，有逼真的材质和环境效果。在本例中我们主要学习利用基本的建模技术，如拼接标准物体、放样、布尔运算、点线面编辑等，来完成建筑模型的建立。我们将讲解的重点放在材质及其贴图的制作，以及灯光效果的处理上，最后通过Photoshop处理合成各种配景，完成效果逼真的黄昏氛围。

该售楼处是在原有建筑的基础上经改造设计完成的，从其整体结构可以划分为3个部分：原有建筑、新加建筑、地面建筑，如图3-002所示，其余景物利用Photoshop进行后期处理合成。该售楼处效果图制作过程中的模型、贴图以及过程文件均放在配套光盘一的\Ch03目录下。下面我们依次介绍每一个部分的制作步骤。

图3-001　售楼处外观设计效果图的最终制作效果

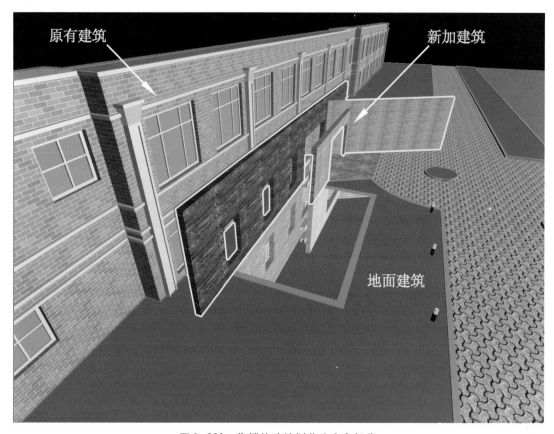

图 3-002 售楼处建筑划分为 3 个部分

3.1 原有建筑的制作

3.1.1 制作原有建筑的模型

（1）下面我们来制作原有建筑的墙体。启动并进入 3DS MAX R5.0，按第 2.1.1.1 节"直接三维建模"中介绍的方法，设置建模度量系统为 Metric(米制)，对象的实际尺寸比例为 1 单位 =1.0cm。

鼠标点击 Front 视窗，按 Alt+W 键使其最大化；点取 ⬚/⬚/Splines/Rectangle，画出一个任意方形 Rectangle01；然后在其右侧面板上的 Parameters 展卷栏中设置 Length=8.05m，Width=31.9m，结果建立一个宽高为 31.9m × 8.05m 的方形；按下视图控制区中的 ⬚ 钮，将方形 Rectangle01 充满显示视窗。

同样可再建立一个宽高为 2.6m × 2.4m 的方形 Rectangle02；按下快捷命令面板中的对齐钮 ⬚，在屏幕中点取方形 Rectangle01，在弹出的对话框中勾选 X Position 和 Y Position，Current Object 和 Target Object 都选择 Minimum 后回答 OK，这样就将 Rectangle02 和 Rectangle01 在纵横方向上的最小点对齐了。

按下移动钮 ⬚ 后，再用鼠标右键单击该钮，则弹出变换输入对话框，设置 Offset：Screen 的 X=1.2，Y=0.5m 后回车，将 Rectangle02 移动到如图 3-003 所示的位置，按对话框右上角的 ⬚ 钮将其关闭。

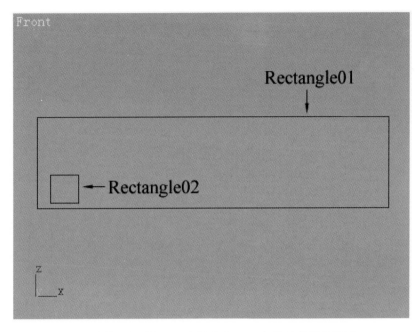

图 3-003　方形 Rectangle01 和 Rectangle02 及其摆放位置

(2)按下移动钮 ✥，单击 Rectangle02 以选择它；选择 Tools/Array 菜单命令，将 Rectangle02 进行二维阵列，在弹出的对话框中输入如图 3-004 所示的阵列参数后按下 OK 钮；Rectangle02 阵列后的 15 个复制物体为 Rectangle03～Rectangle17，如图 3-005 所示。

单击选择 Rectangle01，点取 ✐ 钮，进入变动命令面板，在 Modifier List 下拉选项中选择 Edit Spline(编辑曲线)；打开 Geometry 展卷栏，按下 Attach 钮，移动鼠标依次点击 Rectangle02～Rectangle17，将它们和 Rectangle01 联结为一个图形 Rectangle01。

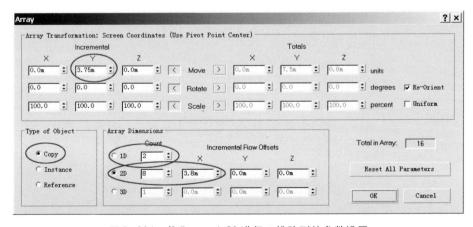

图 3-004　将 Rectangle02 进行二维阵列的参数设置

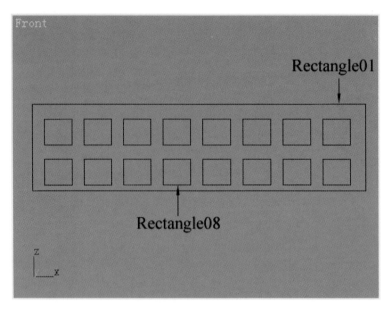

图 3-005　方形 Rectangle01 和 Rectangle17 及其摆放位置

提示：对于阵列、移动这类与坐标相关的命令，一定要注意是在哪个视图中进行的。这是因为在视图(View)坐标系统中，执行阵列、移动等操作时，都是根据当前活动视图来确定坐标轴方向的，不同的视图相同的坐标轴往往代表了不同的空间方向。例如在本步操作中我们是在Front视窗进行的，这样就以Front视窗中的坐标轴为准，因此二维阵列应沿X方向复制8个，沿Y方向复制2个。

另外需要注意的是，本例中阵列图形一定要用Copy复制方式，否则使用Attach命令将无法联结其他图形。

(3)在变动命令面板中，按下节点次物体钮⬚，选择原来方形Rectangle08下面的两个节点，使用移动钮✥，将这两个节点垂直向下移动，直到超出Rectangle01的底边；再按下曲线次物体钮⌃，单击选择原来的方形Rectangle01，再按下Gemetry展卷栏中的Boolean钮，按下其右侧中间相减图标(Subtraction钮)，移动鼠标点击Rectangle08，则从Rectangle01中减去了图形Rectangle08，结果如图3-006所示；再次按下⌃钮以关闭曲线次物体层级。

在Modifiers下拉选项中选择Extrude，在其下面的Parameters展卷栏中设置Amount=1.0m，将Rectangle01直线延展为1.0m厚的物体；在Rectangle01变动命令面板的顶端名称栏，将Rectangle01更名为Wall-y01。

提示：将Rectangle02～Rectangle17和Rectangle01联结为一个图形后，那些嵌套在图形Rectangle01内的方形在通过Extrude变动命令延展后，将形成空洞。这是创建墙体上窗洞的常用方法。

虽然在创建对象时，3DS MAX会为每个对象自动指定一个名字，但是我们最好还是根据情况给对象取一个名字，可以用英文、汉语拼音或者汉字，只要便于自己识别分类即可。例如上面，我们把物体Rectangle01命名为Wall-y01(墙－原来)，这样就便于管理。给对象更名的方法是选取某对象后进入变动命令面板，在最上边的输入框中键入新名字，这时原

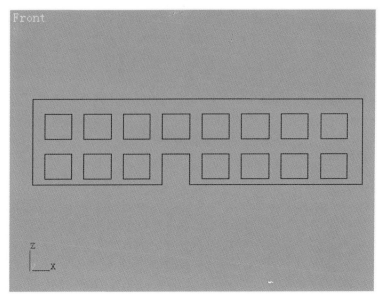

图 3-006　延展更名后的物体 Wall-y01

来的名字就自动被替换了。

　　(4)同样,模仿以上步骤,可以制作出如图 3-007 所示的 Wall-y02 和 Wall-y03,并把它们在 Top 视窗相对于 Wall-y01 向上移动 0.7m。

　　在 Front 视窗,单击选择 Wall-y01,按下镜像钮,在弹出的对话框中的 Mirror Axis 区选择 X 轴,设置 Offset=39.4m,在 Clone Selection 区选择 Instance 后按下 OK 钮,将 Wall-y01 的镜像实例复制物体 Wall-y04 移到右侧,结果如图 3-007 所示。

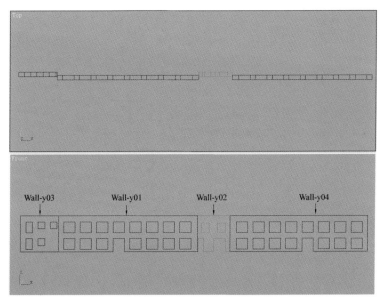

图 3-007　Wall-y01～Wall-y04 及其摆放位置

由于Wall-y01~Wall-y04将被赋予同一砌砖材质，因此可将它们组合为一个物体，来减少场景中的物体个数，以便于管理。按住Ctrl键，同时选择物体Wall-y01~Wall-y04；然后选择菜单Group/Group命令，在弹出的对话框中命名组合物体名称为Wall-y后回答OK。

提示：在镜像对话框中，Offset输入框中输入的数据是镜像物体和原物体之间的偏移量，即两物体Pivot(变换轴心，缺省时位于物体的中心点)之间的距离。

在3DS MAX中建模时，最好随时给创建的物体进行分组组合(Group)、命名，以便于对场景中众多物体的管理和记忆。分组的原则是要么材质相同，要么是同类物体。

(5)下面我们来制作原有建筑上的墙线。按Alt+W键，以四窗口显示视图；按 ⊟ 钮，最大化显示四个视图；在Top视窗按鼠标右键以激活它，按Alt+W键将其最大化显示；下面我们来制作墙上的白线角。

点取 ⬚/⬚/Standard Primitives/Box，在Top视窗中画出一个任意大小的方体Box01，然后在其Parameters展卷栏中设置Length=1.5m，Width=40.1m，Height=0.1m；按下对齐钮 ⬚，单击选择Wall-y01，在弹出的对齐对话框中勾选X Position，Current Object和Target Object都选择Center后按下Apply钮；勾选Y Position，Current Object和Target Object都选择Minimum后按下Apply钮；勾选Z Position，Current Object和Target Object都选择Maximum后回答OK。

按下移动钮 ⬚ 后按F12键，在弹出的对话框中设置Offset：Screen(位置偏移)的Y=-0.1m，然后回车，则将Box01向下移动0.1m，结果如图3-008所示；按对话框右上角的 ⊠ 钮将其关闭。

提示：请注意图中右侧是Left视窗，而不是通常放置的Front视窗，这么做是为了便于说明，后面的插图中有时也改变了视窗布局，请根据在视窗左上角的名称确定，读者在实际制作时不必改变视窗布局。

(6)按Alt+W键后鼠标右键单击Left视窗，以激活它；按住Shift键，使用移动钮 ⬚ 单击选择Box01，并将Box01原地关联复制(Instance)为Box02；在状态行中使用相对变换坐

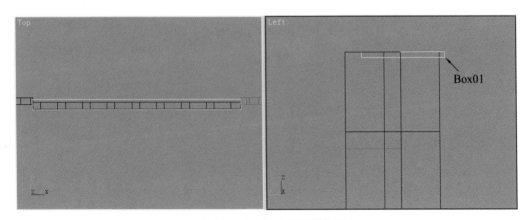

图3-008　Box01及其摆放位置

标钮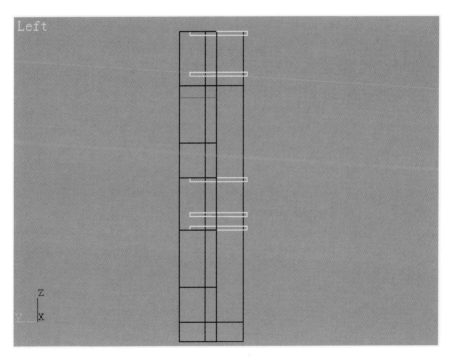，然后在Y输入栏输入 −1.05m 后回车，将Box02移动到如图3−009所示的位置。

将Box02关联复制为Box03，然后将Box03向下移动2.75m；将Box03关联复制为Box04，然后将Box04向下移动0.9m；最后将Box04关联复制为Box05，再将Box05向下移动0.35m，结果也如图3−009所示。

提示：在3DS MAX R5.0中，当你单击了移动钮⊕(或旋转钮⊙、缩放钮▣)后，屏幕底部状态行中的X、Y、Z显示框就变为了输入框，它们与变换输入对话框的作用相同，⊞钮决定使用世界坐标系的绝对坐标输入变换数据、⊡钮决定采用当前坐标系的相对坐标输入变换数据。

3DS MAX中的复制有3种方式：Copy(独立复制)、Instance(关联复制)、Reference(参考复制)。如果选择Copy，则原对象和新对象将是完全相互独立的，这就是通常软件中的复制操作；如果选择Instance，则后来对原对象和新对象中任一对象的修改也会作用于另一对象；如果选择Reference，则后来对原对象的修改也会作用于复制出的新对象，而作用于新对象的操作不会改变原对象。

图 3−009　Box01～Box05及其摆放位置

(7)模仿步骤(5)和(6)，同样可以制作出如图3−010所示的其他墙体上的墙线物体Box06～Box20。

按下按名称选择钮▤，在弹出的对话框中选择Box01～Box20后按下Select钮，以选择它们；选择菜单Group/Group命令，在弹出的对话框中命名组合物体名称为Xian−y(墙线−原来)后回答OK。

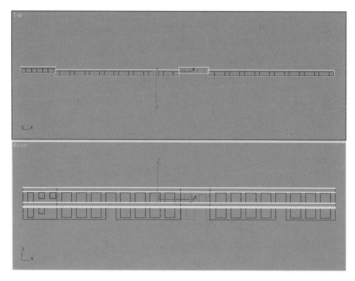

图3-010　Box01~Box20及其摆放位置

　　(8)下面我们来制作原有建筑上的柱体。点取▣钮，进入显示命令面板，在Hide展卷栏中按下Hide By Name钮，在弹出的物体名称列表中选取所有物体后按下Hide钮，将场景中的所有物体都隐藏起来。

　　点取◥/◙/Standard Primitives/Box，在Front视窗中画出一个任意大小的方体Box21，然后在其Parameters展卷栏中设置Length=0.1m，Width=0.8m，Height=0.25m；同样再建立一个宽高深为0.7m×0.5m×0.2m的一个方体Box22；按下对齐钮☑，单击选择Box21，在弹出的对齐对话框中勾选X Position，Current Object和Target Object都选择Center后按下Apply钮；勾选Y Position，Current Object选择Maximum，Target Object选择Minimum后按下Apply钮；勾选Z Position，Current Object和Target Object都选择Minimum后回答OK，结果如图3-011所示。

　　提示：为了防止互相遮挡，点选清晰方便，在制作过程中，经常需要暂时把一些对象隐藏起来，待必要时再显示。方法是在显示命令面板，单击Unhide By Name钮，然后选中需要打开的对象名称。

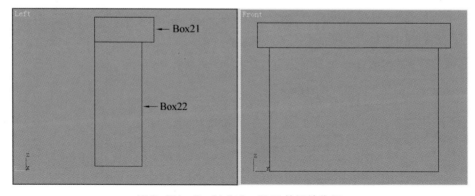

图3-011　Box21和Box22及其摆放位置

(9)使用移动钮 ✛ 单击选择Box21，点取 ✎ 钮进入变动命令面板，在Modifier List下拉选项中选择Edit Mesh；打开Geometry展卷栏，按下Attach钮，移动鼠标点击Box22，将它和Box01联结为一个物体Box01。

按下节点次物体钮 ⬚，然后在Front视窗框选Box22左下方的节点(注意一定要框选，而不能单击选择，以免漏选纵深方向上的节点)，将其向右移动0.1m；再框选Box22右下方的节点，将其向左移动0.1m；在Left视窗框选右上边的三个节点，将它们向右移动0.1m，结果如图3-012所示；再次按下 ⬚ 钮以关闭节点次物体层级。

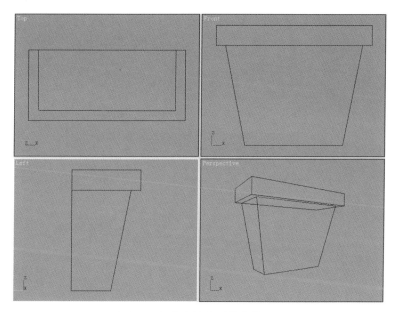

图3-012　经节点编辑后的物体Box21

(10)点取 ◆ / ● /Standard Primitives/Box，在Front视窗中画出一个任意大小的方体Box22，然后在其Parameters展卷栏中设置Length=6.65m，Width=0.1m，Height=0.2m；按下对齐钮 ⬚，单击选择Box21，在弹出的对齐对话框中勾选X Position，Current Object和Target Object都选择Minimum后按下Apply钮；勾选Y Position，Current Object选择Maximum，Target Object选择Minimum后按下Apply钮；勾选Z Position，Current Object和Target Object都选择Minimum后回答OK；在状态行中使用相对变换坐标钮 ⬚，设置X=0.15m后回车，将Box22移动到如图3-013所示的位置。

按住Shift键，使用移动钮 ✛ 单击Box22，将Box22原地实例复制为Box23；在状态行中设置X=0.4m后回车，将Box23移动到右侧，如图3-013所示的位置。

同样，在Front视窗建立一个宽高深为0.3m×0.1m×0.2m的方体Box24，通过对齐命令放置到如图3-013所示的位置。再建立一个宽高深为0.3m×6.55m×0.15m的方体Box25，其放置位置也如图3-013所示。

使用移动选择钮 ✛，框选Box21～Box25；选择菜单Group/Group命令，在弹出的对话框中命名组合物体名称为Zhu01(柱子)后回答OK。

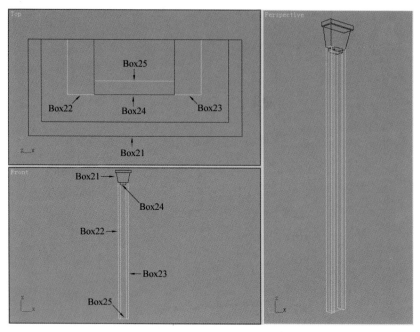

图 3-013　Box21~Box25 及其摆放位置

(11)点取 钮，进入显示命令面板，在 Hide 展卷栏中按下 Unhide By Name 钮，在弹出的物体名称列表中选取[Wall-y]后按下 Unhide 钮，将它显示出来。

在 Front 视窗，单击选择[Zhu01]，按下对齐钮，在物体 Wall-y01 上单击，在弹出的对齐对话框中勾选 X Position 和 Y Position，Current Object 和 Target Object 都选择 Minimum 后按下 Apply 钮；勾选 Z Position，Current Object 选择 Minimum，Target Object 选择 Maximum 后回答 OK；在状态行中使用相对变换坐标钮，设置 X=0.2m 后回车，将[Zhu01]移动到如图 3-014 所示的位置。

使用阵列工具，在 Front 视窗将[Zhu01]以 7.6m 的间距向右进行一维复制(Copy)，复制 4 个，它们是[Zhu02]~[Zhu05]，结果也如图 3-014 所示。

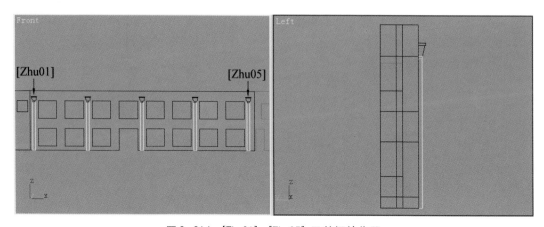

图 3-014　[Zhu01]~[Zhu05] 及其摆放位置

(12)单击选择[Zhu05]，选择菜单命令Group/Open，打开组合物体[Zhu05]，这样我们就可以对其中的各个物体进行编辑了。

在Front视窗，使用移动钮⊕单击选择Box43，原地复制Box43为Box46，然后再将Box46右移0.4m；单击选择Box44，在其变动面板中设置其Width=0.7m，并将它与Box43的中心在X方向对齐；同样单击选择Box45，在其变动面板中设置其Width=0.7m，并将它与Box43的中心在X方向对齐。

用移动钮⊕单击选择Box41，在其变动面板中按下节点次物体钮⊡，框选其右侧节点，然后将被选择节点向右移动0.4m，再次按下节点次物体钮⊡，关闭次物体层级，结果如图3-015所示。

选择菜单命令Group/Close，关闭组合物体[Zhu05]；按住Ctrl键，单击选择[Zhu01]~[Zhu05]；按下镜像钮⋈，在弹出的对话框中的Mirror Axis区选择X轴，设置Offset=38.65m，在Clone Selection区选择Instance后按下OK钮，将[Zhu01]~[Zhu05]的镜像实例复制物体[Zhu06]~[Zhu10]移到右侧，结果也如图3-015所示。

按住Ctrl键，单击选择[Zhu01]~[Zhu10]；选择菜单命令Group/Group，命名组合物体名称为Zhu-y(墙柱－原来)后回答OK。

提示：在3DS MAX中，组合物体是可以多层嵌套的，即可以由若干个组合物体再次组合为一个更大的组合物体。对于组合物体的成员我们不能单独编辑，而当我们需要编辑组合物体里的某一个成员时，有两种方法：一是选择菜单命令Group/Ungroup，取消物体组合，编辑某个成员完成后还需要选取所有要放在组里的物体，然后选择菜单命令Group/Group，以便再重新组合起来；第二种方法是选择菜单命令Group/Open，打开物体组合，这时组里的任一个成员都可以进行编辑，编辑完成后选中组里的任一个成员，然后选择菜单命令Group/Close，则这个组合物体又关闭起来了。

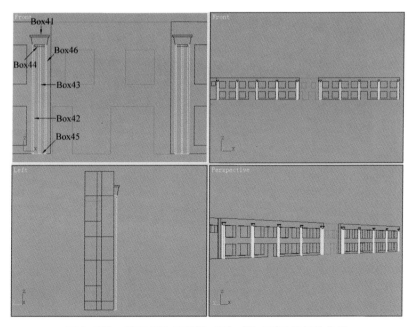

图3-015　编辑修改后的[Zhu01]~[Zhu10]及其摆放位置

(13)下面我们来制作原有建筑上的窗玻璃。点取 ▣ 钮进入显示命令面板，在 Hide 展卷栏中按下 Hide By Hit 钮，单击选取[Zhu-y]，将它隐藏起来。

点取 ◹/◙/Standard Primitives/Box，在Front视窗中画出一个任意大小的方体Box73，然后在其Parameters展卷栏中设置Length=7.0m，Width=30.0m，Height=0.01m；按下对齐钮 ☑，单击选择 Wall-y01，在弹出的对齐对话框中勾选 X Position，Current Object 和 Target Object 都选择 Center 后按下 Apply 钮；勾选 Y Position，Current Object 和 Target Object 选择 Minimum 后按下 Apply 钮；勾选 Z Position，Current Object 和 Target Object 都选择 Maximum 后回答 OK；在状态行中使用相对变换坐标钮 ⚇，设置 Z=-0.2m 后回车，将 Box73 移动到如图 3-016 所示的位置。

同样，可分别为 Wall-y02～Wall-y04 的窗洞后衬以玻璃物体 Box74～Box76，结果也如图 3-016 所示；按住 Ctrl 键，单击选择 Box73～Box76；选择菜单命令 Group/Group，命名组合物体名称为 Glass-y(玻璃－原来)后回答 OK。

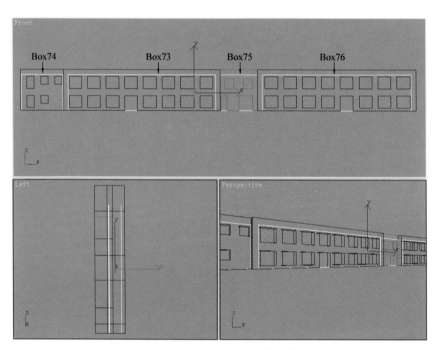

图 3-016　Box73～Box76 及其摆放位置

(14)下面我们来制作窗玻璃外面的窗框和窗棱，它们是由一些Box物体拼接起来组合而成的。其中窗框的宽度为0.1m，厚度为0.05m；窗棱的宽度和厚度均为0.05m；将它们放置在玻璃的外面，如图 3-017 所示。

我们首先制作了墙体 Wall-y01 左下角窗洞的窗框和窗棱，将组成它们的 Box 物体组合为一个物体[Leng01]；然后按照图3-004所示的阵列参数，将[Leng01]进行二维阵列，得到墙体Wall-y01上所有窗洞的窗框和窗棱[Leng02]～[Leng16]；最后选择并编辑[Leng07]，使其与门洞大小相匹配，结果也如图 3-017 所示。

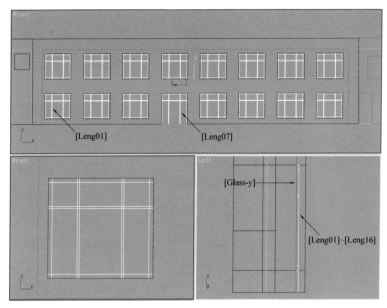

图 3-017　[Leng01]~[Leng16] 及其摆放位置

(15)同样,可分别为Wall-y02~Wall-y04的窗洞制作窗框和窗棱[Leng17]~[Leng41],结果如图3-018所示;按下按名称选择钮■,在弹出的对话框中选择[Leng01]~[Leng41]后按下Select钮,以选择它们;选择菜单命令Group/Group,命名组合物体名称为Leng-y(窗棱－原来)后回答OK。

　　点取■钮,进入显示命令面板,在Hide展卷栏中按下Unhide All钮,将所有物体显示出来;按■钮,将个视窗中图形充满显示。至此原有建筑的模型建立完毕,它们是墙体[Wall-y]、墙线[Xian-y]、柱体[Zhu-y]和窗玻璃[Glass-y]。

　　提示:按照上述步骤,我们只建立了建筑物的正面墙体,没有建立侧面,这是因为我们只需要对正面墙体建模,请参见图3-001最终的效果,在图3-001中是看不到侧面的。这正符合了我们的建模原则,即只对看得见的部分建模,对于在最终效果图中看不见的部分一律忽略。因此在绘制效果图之前,首先明了大致的透视方向是至关重要的,由于我们最终想要的结果是一幅静帧的效果图,因此在视线方向上被遮挡或看不到的场景部分可以不去建模,这样可使我们的工作更为快捷有效。

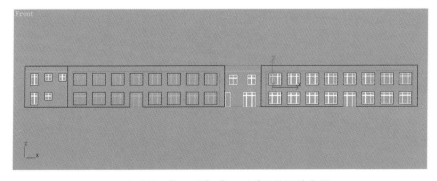

图 3-018　[Leng17]~[Leng41]及其摆放位置

3.1.2　为原有建筑制作并指定材质和贴图坐标

(1)使用选择钮 🔲 ，按住 Ctrl 键，单击选择[Leng-y]、[Xian-y]和[Zhu-y]；

按下材质编辑钮 🔲 ，打开材质编辑器；选择第一个样本球，右键单击该样本球，在弹出的菜单选择框中选择5×3 Sample Windows选项，将样本球示例窗显示为三行五列；在第一个样本球名称框中设定材质名称为BAI，将该材质参数设定如下：

着色方式：Blinn

阴影区颜色 Ambient：HSV(25，15，190)

过渡区颜色 Diffuse：HSV(25，15，200)

高光区颜色 Specular：HSV(25，10，240)

高光强度 Specular Level：25

高光区域 Glossiness：20

设定完毕后，按下材质编辑器中的 🔲 钮，将材质 BAI 赋给当前被选择物体。

提示：Ambient 指定物体上受不到光照的部分的颜色；Diffuse 指定物体上能受到光照的部分的颜色；Specular 指定物体上的高光部分的颜色。由于我们想制作一种黄昏时分的彩霞照耀效果，因此需要在白色材料中加入适当环境色。材质表面反射高光区的大小及强弱分别受 Specular Level 和 Glossiness 的控制，它们确定物质材料的反光属性，需根据所用材料的特性来决定它们的数值。

RGB 和 HSV 是两个相关的参数组，RGB 代表一种颜色的红、绿、蓝三分色，HSV 代表一种颜色的色度、饱和度和亮度。当调整其中一组参数时，另一组也相应地改变，它们的值出现在右侧的输入框。我们习惯于使用 HSV 方式设定颜色，因为采用这种方式能很容易调整得到所想要的颜色。

(2)在材质编辑器中选择第二个样本球，为玻璃[Glass-y]设定材质。在名称框中设定材质名称为GLASS-Y，设定材质参数如下：

着色方式：Blinn

阴影区颜色 Ambient：HSV(150，70，130)

过渡区颜色 Diffuse：HSV(150，70，170)

高光区颜色 Specular：HSV(150，30，200)

高光强度 Specular Level：40

高光区域 Glossiness：45

参数修改完毕后，激活绘图窗口，按H键，在弹出的按名称选择对话框中选取[Glass-y]后按下 Select 钮；按下材质编辑器中的 🔲 钮，将当前材质 GLASS-Y 赋给被选择物体。

提示：这里的玻璃只给它赋予一个简单的蓝色材质，我们将在 Photoshop 中选择后再对其进行颜色调整、反射贴图等处理。

(3)在材质编辑器中选择第3个样本球，为墙体[Wall-y]设定材质。在名称框中设定材质名称为WALL-Y，该材质参数设定如下：

着色方式：Blinn

阴影区颜色 Ambient：HSV(0，0，0)

过渡区颜色 Diffuse：HSV(0，0，0)

高光区颜色 Specular：HSV(20，80，210)

高光强度Specular Level：25

高光区域Glossiness：20

纹理贴图Diffuse Color：100 Bricks贴图类型

展开Maps展卷栏，设定Diffuse Color的强度值Amount=100，然后按下其右侧None长按钮；在弹出的材质贴图浏览器中选择Bricks后回答OK，则进入如图3-019所示的Bricks贴图参数面板，设置参数成图中所示的数值。其中砖面的颜色为HSV(17, 150, 200)，砖缝的颜色为HSV(25, 30, 210)。

设定完毕后，按H键，在弹出的对话框中选取组合物体[Wall-y]后回答Select；按下材质编辑器中的钮，将当前材质WALL-Y赋给被选择的组合物体[Wall-y]；按材质编辑器右上角的钮将其关闭。

提示：当Diffuse Color的贴图强度为100时，材质与Ambient和Diffuse的色值无关，因此它们都可设置为纯黑色(0, 0, 0)。

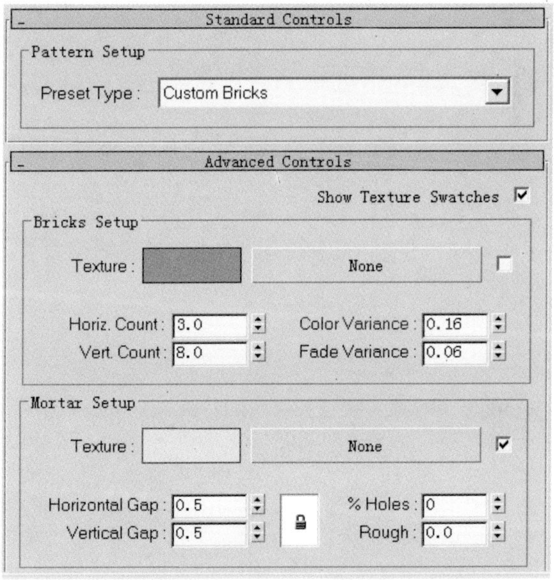

图 3-019　Bricks贴图面板中的参数设置

(4)在Front视窗，物体[Wall-y]处于选择状态，点取钮进入变动命令面板，在Modifiers List中选择UVW Map变动命令，打开UVW Mapping左侧的+号，选择Gizmo以打开Gizmo显示，在Parameters展卷栏中选择Box贴图类型，设置Length、Width和Height的值均为1.0m，然后按下Alignment区中的Center钮，结果贴图坐标如图3-020所示；在变动堆栈列表中选取UVW Mapping，以关闭Gizmo显示，这样我们就在Front视窗给物体[Wall-y]赋予了一个边长为1.0m的Box型贴图坐标。

提示：采用Box贴图坐标能保证物体[Wall-y]的任何一个侧面，包括窗洞侧面都能正确地被赋予贴图纹理，而如果采用简单的Plannar贴图坐标，则只会在相互垂直的一个方向的侧面上得到正确的贴图纹理。

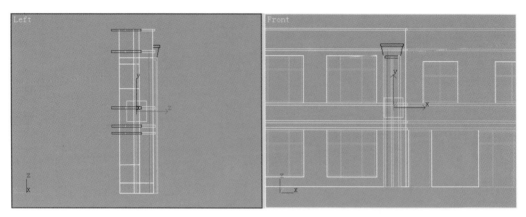

图 3-020　给物体[Wall-y]赋予的边长为 1.0m 的 Box 贴图坐标

（5）至此原有建筑的模型和材质都已制作完毕，下面我们通过渲染来看一看这一阶段的工作成果。创建一盏直射灯模拟太阳，一盏泛光灯起辅助光源的作用，一个照相机来观察我们所建立的墙体，最后按渲染钮 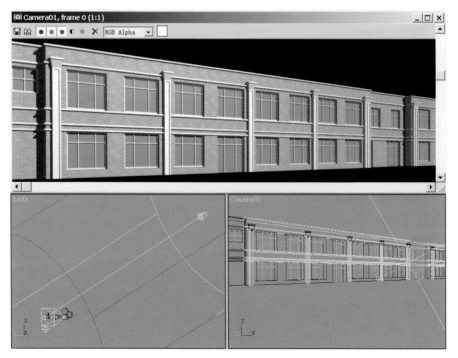 ，对照相机视窗进行渲染，结果如图 3-021 所示。

　　提示：这里不必细调灯光和照相机的参数，只是初步设定一下，以便于观察模型和材质效果。为减少画面中灯光和照相机图标的干扰，可进入显示命令面板，在Hide By Category展卷栏的 Camera 和 Light 两项前的方框中打勾，它们即暂时被隐藏起来。

图 3-021　原有建筑渲染后的效果

3.2　新加建筑的制作

3.2.1　制作新加建筑的模型

(1)下面我们先来建立新加建筑中的木墙模型。点取▣钮，进入显示命令面板，在Hide展卷栏中按下Hide　Unselect钮，将所有物体(当前没有被选择物体)隐藏起来；鼠标点击Front视窗，按Alt+W键使其最大化。

点取▨/▥/Splines/Rectangle，画出一个任意方形Rectangle01；然后在其右侧面板上的Parameters展卷栏中设置Length=4.5m，Width=24.0m；按下视图控制区中的▣钮，将方形Rectangle01充满显示视窗。

同样可再建立一个宽高为1.2m×1.9m的方形Rectangle02；按下快捷命令面板中的对齐钮▨，点取方形Rectangle01，在弹出的对话框中勾选X Position和Y Position，Current Object和Target Object都选择Minimum后回答OK；按下移动钮▣，然后在状态行中使用相对变换坐标钮▣，设置X=2.1m，Y=0.75m后回车，将Rectangle02移动到如图3-022所示的位置。使用阵列菜单命令Tools/Array，将Rectangle02向右复制4个(包括原对象)，间距为3.6m，结果也如图3-022所示。

确保Rectangle05处于选择状态，点取▣钮进入变动命令面板，在Parameters展卷栏中设置Length=4.0m，Width=4.5m；然后在状态行中使用相对变换坐标钮▣，设置X=0.75m，Y=-0.7m后回车，将Rectangle05移动到如图3-022所示的位置。

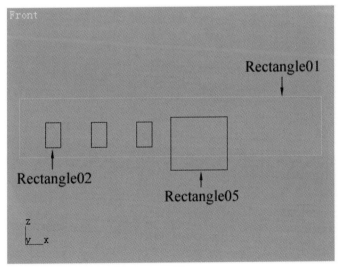

图3-022　方形Rectangle01～Rectangle05及其摆放位置

(2)单击选择Rectangle01，点取▣钮，进入变动命令面板，在Modifier　List下拉选项中选择Edit　Spline；打开Geometry展卷栏，按下Attach钮，移动鼠标依次点击Rectangle02～Rectangle05，将它们和Rectangle01联结为一个图形Rectangle01。

按下曲线次物体钮▨，单击选择原来的方形Rectangle01，再按下Gemetry展卷栏中的Boolean钮，按下其右侧中间相减图标(Subtraction钮)，移动鼠标点击Rectangle05，则从

Rectangle01中减去了图形Rectangle05，结果如图3-023所示；再次按下⌃钮以关闭曲线次物体层级。

在Modifiers下拉选项中选择Extrude，在其下面的Parameters展卷栏中设置Amount=0.3m，将Rectangle01直线延展为0.3m厚的物体；在Rectangle01变动命令面板的顶端名称栏，将Rectangle01更名为Wall-x01(墙体-新建)。

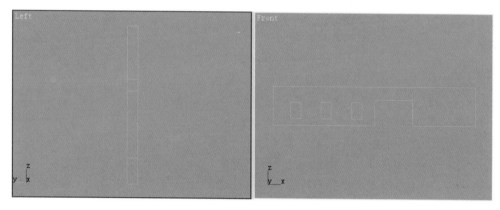

图3-023　延展更名后的物体Wall-x01

(3)点取▣钮，进入显示命令面板，在Hide展卷栏中按下Unhide By Name钮，将物体[Wall-y]显示出来；按▣钮，将Front视图充满视窗。

移动钮⊕，单击选择Wall-x01；按下对齐钮✅，单击Wall-y01，在弹出的对齐对话框中勾选X Position和Y Position，Current Object和Target Object都选择Minimum后按下Apply钮；勾选Z Position，Current Object选择Minimum，Target Object选择Maximum后回答OK；在状态行中使用相对变换坐标钮⬚，设置Z=1.6m后回车，将Wall-x01移动到如图3-024所示的位置。

提示：虽然Wall-y01～Wall-y04组合成了物体[Wall-y]，但当使用对齐命令，通过单击选取对齐物体时，对齐还是只针对被点击的单个物体。要想使对齐针对整个组合物体，可通过按H键，利用组合物体名称来选取对齐物体。

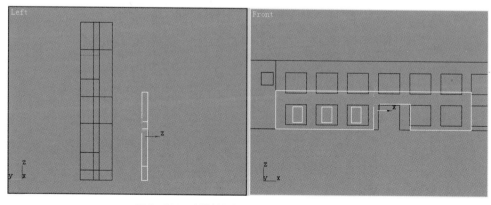

图3-024　新加墙体Wall-x01及其摆放位置

(4)下面我们来建立新加建筑中的水泥墙模型。首先在Front视窗建立一个宽高为12.0m×3.5m的方形Rectangle01，然后再建立一个宽高为4.5m×3.5m的方形Rectangle02，并把Rectangle02与Rectangle01的中心在X和Y两个方向上对齐之后，将Rectangle02向下移动0.8m；最后将Rectangle01和Rectangle02合并(Attach)为一个图形Rectangle01，经过Boolean相减运算后得到如图3-025所示的图形。

在变动命令面板中，将Rectangle01更名为Wall-x02(墙体-新建)；在Modifiers下拉选项中选择Extrude变动命令，将Wall-x02直线延展为0.3m厚的物体；按下对齐钮，单击Wall-x01，在弹出的对齐对话框中勾选X Position、Y Position和Z Position，Current Object和Target Object都选择Minimum后回答OK；在状态行中使用相对变换坐标钮，设置X=9.2m，Z=1.5m后回车，将Wall-x02移动到如图3-025所示的位置。

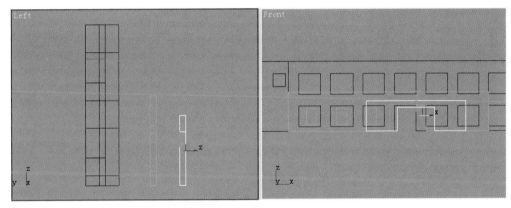

图3-025　新加墙体Wall-x02及其摆放位置

(5)下面我们再来制作水泥墙后面的水槽模型。按Alt+W键，以四窗口显示视图；在Left视窗按鼠标右键以激活它，按Alt+W键将其最大化显示。

点取 /Standard Primitives/Box，建立方体Box122(宽高深为0.3m×0.3m×1.0m)和方体Box192(宽高深为0.2m×0.3m×2.0m)；按下移动钮，单击选择Box192；按下对齐钮，单击Box122，在弹出的对齐对话框中勾选X Position、Y Position和Z Position，Current Object和Target Object都选择Center后回答OK；在状态行中使用相对变换坐标钮，设置Y=0.05m后回车，将Box192向上移动一些。

单击选择Box122，点取 /Compound Objects/Boolean，在其下的Pick Boolean展卷栏中按下Pick Operand B钮，并选择Move选项，在Parameters展卷栏中选择Subtraction(A-B)，然后在屏幕中单击Box192，这样就从Box122中减去了Box192，结果如图3-026所示。

提示：在Pick Boolean展卷栏中选择Move选项，则布尔操作完成后操作对象B就被删除了；而如果选择Copy，则布尔操作完成后操作对象B仍被保留，因此我们一般选择Move选项。

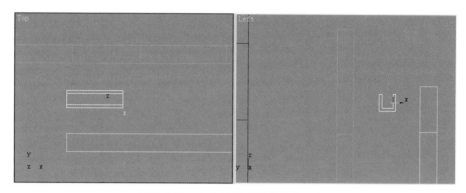

图3-026 布尔运算后的物体Box122

(6)确保Box122处于选择状态,按下对齐钮 ✅,单击Wall-x02,在弹出的对齐对话框中勾选X Position、Y Position和Z Position,Current Object和Target Object都选择Maximum后回答OK;在状态行中使用相对变换坐标钮 ⬚,设置X=-0.3m,Y=-0.85m,Z=0.25m后回车,将Box122移动到如图3-027所示的位置。

使用移动钮 ✛ 单击Box122,将其原地关联复制(Instance)为Box355;在状态行中使用相对变换坐标钮 ⬚,设置Y=-0.95m,Z=0.15m后回车,将Box355移动到如图3-027所示的位置。

按住Ctrl键,单击选择Box122和Box355;选择Group/Group菜单命令,将被选择物体组合为物体[Cao-x](水槽-新建)。

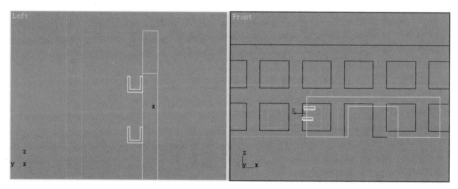

图3-027 水槽物体Box122和Box355及其摆放位置

(7)最后我们来制作木栅墙的模型。点取 🖻 钮,进入显示命令面板,在Hide展卷栏中按下Hide Unselect钮,将所有物体(当前没有被选择物体)隐藏出来;按Alt+W键使屏幕以四窗口显示,鼠标点击Front视窗,按Alt+W键使其最大化显示。

点取 ⬚/🔲/Standard Primitives/Box,建立一个宽高深为12.3m×0.15m×0.3m的方体Box192和一个宽高深为0.2m×4.1m×0.2m的方体Box238;使用移动钮 ✛ 单击选择Box238,按下对齐钮 ✅,单击Box192,在弹出的对齐对话框中勾选X Position和Y Position,Current Object和Target Object都选择Maximum后按下Apply钮,然后勾选Z Position,Current Object和Target Object都选择Center后回答OK;在状态行中使用相对变换坐标钮 ⬚,设置X=-0.05m后回车,将Box238向左移动一些,结果如图3-028所示。

单击选择Box192，然后使用阵列菜单命令Tools/Array，将Box192向下关联复制20个(包括原对象)，间距为0.2m，结果也如图3-028所示；按下按名称选择钮，在弹出的对话框中按下All钮后，再按下Select钮以选择所有物体；选择菜单命令Group/Group，命名组合物体名称为Wall-x03(墙体-新建)后回答OK。

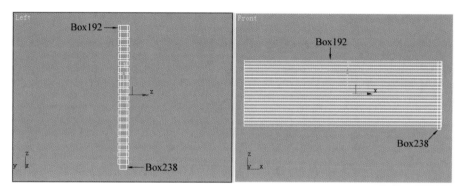

图3-028　木栅墙模型Wall-x03

(8)点取钮，进入显示命令面板，在Hide展卷栏中按下Unhide All钮，将所有物体都显示出来；使用移动钮单击选择Wall-x03，按下对齐钮，在物体Wall-x02上单击，在弹出的对齐对话框中勾选X Position、Y Position和Z Position，Current Object和Target Object都选择Minimum后回答OK；在状态行中使用相对变换坐标钮，设置X=3.85m，Z=1.9m后回车。

按Alt+W键使屏幕以四窗口显示，鼠标右键点击Top视窗以激活它；按下旋转钮，在Top视窗将光标放在旋转变换器的最外圈上(绕Z轴)，将[Wal-x03]旋转-60°，结果如图3-029所示。

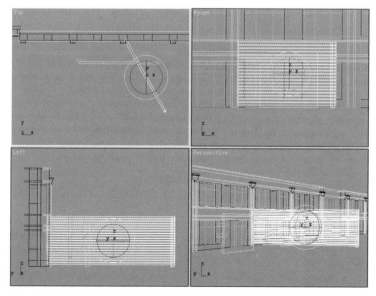

图3-029　木栅墙Wall-x03及其摆放位置

(9)选择File/Save菜单命令,在弹出的对话框中指定将要存储的目的磁盘和目录,然后输入文件名Shoulou,按下Save钮将当前场景存盘为Shoulou.max;选择File/Exit菜单命令,可退出3DS MAX,以便进入Photoshop进行新建墙面材质贴图的制作。如果您的计算机足够快,内存足够多,也可以不退出3DS MAX,而只将3DS MAX窗口最小化,以便启动并进入Photoshop窗口。

3.2.2 制作新加建筑的材质贴图

在3DS MAX中,地面、墙面等物体的材质贴图往往比较复杂,需要在Photoshop中通过粘贴、拼接、修描等方式来制作。采用经Photoshop处理的贴图,能简化模型制作,方便材质和贴图坐标的设定。下面我们就来为新加建筑中的墙体制作合适的贴图,制作贴图的原始、过程和结果文件都可在配套光盘一中的\Ch03目录下找到。

(1)启动并进入Photoshop R7.0,我们首先来为墙体Wall-x01来制作木质分格贴图Wall-x01.tif。选择File/Open菜单命令,打开一个木板拼图Wood01.tif,其宽高尺寸为640×480Pixels;选择菜单命令Image/Rotate Canvas/90° CW,将整个图像顺时针旋转90°,并将Wood01.tif图像窗口显示为如图3-030所示的样子。

单击矩形选取工具,在其参数行中设置Style为Fixed Size,Width和Height分别为480px和535px;在图像外窗口内的左上角点取,将480×535Pixels的选区放置在图像中,如图3-030所示。

图3-030　Wood01.tif图像窗口显示状态及当前选区

(2)从图3-030可以看出,图像Wood01.tif的左边较亮,右边相对较暗,为避免待会儿将Wood01.tif拼接后出现明显的拼接痕迹,我们应尽量将图像两边的亮度调整得一致。

将前景色设定为纯黑色(RGB为0,0,0),将背景色设定为白色(RGB为200,200,200);选择渐变工具钮,在其参数行中设置渐变参数,如图3-031所示;然后按住Shift键,从图像左边水平向右画出渐变线,如图3-031所示;由于我们使用的绘图模式是Overlay,因此只改变图像的明暗,对图像左右两边的明暗对比有适当的矫正作用,最后效果也如图3-031所示。

图 3-031　渐变工具行参数设置和渐变线的画法

(3)按 Ctrl+A 键全选当前图像，再按 Ctrl+C 键将图像拷贝至内存(剪贴板)；选菜单命令 Image/Canvas Size，在弹出的对话框中设置 Width 为 960Pixels，按下水平向左的箭头后回答 OK，则当前图像尺寸变为了 960 × 640Pixels(宽度变为原来的 2 倍)。

选取矩形选取工具，在其参数行中设置 Style 为 Normal，然后在图像右上角画一个小方形选区；按 Ctrl+V 键将内存中的图像拷贝至窗口，并且图像自动位于窗口的右边，与左边图像刚好拼上，在图层工作面板中，新粘贴的右边图像位于图层 Layer 1 中；选 Edit/Transform/Flip Horizontal 菜单命令，将图层 Layer 1 进行水平镜像，结果如图 3-032 所示。

提示：剪贴板中的内容一般会粘贴到当前图像窗口的中心位置，但当图像窗口中有选择区域时，一般会粘贴到选择区域的中心位置；当选择区域在图像的某个角上且比剪贴板中的内容尺寸小时，剪贴板内容将被粘贴到该角位置，因此可利用选择区域框来定位粘贴的位置。本例中我们先在图像右上角画了一个小方形选区，因此贴图会与窗口右上角对齐。

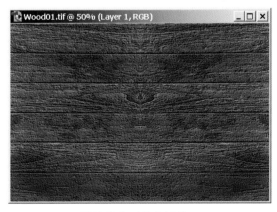

图 3-032　拼接镜像后的木板拼图 Wood01.tif

(4)按 Ctrl+E 键，将图层 Layer 1 合并到背景层；按 Ctrl+A 键全选当前图像，再按 Ctrl+C 键将图像拷贝至内存；选菜单命令 Image/Canvas Size，在弹出的对话框中设置 Width 为 1920Pixels，按下水平向左的箭头后回答 OK，则当前图像尺寸变为了 1920 × 640Pixels(宽度变为原来的 2 倍)。

选取矩形选取工具 ，在图像右上角画一个小方形选区；按 Ctrl+V 键将内存中的图像拷贝至窗口，并与左边图像刚好拼上，新粘贴的图像位于图层 Layer 1 中；按 Ctrl+E 键，将图层 Layer 1 合并到背景层，结果如图 3-033 所示。

选择菜单命令 Image/Adjust/Brightness&Contrast,在弹出的对话框中将 Brightness (亮度)和 Contrast(对比度)分别设置为+10和+25后回答 OK；选择菜单选项 Image/Adjust/Hue&Saturation,在弹出的对话框中将 Saturation(饱和度)设置为+15后回答 OK,结果也如图 3-033 所示。

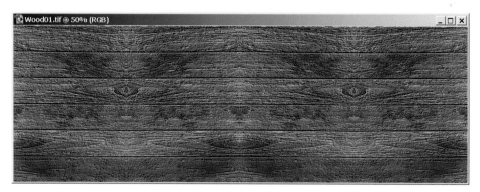

图 3-033　再次拼接镜像和颜色调整后的木板拼图 Wood01.tif

(5)选菜单命令 File/New，创建一个名称为 AA.psd，宽高为 964 × 115Pixels，色彩模式为 RGB Color,内容为 Transparent(透明,无背景)的图像；当前前景色为纯黑色(RGB 为 0，0，0)，按 Ctrl+A 键，以全选图像；选菜单命令 Edit/Stroke,在弹出的对话框中设定勾边线宽为 4，位置为 Inside，其他参数不变并回答 OK，则 4 个像素宽的黑色边框出现。

将图像窗口按 100% 大小显示，然后按住 Ctrl 键，按向右和向下的箭头键各 4 次，则当前选区成为放置在图像下部的一个 960 × 111Pixels 的选区；选择菜单命令 Image/Crop，将图像按选择区域进行裁剪；再按向上的箭头键 4 次，选择菜单命令 Image/Crop，再次裁剪图像，则图像宽高成为 960 × 107Pixels，结果如图 3-034 所示。

提示：当图像窗口显示大于等于 100% 时，按箭头键一次将移动图像 1 个像素；而当图像窗口显示小于 100% 时，按箭头键一次将移动图像多个像素，比如当图像窗口显示大小为

图 3-034　新建透明背景图像 AA.psd

50％时，按箭头键一次将移动图像2个像素。但不论窗口以多大比例显示，按住Shift键，再按箭头键一次，则总是只移动图像10个像素。

(6)按Ctrl+A键后按Ctrl+C键将图像拷贝至内存；选菜单命令Image/Canvas Size，在弹出的对话框中设置Height为214Pixels，按下垂直向上的箭头后回答OK，则当前图像尺寸变为了960×214Pixels(高度变为原来的2倍)。

按Ctrl+V键将内存中的图像拷贝至窗口，则新粘贴的黑色竖线位于图层Layer 2中，并自动放置在窗口的中心位置；将图像窗口按100％显示，然后按住Ctrl+Shift键，按向下的箭头键5次，然后松开Shift键，再按向下的箭头键4次，则将Layer 2中的黑色竖线底边与图像的底边对齐，结果如图3–035所示。

按Ctrl+E键，将图层Layer 2合并到Layer 1；按Ctrl+A键以全选当前图像，选择菜单命令Edit/Define Pattern并回答OK，将当前选择区域图像定义为填充图案AA；选择菜单File/Close，将图像AA.psd存储到所需的目录后，关闭该窗口。

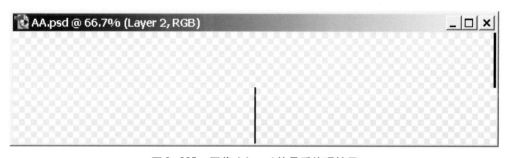

图3–035　图像AA.psd的最后处理结果

(7)激活Wood01.tif图像窗口，选择菜单命令layer/New/Layer，新建一个图层Layer 1；选菜单选项Edit/Fill，在弹出的对话框中将Content项设为Pattern，Custom Pattern选图案AA后回答OK，这样分格线就均匀地分布到Layer 1中了；在图层工作面板中将分格线图层(Layer 1)的Opacity(不透明度)设定为60％，结果如图3–036所示；这样我们就为木板贴图制作了竖向分格线。

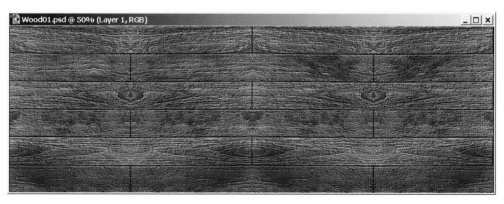

图3–036　填充了分格线的木板贴图Wood01.psd

(8)为避免将来重复贴图后，形成有规律的图案，需要进一步减弱木板图像中的重复纹理。在图层工作面板中，单击背景层以激活它；选择图章工具 🖳，设置笔刷大小为50Pixels，在背景层中针对重复纹理、明暗对比强烈的地方进行修描，注意不要抹掉横向分格线，结果如图3-037所示。

选菜单File/Save As，在弹出的对话框中命名图像为Wall-x01，选择图像格式为Psd，按保存钮将图像存储到磁盘的指定路径中。

图3-037　经图章工具修描后的木板贴图 Wall-x01.psd

(9)下面我们制作木板贴图 Wall-x01.psd 上的铁钉。

将前景色设定为灰黑色(RGB为60，55，40)，选择菜单命令layer/New/Layer，新建一个图层Layer 2；按住工具箱中的画线工具 🔲 不放，在弹出的工具选项中选取多边形实体工具 💿，在其参数行中设置参数成如图3-038所示的数值；然后在图像中画出一个正六边形，如图3-038所示。

按住Ctrl键，在图层工作面板中单击Layer 2，则正六边形选区出现；将前景色设定为灰白色(RGB为145，140，125)，选择渐变工具钮 🔳，在其参数行中设置渐变参数，也如图3-038所示，从选区右上向左下拉出渐变线，结果如图3-038下图所示。

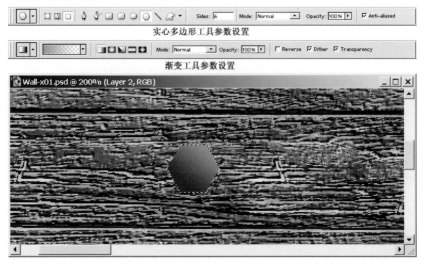

图3-038　多边形和渐变工具参数及六边形处理效果

选择菜单命令Image/Adjust/Brightness&Contrast,在弹出的对话框中将Contrast设置为+10后回答OK，稍微提高一点对比度；选择菜单命令 Layer/Duplicate Layer，产生一个铁钉复制图层Layer 2 Copy。

(10)将前景色设定为灰白色(RGB为220，215，205)，在图层工作面板中单击Layer 2；选菜单选项 Edit/Fill，在弹出的对话框中将 Content项设为 Foreground Color后回答OK；在图层工作面板中单击Layer 2 Copy，按住Ctrl键，按向左的箭头键2次，按向下的箭头键1次，结果铁钉产生了一定的厚度，如图3-039所示；按Ctrl+E键，将图层Layer 2 Copy 合并到图层Layer 2中。

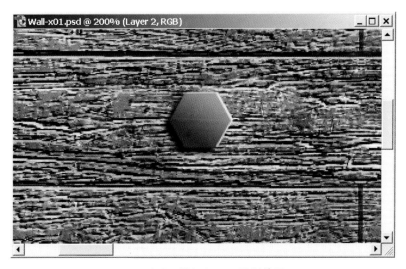

图 3-039　铁钉加厚及阴影效果

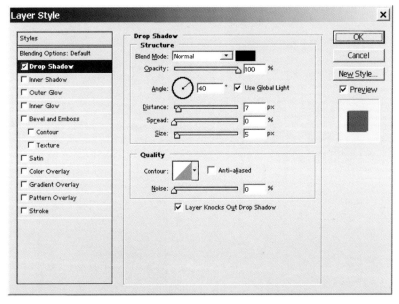

图 3-040　Drop Shadow 对话框中的参数设置

选择菜单命令Layer/Layer Style/Drop Shadow，在弹出的对话框中设置参数如图3-040所示，然后按下OK钮，铁钉周围产生了黑色阴影，也如图3-039所示。

(11)由于Layer 2成为特效图层，我们需要将它变为普通图层，以防接下来合并该层的复制图层时产生特效的重叠效果。

选择菜单命令layer/New/Layer，新建一个图层Layer 3，并在图层面板中把它放置在图层Layer 2的下面；然后回到Layer 2，按Ctrl+E键，将图层Layer 2合并到Layer 3，这样铁钉图层就变为了普通图层。

按住Alt+Shift键，移动并复制Layer 3，将铁钉按如图3-041所示的位置进行布置；最后通过按Ctrl+E键，将所有铁钉都合并到图层Layer 3。

图3-041 铁钉的布置及木板墙材质贴图的最终处理效果

至此木板墙所需的贴图制作完毕，按Ctrl+S键，将Wall-x01.psd覆盖存盘；选择菜单命令File/Save As，在弹出的对话框中选择存储格式为*.tif，然后取消对Layers项的勾选，命名文件名称为Wall-x01后回答保存，可将当前图像存储为不含图层的Wall-x01.tif文件，这就是木板墙材质所要用的纹理贴图。

(12)下面我们来为墙体Wall-x02制作带有分格线的水泥表面纹理贴图Wall-x02.tif。

图3-042 水泥墙表面纹理贴图Wall-x02.tif及选择区域

选择File/Open菜单命令，打开一个粗糙水泥墙面纹理贴图Wenli-w.tif，其宽高尺寸为756 × 512Pixels；选择 Image/Image Size 菜单命令，将该图像按比例放大为775 × 525Pixels，如图3-042所示；然后使用矩形选取工具，在图像中选取一块600×525Pixels的选区，该选区中图像明暗变化较小，也如图3-042所示。选择菜单命令Image/Crop，将图像按选择区域进行裁剪。

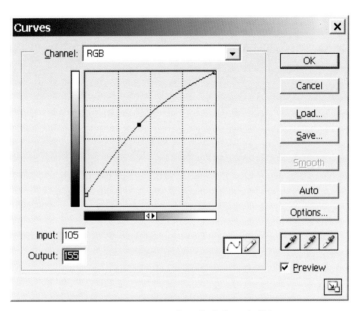

图 3-043　Carves 明度调节曲线及参数设置

图 3-044　经颜色调整后的水泥表面纹理贴图 Wall-x02.tif

125

(13)调整Wall-x02.tif的颜色：选择菜单选项Image／Adjust／Hue&Saturation，在弹出的对话框中将Saturation设置为-100后回答OK，将图像变为纯灰色；选Image／Adjust／Curves，在弹出的对话框中将曲线上最左边节点向上移动20，然后再在调节曲线上加入一个节点并调节曲线成如图3-043所示的样子(Input=105，Output=155)后回答OK，结果如图3-044所示。

提示：采用Carves调节曲线调整图像的颜色时，由于调整斜线后得到的曲线可以在不同颜色值处做不同的处理，也就是说它把图像的颜色划分了更多的可供调节的阶调，所以它的调节能力比Levels要强，而且更精确。

(14)选菜单命令File／New，创建一个宽高为100×100Pixels，色彩模式为RGB Color，内容为Transparent的图像；选取椭圆形选取工具，在其参数行中设置Style为Fixed Size，Width和Height都为50px；在图像窗口内点取，则一个半径为50Pixels的选区出现。

将前景色设定为纯黑色(RGB为0，0，0)；选菜单选项Edit／Fill，在弹出的对话框中将Content项设为Foreground Color后回答OK，将圆形选区填充为黑色；按Ctrl+C键将黑色圆拷贝至内存；选菜单命令File／Close，将该图像不存盘关闭。

再次选菜单命令File／New，创建一个宽高为400×300Pixels，色彩模式为RGB Color，内容为Transparent的图像；按Ctrl+V键，将黑色圆粘贴到窗口中，它自动位于图像的中央，如图3-045所示。

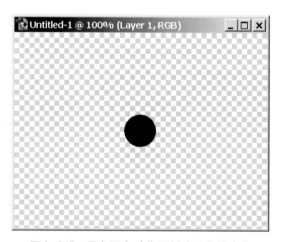

图3-045　黑色圆自动位于新建图像的中央

选择Image／Image Size菜单命令，将该图像按比例缩小为100×75Pixels；按Ctrl+A键全选图像，选择菜单命令Edit／Define Pattern并回答OK，将当前选择区域图像定义为填充图案BB；选择菜单File／Close，将该图像窗口不存盘关闭。

(15)激活Wenli-w.tif图像窗口，选择菜单命令layer／New／Layer，新建一个图层Layer 1；选菜单选项Edit／Fill，在弹出的对话框中将Content项设为Pattern，Custom Pattern选图案BB后回答OK，这样小黑圆点就均匀地分布到图像中了；在图层工作面板中将Layer 1的Opacity设定为70%，结果如图3-046所示。

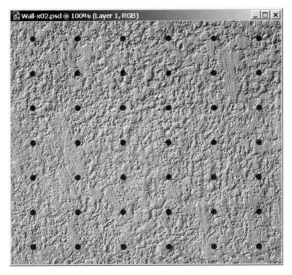

图 3-046　填充了小黑圆点的贴图 Wall-x02.psd

　　由于这时包含有了新图层,因此我们选菜单选项 File/Save As,将该图像存储为 Wall-x02.psd。

　　(16)选菜单命令 File/New,创建一个宽高为 625×300Pixels,色彩模式为 RGB Color,内容为 Transparent 的图像,并将该图像窗口显示为如图 3-047 所示的样子;单击矩形选取工具▣,在其参数行中设置 Style 为 Fixed Size,Width 和 Height 分别为 625px 和 158px;在图像外窗口内的左上角点取,将 625×158Pixels 的选区放置在图像中;选菜单选项 Edit/Stroke,在弹出的对话框中设定勾边线宽为 8,位置为 Inside,其他参数不变并回答 OK,则 8 像素宽的黑色边框出现。

　　选取矩形选取工具▣,在其参数行中设置 Width 和 Height 分别为 625px 和 153px;在图像外窗口内的左上角点取,将 625×153Pixels 的选区放置在图像中;按向下的箭头键 5次,将选区下移 5 个像素。

　　将前景色设定为纯白色(RGB 为 255,255,255),再次选菜单选项 Edit/Stroke,在弹出的对话框中设定勾边线宽为 3,位置为 Inside,其他参数不变并回答 OK,则 3 像素宽的白色边框出现;结果也如图 3-047 所示。

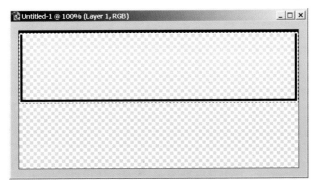

图 3-047　新建图像窗口显示状态及黑白边框

(17)选取矩形选取工具▣，在其参数行中设置Width和Height分别为600px和158px；在图像外窗口内的左上角点取，将600×158Pixels的选区放置在图像中；按住Shift键，按向右的箭头键1次，然后按Ctrl+C键，将选区图像(只有两条横线)拷贝至内存。

激活Wall-x02.psd图像窗口，按Ctrl+V键，将两条横线粘贴进来，并自动产生图层Layer 2；按住Ctrl+Shift键，按向下的箭头键4次；在图层工作面板中将Layer 2的Opacity设定为80%，结果如图3-048所示。

至此水泥墙所需的贴图制作完毕，按Ctrl+S键，将Wall-x02.psd覆盖存盘；选择菜单命令File/Save As，将该图像存储为不含图层的Wall-x02.tif文件，这就是水泥墙材质所要用的纹理贴图。

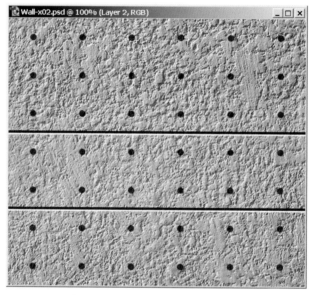

图3-048 水泥墙材质贴图Wall-x02.tif的最终处理效果

(18)下面我们来为墙体Wall-x03制作木栅纹理贴图Wall-x03.tif。

选择File/Open菜单命令，打开一个木纹纹理贴图Wood03.tif，其宽高尺寸为512×300Pixels，如图3-049上图所示；选择菜单选项Image/Adjust/Hue&Saturation，在弹出的对话框中分别将Hue和Saturation设置为+90、-75后回答OK，将图像变为绿色；选Image/Adjust/Color Balance，在弹出的对话框中点取Hihglights，将第三行小黑三角向Yellow移动为-15，然后按下OK钮执行色彩调整；选择菜单命令Image/Adjust/Brightness&Contrast，在弹出的对话框中将Brightness设置为+10，Contrast设置为+20后回答OK，结果如图3-049下图所示。

选择菜单命令File/Save As，将该图像存储为Wall-x03.tif，这就是木栅墙材质所要用的纹理贴图。选菜单命令File/Close，将图像窗口关闭。

选File/Exit菜单命令，退出Photoshop；或者只将Photoshop的窗口最小化，以便进入3DS MAX窗口；下面我们进入3DS MAX给新加建筑赋材质和贴图坐标。

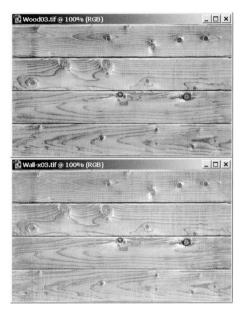

图 3-049　木栅墙纹理贴图 Wood03.tif 及其最终处理结果 Wall-x03.tif

3.2.3　为新加建筑制作并指定材质和贴图坐标

(1)进入 3DS MAX，按下按名称选择钮![按钮]，同时选择 Wall-x01~[Wall-x03]和[Cao-x]；然后点取![按钮]钮，进入显示命令面板，在 Hide 展卷栏中按下 Hide Unselect 钮，将所有未被选择的物体都隐藏起来；按下![按钮]钮，将所有视图都充满视窗。

右键点取 Front 视窗以激活它，使用选择钮![按钮]，单击选择水槽物体[Cao-x]；按下材质编辑钮![按钮]，在材质编辑器中选取第一个样本球，则材质 BAI 成为当前材质；按下材质编辑器中的![按钮]钮，可将当前材质 BAI 赋给物体[Cao-x]。

提示：对于整个建筑场景而言，有一些部分使用相同的材质，例如在制作原有建筑的墙线时已经制作好了白色材质 BAI，现在就可以把它直接用在水槽物体[Cao-x]上了。

(2)下面我们为木板墙物体 Wall-x01 制作并指定材质和贴图坐标。

在绘图窗口使用选择钮![按钮]，单击选择木板墙物体 Wall-x01；在材质编辑器中选择第 4 个样本球，在其下名称框中设定材质名称为 WALL-X01，该材质参数设定如下：

着色方式：Blinn

阴影区颜色 Ambient：HSV(0, 0, 0)

过渡区颜色 Diffuse：HSV(0, 0, 0)

高光区颜色 Specular：HSV(25, 60, 220)

高光强度 Specular Level：25

高光区域 Glossiness：20

纹理贴图 Diffuse Color：100 Wall-x01.tif U Offset=−0.015

凹凸贴图 Bump：50 Wall-x01.tif U Offset=−0.015

展开 Maps 展卷栏，设定 Diffuse Color 贴图的强度值 Amount=100，然后按下其右侧 None 长按钮；在弹出的材质贴图浏览器中选择 Bitmap 后回答 OK，在又弹出的文件对话框中选择我们在上一节制作的贴图 Wall—x01.tif，如图3-041所示；在 Bitmap Parameters 展卷栏中设定 U Offset=-0.015。

在 Maps 展卷栏中，设定 Bump 贴图的强度值 Amount=50，然后按住 Diffuse Color 贴图右侧的长按钮不放，将它拖拽到 Bump 贴图右侧的长按钮上松开鼠标，并在弹出的对话框中选择 Instance 后回答 OK，则 Wall-x01.tif 也成为 Bump 贴图，并且当改变任一个 Wall-x01.tif 的贴图参数时，另一个也会相应地进行改变。

设定完毕后，按下材质编辑器中的 钮，将当前材质 WALL—X01 赋给被选择物体 Wall-x01；按材质编辑器右上角的 钮将其关闭。

提示：我们在该材质的贴图参数面板中设置 U Offset=-0.015，使贴图位置向左稍微移动一点，以便正确定位铁钉在墙面上的分布。偏移数值是在给木板物体 Wall-x01 指定了贴图坐标，并经反复渲染，观察渲染效果后得到的。在这里把数值定得一步到位是为了便于讲解。

(3)点取 钮进入变动命令面板，选择 UVW Map 变动命令，打开 UVW Mapping 左侧的 + 号，选择 Gizmo 以打开 Gizmo 显示，在 Parameters 展卷栏中选择 Plannar(平面贴图坐标)，设置 Height=1.2m，Width=3.6m。

按下对齐钮 ，单击墙体 Wall-x01，在弹出的对齐对话框中勾选 X Position，Target Object选择Minimum后按下Apply钮，然后勾选 Y Position，Target Object选择Maximum后回答 OK，结果贴图坐标的中心与墙体 Wall-x01 的左上角对齐了，如图3-050所示。

在变动堆栈列表中选取 UVW Mapping，以关闭 Gizmo 显示，这样我们就在 Front 视窗给物体 Wall-x01 赋予了一个 3.6m × 1.2m 的平面贴图坐标。

提示：我们之所以将贴图坐标设置为 3.6m × 1.2m，是因为纹理贴图 Wall-x01.tif 的尺寸是 1920 × 640Pixels，它们有相同的宽高比，这样可保证贴图在物体表面的纹理不变形。

平面投影贴图是按照平面贴图坐标，将贴图以贯穿的方式贴在物体或元素上的。贴图坐标的 Gizmo 状态线框指明了贴图放置的大小和角度，绿线代表贴图的右侧边，带垂直黄线柄的一端为贴图的顶端。

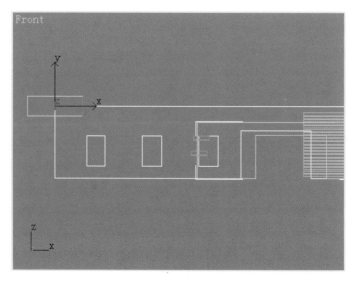

图3-050　给物体 Wall-x01 赋予 3.6m × 1.2m 的平面贴图坐标

(4)下面我们为水泥墙物体 Wall-x02 制作并指定材质和贴图坐标。

在绘图窗口使用选择钮 ![icon]，单击选择水泥墙物体 Wall-x02；在材质编辑器中选择第 5 个样本球，在其下名称框中设定材质名称为 WALL-X02，该材质参数设定如下：

着色方式：Blinn

阴影区颜色 Ambient：HSV(0, 0, 0)

过渡区颜色 Diffuse：HSV(0, 0, 0)

高光区颜色 Specular：HSV(25, 30, 220)

高光强度 Specular Level：25

高光区域 Glossiness：20

纹理贴图 Diffuse Color：100 Wall-x02.tif V Offset=-0.25

凹凸贴图 Bump：100 Wall-x02.tif V Offset=-0.25

贴图的设定方法与材质 WALL-X 相同，只是在贴图参数面板的 Bitmap Parameters 展卷栏中将 V Offset 设置为 -0.25。

设定完毕后，按下材质编辑器中的 ![icon] 钮，将当前材质 WALL-X02 赋给被选择物体 Wall-x02；按材质编辑器右上角的 ![icon] 钮将其关闭。

(5)点取 ![icon] 钮进入变动命令面板，选择 UVW Map 变动命令，打开 UVW Mapping 左侧的 + 号，选择 Gizmo 以打开 Gizmo 显示，在 Parameters 展卷栏中选择 Plannar，设置 Height=1.75m，Width=2.0m。

按下对齐钮 ![icon]，单击墙体 Wall-x02，在弹出的对齐对话框中勾选 X Position 和 Y Position，Target Object 选择 Maximum 后回答 OK，结果贴图坐标的中心与墙体 Wall-x02 的左下角对齐了，如图 3-051 所示。

在变动堆栈列表中选取 UVW Mapping，以关闭 Gizmo 显示，这样我们就在 Front 视窗给物体 Wall-x02 赋予了一个 2.0m × 1.75m 的平面贴图坐标。

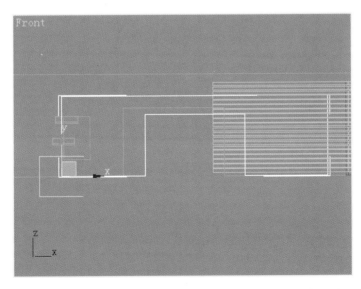

图 3-051　给物体 Wall-x02 赋予 2.0m × 1.75m 的平面贴图坐标

(6)最后我们给木栅墙物体[Wall−x03]制作并指定材质和贴图坐标。

在绘图窗口使用选择钮，单击选择木栅墙物体[Wall−x03]；在材质编辑器中选择第6个样本球，在其下名称框中设定材质名称为WALL−X03，该材质参数设定如下：

着色方式：Blinn

阴影区颜色 Ambient：HSV(0，0，0)

过渡区颜色 Diffuse：HSV(0，0，0)

高光区颜色 Specular：HSV(40，50，220)

高光强度 Specular Level：30

高光区域 Glossiness：25

纹理贴图 Diffuse Color：100 Wall−x03.tif

自发光度 Self−Illumination：30

设定完毕后，按下材质编辑器中的钮，将当前材质WALL−X03赋给被选择物体[Wall−x03]；按材质编辑器右上角的钮将其关闭。

(7)右键单击Top视窗以激活它，按下旋转钮，将光标放在旋转变换器的最外圈上(绕Z轴)，将[Wal−x03]旋转60°，使其处于水平，以便于贴图坐标的设定，结果如图3−052所示。

右键单击Front视窗以激活它，点取钮进入变动命令面板，选择UVW Map变动命令，打开UVW Mapping左侧的+号，选择Gizmo以打开Gizmo显示，在Parameters展卷栏中选择Plannar，并设置Height=0.8m，Width=1.4m；按下移动钮，使用状态行中的相对变换坐标钮，设置Y=1.675m后回车，将贴图坐标向上移动一些，结果也如图3−052所示。

在变动堆栈列表中选取UVW Mapping，以关闭Gizmo显示，这样我们就在Front视窗给物体[Wall−x03]赋予了一个2.0m × 1.75m的平面贴图坐标。

右键单击Top视窗以激活它，按下旋转钮，将[Wal−x03]绕Z轴旋转−60°，使其恢复原位。

提示：我们将贴图坐标向上移动1.675m，是为了使贴图Wall-x03.tif中的木板缝不出现在木栅板[Wall-x03]上。

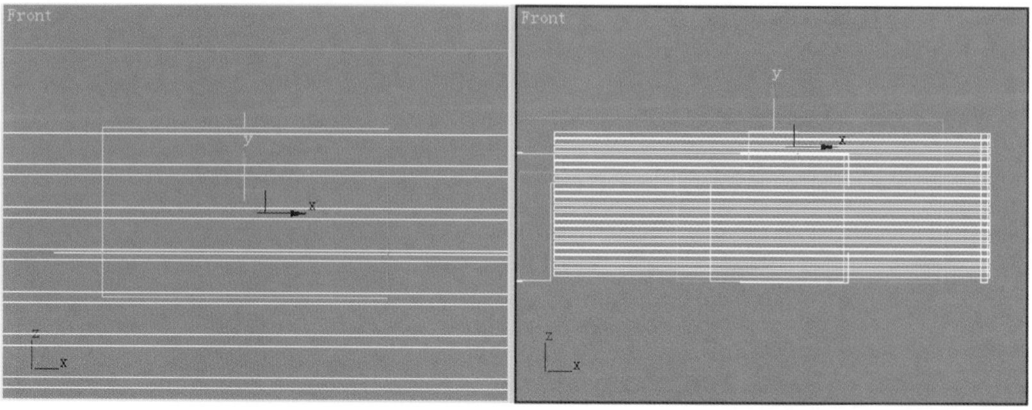

图3−052　给物体[Wall−x03]赋予1.4m × 0.8m的平面贴图坐标

(8)点取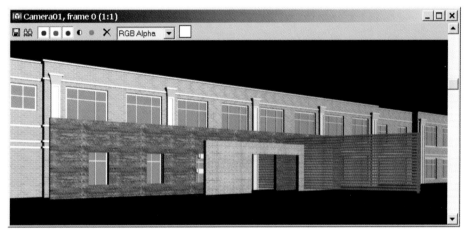钮，进入显示命令面板，在 Hide 展卷栏中按下 Unhide All 钮，将所有物体都显示出来；按下钮，将所有视图都充满视窗。

至此新加建筑的模型、材质和贴图坐标都已制作完毕，可单击渲染钮对照相机视窗进行渲染，以观察当前场景效果，如图 3-053 所示；如果有不满意的模型或材质，可反复进行调整、渲染，直到达到满意的效果为止。

图 3-053　当前场景的渲染效果

3.3　地面配景的制作

在主体建筑创建完毕之后，我们现在来制作主体建筑所在的环境，包括道路、草地、铺地、水池、地灯等，其中的草地，在此我们只赋予简单的材质，到 Photoshop 中再对它们进行重点处理。

3.3.1　创建地面配景的模型

(1)建立铺地和道路：点取 /Standard Primitives/Box，在 Top 视窗中画出一个任意大小的方体 Box239，然后在其 Parameters 展卷栏中设置 Length＝45.0m，Width＝100.0m，Height＝1.0m，勾选 Generate Mapping Coords.选项，打开其内建贴图功能；在 Name and Color 展卷栏中将 Box239 更名为 Pudi(铺地)；按下对齐钮，单击选择 Wall-x01，在弹出的对齐对话框中勾选 X Position 和 Y Position，Current Object 和 Target Object 都选择 Minimum 后按下 Apply 钮；勾选 Z Position，Current Object 选择 Maximum，Target Object 选择 Minimum 后回答 OK；按下移动钮，使用状态行中的相对变换坐标钮，设置 X＝-20.0m，Y＝-17.0m 后回车，将 Pudi 移动到如图 3-054 所示的位置。

点取 /Standard Primitives/Box，在 Top 视窗中画出一个任意大小的方体 Box239，然后在其 Parameters 展卷栏中设置 Length＝20.0m，Width＝100.0m，Height＝1.0m；在 Name and Color 展卷栏中将 Box239 更名为 Daolu(道路)；按下对齐钮，单击选择 Pudi，在弹出的对齐对话框中勾选 X Position 和 Z Position，Current Object 和 Target Object 都选择 Minimum 后按下 Apply 钮；勾选 Y Position，Current Object 选择 Maximum，Target Object 选择 Minimum 后回答 OK，结果也如图 3-054 所示。

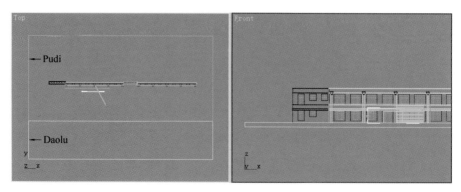

图 3-054　Pudi 和 Daolu 及其摆放位置

　　(2)建立草地及其边沿：点取 ▨/▨/Splines/Rectangle，在 Top 视窗画出一个任意方形 Rectangle01，然后在其右侧面板上的 Parameters 展卷栏中设置 Length=3.7m，Width=32.3m；按下对齐钮▨，单击选择 Pudi，在弹出的对齐对话框中勾选 X Position 和 Y Position，Current Object 和 Target Object 都选择 Minimum 后按下 Apply 钮；勾选 Z Position，Current Object 和 Target Object 选择 Maximum 后回答 OK。

　　点取▨钮进入变动命令面板，将 Rectangle01 更名为 Yan01(边沿)；选择 Edit Spline 变动命令，按下曲线次物体钮▨，在 Geometry 展卷栏中按下 Outline 钮，在其右侧输入框输入 0.2m 后回车(这时未勾选 Center 钮)，结果 Yan01 的内框出现，如图 3-055 所示；单击选择 Yan01 的内框，勾选 Detach 钮右下方的 Copy 选项，然后按下 Detach 钮，命名新图形为 Grass01(草地)后回答 OK；再次按▨钮，以关闭次物体层级。

　　在 Modifiers 下拉选项中选择 Extrude，在其下面的 Parameters 展卷栏中设置 Amount=0.13m，将 Yan01 直线延展为 0.13m 厚的物体；按 H 键选择图形 Grass01，在其变动命令面板中也使用 Extrude 命令，将 Grass01 延展 0.1m，结果也如图 3-055 所示。

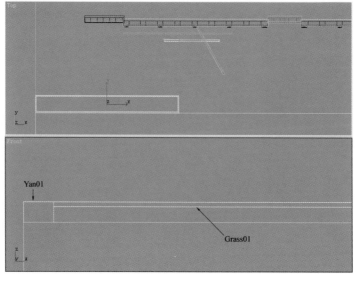

图 3-055　Yan01 和 Grass01 及其摆放位置

(3)使用移动钮 ![img], 框选物体 Yan01 和 Grass01; 选菜单 Edit/Clone 命令, 将它们复制 (Copy)为 Yan02 和 Grass02, 这时 Yan02 和 Grass02 处于选择状态; 使用状态行中的相对变换坐标钮 ![img], 设置 X=67.7m 后回车, 将 Yan02 和 Grass02 移动到右侧。

单击选择 Yan02, 点取 ![img] 钮进入变动命令面板, 在变动堆栈列表中点取 Edit Spline, 然后按下节点次物体钮 ![img], 框选 Yan02 左侧的 4 个节点, 使用状态行中的相对变换坐标钮 ![img], 设置 X=-25.3m 后回车, 将所选节点向左移动 25.3m; 最后再次点取变动堆栈列表中的 Edit Spline, 以关闭次物体级; 再点取变动堆栈列表中的 Extrude, 以恢复 Yan02 的延展状态, 结果如图 3-056 所示。

同样, 通过将 Grass02 左侧的节点左移 25.3m, 可加宽 Grass02, 结果也如图 3-056 所示。

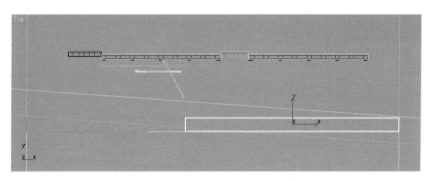

图 3-056　Yan02 和 Grass02 及其摆放位置

(4)点取 ![img]/![img]/Splines/Rectangle, 在 Top 视窗画出一个宽高为 100.0m × 13.0m 的方形 Rectangle01 和一个宽高为 4.8m × 25.0m 的方形 Rectangle02; 按下移动钮 ![img], 单击选择 Rectangle01, 按下对齐钮 ![img], 在屏幕中点取 Pudi, 在弹出的对话框中勾选 X Position 和 Y Position, Current Object 和 Target Object 都选择 Minimum 后按下 Apply 钮; 然后勾选 Z Position, Current Object 和 Target Object 都选择 Maximum 后回答 OK; 使用状态行中的相对变换坐标钮 ![img], 设置 Y=8.5m 后回车, 结果如图 3-057 所示。

再单击选择 Rectangle02, 按下对齐钮 ![img], 在屏幕中点取 Rectangle01, 在弹出的对话框中勾选 X Position、Y Position 和 Z Position, Current Object 和 Target Object 都选择 Center 后回答 OK; 使用状态行中的相对变换坐标钮 ![img], 设置 X=-14.1m 后回车; 按下旋转钮 ![img], 将 Rectangle02 绕 Z 轴旋转 30°, 结果也如图 3-057 所示。

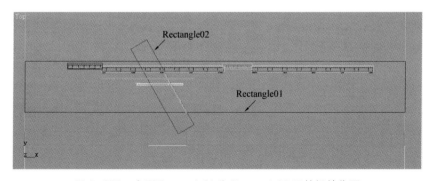

图 3-057　方形 Rectangle01 和 Rectangle02 及其摆放位置

（5）按下移动钮⊕，单击 Rectangle01 以选择它；点取⬛钮进入变动命令面板，在 Modifier List 下拉选项中选择 Edit Spline；打开 Geometry 展卷栏，按下 Attach 钮，移动鼠标点击 Rectangle02，将它们和 Rectangle01 联结为一个图形 Rectangle01；按下曲线次物体钮︿，单击选择原来的方形 Rectangle01，再按下 Gemetry 展卷栏中的 Boolean 钮，按下其右侧中间相减图标（Subtraction 钮），移动鼠标点击 Rectangle02，则从 Rectangle01 中减去了图形 Rectangle02，结果如图 3-058 所示；再次按下︿钮以关闭曲线次物体层级。

在 Rectangle01 变动命令面板的顶端名称栏，将 Rectangle01 更名为 Yan03。

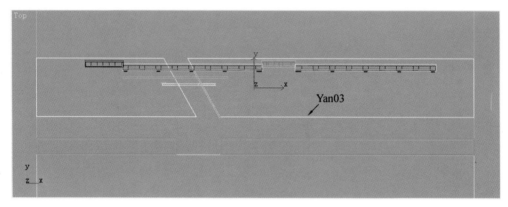

图 3-058　布尔运算后的图形 Yan03

（6）点取⬛/⬛/Splines/Circle，在 Top 视窗画出一个半径为 5.0m 的圆形 Circle01；按下对齐钮⬛，在屏幕中点取 Yan03，在弹出的对话框中勾选 X Position 和 Y Position，Current Object 选择 Center，Target Object 选择 Minimum 后回答 OK；使用状态行中的相对变换坐标钮⬛，设置 X=36.7m 后回车。

同样模仿上一步骤中的布尔运算，可从 Yan03 的左边图形中减掉圆形 Circle01，结果如图 3-059 所示。

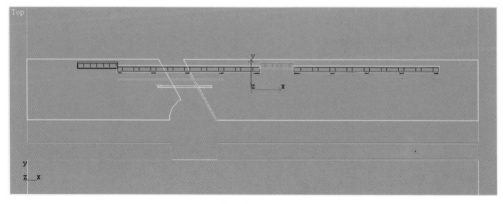

图 3-059　再次布尔运算后的图形 Yan03

(7)点取 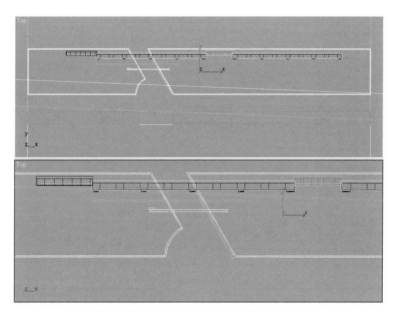 钮进入变动命令面板，按下曲线次物体钮 ，选择Yan03左侧的曲线，在Geometry展卷栏中按下Outline钮，在其右侧输入框输入－0.2m后回车(这时未勾选Center钮)，结果被选择曲线的内框出现，如图3－060所示；同样可得到Yan03右侧曲线的内框，如图3－060所示。

按住Ctrl键单击选择Yan03左右两个内框，勾选Detach钮右下方的Copy选项，然后按下Detach钮，命名新图形为Grass03后回答OK；再次按 钮，以关闭次物体层级。

在Modifiers下拉选项中选择Extrude，在其下面的Parameters展卷栏中设置Amount=0.13m，将Yan03直线延展为0.13m厚的物体；按H键选择图形Grass03，在其变动命令面板中也使用Extrude命令，将Grass01延展0.1m，结果也如图3－060所示。

图3－060　Yan03和Grass03及其摆放位置

(8)点取 / /Standard Primitives/Tube，在Top视窗中画出一个圆管物体Tube01，其参数设置如图3－061左图所示；按下对齐钮 ，单击选择Yan03，在弹出的对齐对话框中勾选X Position和Y Position，Current Object选择Center，Target Object选择Minimum后按下Apply钮；勾选Z Position，Current Object和Target Object都选择Minimum后回答OK；在状态行中使用相对变换坐标钮 ，设置X=37.0m后回车，将Tube01移动到如图3－062所示的位置；最后将Tube01更名为Yan04。

点取 / /Standard Primitives/Cylinder，在Top视窗中建立一个圆柱Cylinder01，其参数设置如图3－061右图所示；按下对齐钮 ，单击选择Yan04，在弹出的对齐对话框中勾选X Position和Y Position，Current Object和Target Object都选择Center后按下Apply钮；勾选Z Position，Current Object和Target Object都选择Minimum后回答OK，结果如图3－062所示；最后将Cylinder01更名为Grass04。

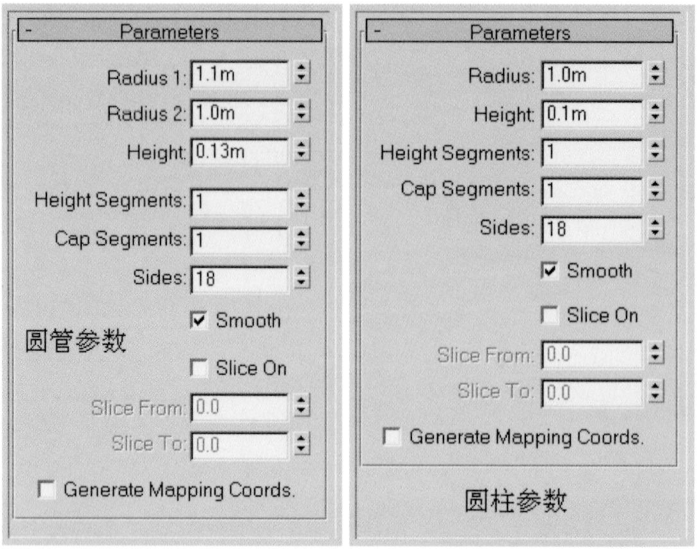

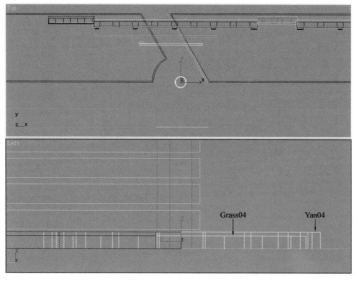

图 3-061　圆管 Yan04 和圆柱 Grass03 的参数设置

图 3-062　Yan04 和 Grass04 及其摆放位置

(9)建立水池和水面：点取 ▣/▣/Extended Primitives/C-Ext，在 Top 视窗中画出一个 C 形物体 C-Ext01，其参数设置如图 3-063 所示；按下对齐钮 ▣，单击选择 Wall-x01，在弹出的对齐对话框中勾选 X Position 和 Z Position，Current Object 和 Target Object 都选择 Minimum 后按下 Apply 钮；勾选 Y Position，Current Object 和 Target Object 都选择 Maximum 后回答 OK；在状态行中使用相对变换坐标钮 ▣，设置 X＝2.35m 后回车，将 C-Ext01 移动到如图 3-064 所示的位置；最后将 C-Ext01 更名为 Chi(水池)。

点取 ▣/▣/Standard Primitives/Box，在 Top 视窗中建立一个 9.0m × 4.5m × 0.11m 的方体 Box239；按下对齐钮 ▣，单击选择 Chi，在弹出的对齐对话框中勾选 X

138

Position和Y Position,Current Object和Target Object都选择Center后按下Apply钮；勾选Z Position,Current Object和Target Object都选择Minimum后回答OK，结果如图3-064所示；最后将Box239更名为Water(水)。

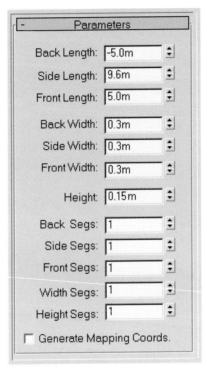

图3-063　C形物体Chi的参数设置

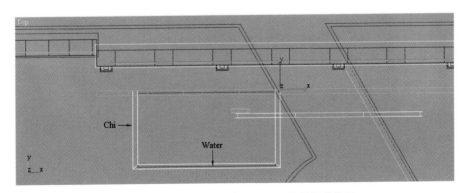

图3-064　水池Chi和水面Water及其摆放位置

(10)建立木地面模型：点取 ▣/ ▣/Standard Primitives/Box，在Top视窗中建立一个5.6m×7.0m×0.01m的方体Box239；点取 ☑钮进入变动命令面板，选择Skew变动命令，设置扭曲量Amount=4.0m，扭曲轴向Skew Axis为Y轴，结果Box239变形为如图3-065所示的样子；最后将Box239更名为Mudim(木地面)。

按下对齐钮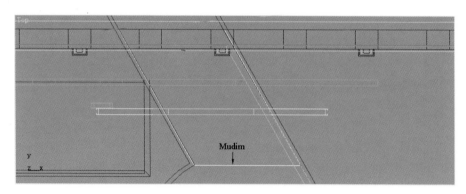，单击选择Wall-x02，在弹出的对齐对话框中勾选X Position、Y Position和Z Position，Current Object和Target Object都选择Minimum后回答OK；在状态行中使用相对变换坐标钮，设置X=1.1m，Y=-2.6m后回车，将Mudim移动到如图3-065所示的位置。

图 3-065　木地面Mudim及其摆放位置

(11)制作并布置地灯：点取 / /Standard Primitives/Cylinder，在Top视窗中建立一个圆柱Deng-t01(地灯-上部)，其参数设置如图3-066所示；点取 钮进入变动命令面板，在Modifier List下拉选项中选择Edit Mesh变动命令，按下节点次物体钮，按住Ctrl键，在Front视窗使用移动钮框选柱体的第1、4、6、8、10层节点，结果如图3-067所示。

在Top视窗，按下放缩钮，然后在状态行中使用相对变换坐标钮，设置X=80，Y=80后回车，将所选节点沿X和Y轴方向缩小为80%，结果也如图3-067所示；在变动命令面板中再次按下钮，以关闭节点次物体层级。

提示：圆柱体Deng-t01的Height Segments参数设为10，即沿高度方向分为10段，目的是为了对不同段的截面进行放缩编辑。

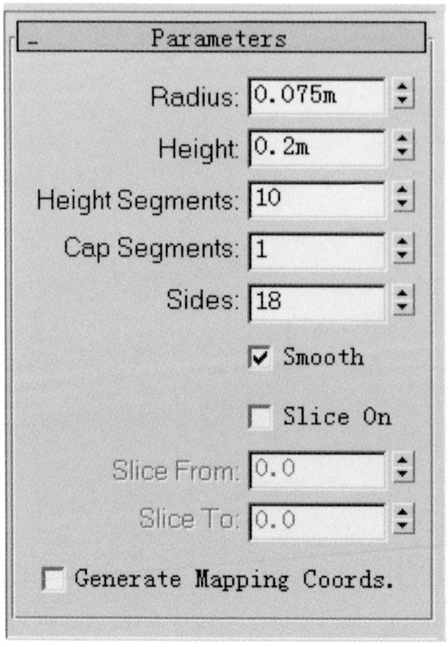

图 3-066　圆柱体Deng-t01的参数设置

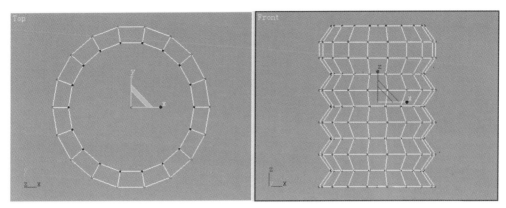

图 3-067 Deng-t01 上被选中的节点及缩小后的效果

(12)选菜单命令Edit/Clone，将Deng-t01复制(Copy)为Deng-b01(地灯－下部)；在Deng-b01变动命令面板中的变动堆栈中，删除 Edit Mesh 变动命令，则 Deng-b01 恢复为一个圆柱体；然后在圆柱体的 Parameters 展卷栏中设置 Height=0.45m，Height Segments=1；按下对齐钮✔，单击选择 Deng-t01，在弹出的对齐对话框中勾选 Y Position，Current Object 选择 Maximum，Target Object 选择 Minimum 后回答 OK，结果如图 3-068 所示。

按住 Ctrl 键，同时选择 Deng-t01 和 Deng-b01；选菜单命令 Group/Group，将它们组合为一个物体[Deng01](地灯)。

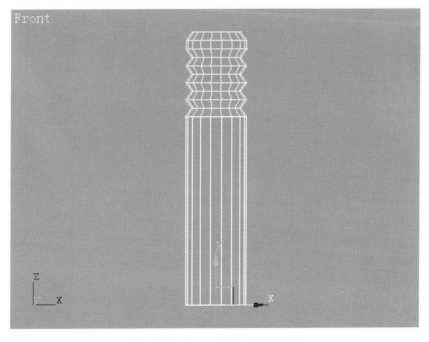

图 3-068 Deng-b01 及其摆放位置

(13)使用移动钮🔀，单击选择[Deng01]，按下对齐钮✅，在屏幕中点取Yan03，在弹出的对话框中勾选X Position，Current Object和Target Object都选择Center后按下Apply钮；然后勾选Y Position和Z Position，Current Object和Target Object都选择Minimum后回答OK；使用状态行中的相对变换坐标钮🔁，设置X=5.1m，Y=0.6m后回车，结果如图3-069所示。

选择Tools/Array菜单命令，将[Deng01]向左进行一维阵列，阵列间距为-4m，阵列个数为11，阵列后的10个关联复制(Instance)物体为[Deng02]~[Deng11]；按住Ctrl键，单击选择[Deng05]~[Deng06]，按Del键将它们删除，结果也如图3-069所示。

提示：对于那些看不到的地灯可不必进行复制。

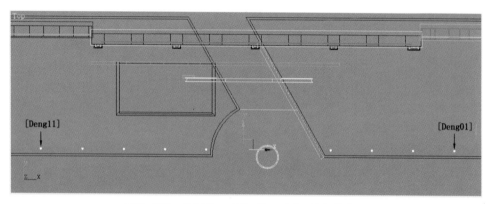

图3-069　地灯[Deng01]~[Deng11]及其摆放位置

(14)至此地面及环境配景的模型创建完毕，由于Yan01~Yan04和Chi所用材质相同，因此将它们组合(Group)成一个物体[Yan]。

同样，将草地Grass01~Grass04组合成一个物体[Grass]；将地灯[Deng01]~[Deng11]再组合成物体[Deng]。

提示：我们经常将材质相同或某一类的物体编为一个组，这是为了减少物体列表中的物体个数，以便于将来编辑和调试。物体组或物体的名称也使其具有一定的意义，如Wall(墙)、Grass(草)、Water(水)等，这样可便于以后的选择和调试。

3.3.2　为地面配景制作并指定材质和贴图坐标

(1)使用选择钮🔏，在Top视窗单击选择物体[Yan]；按下材质编辑钮🎨，在材质编辑器中选取第一个样本球，则材质BAI成为当前材质；按下材质编辑器中的🔲钮，可将当前材质BAI赋给物体[Yan]。

(2)下面我们为道路Daolu制作并指定灰色材质DAOLU。

在绘图窗口使用选择钮🔏，单击选择道路Daolu；在材质编辑器中选择第7个样本球，在其下名称框中设定材质名称为DAOLU，该材质参数设定如下：

着色方式：Blinn

阴影区颜色Ambient：HSV(25，30，130)

过渡区颜色Diffuse：HSV(25，30，170)

高光区颜色 Specular：HSV(25，15，210)

高光强度 Specular Level：25

高光区域 Glossiness：20

设定完毕后，按下材质编辑器中的钮，将当前材质 DAOLU 赋给被选择物体 Daolu。

(3)下面我们为铺地 Pudi 制作材质 PUDI，并指定贴图坐标。

在绘图窗口使用选择钮，单击选择铺地物体 Pudi；在材质编辑器中选择第 8 个样本球，在其下名称框中设定材质名称为 PUDI，该材质参数设定如下：

着色方式：Blinn

阴影区颜色 Ambient：HSV(0，0，0)

过渡区颜色 Diffuse：HSV(0，0，0)

高光区颜色 Specular：HSV(25，20，220)

高光强度 Specular Level：25

高光区域 Glossiness：20

自发光度 Self-Illumination：20

纹理贴图 Diffuse Color：100 Pudi.tif　U Tiling=125 V Tiling=50

凹凸贴图 Bump：20 Pudi.tif　U Tiling=125 V Tiling=50

贴图 Pudi.tif 是一个四方连续的地砖贴图(四方连续是为了在按 Tile 方式重复贴图后没有明显的拼接边缘)，如图 3-070 所示。在贴图参数面板中设置横向(U Tiling)和竖向(V Tiling)的重复次数，是为了使地砖在粘贴后大小合适，且不变形。

材质参数设定完毕后，按下材质编辑器中的钮，可将当前材质 PUDI 赋给被选择物体 Pudi。由于在物体 Pudi 的参数面板中勾选了其内建贴图坐标选项(Generate Mapping Coords.)，因此贴图将在 Pudi 的各个面上进行粘贴，而不需要再对其进行 UVW Map 贴图修改。

提示：由于 Pudi.tif 的尺寸是 157×175Pixels，而物体 Pudi 的尺寸是 100m×45m，为保证地砖的大小合适且不变形，因此将 U Tiling 设置为 125，V Tiling 设置为 50。

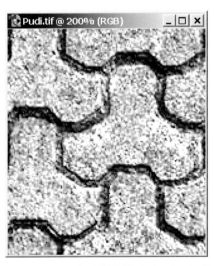

图 3-070　四方连续的地砖贴图 Pudi.tif

(4)我们给草地物体[Grass]制作并赋予一个简单的绿色材质GRASS。

在绘图窗口，按下按名称选择钮，在弹出的对话框中选择[Grass]后按下Select钮；在材质编辑器中选择第9个样本球，在其下名称框中设定材质名称为GRASS，该材质参数设定如下：

着色方式：Blinn

阴影区颜色Ambient：HSV(70, 150, 120)

过渡区颜色Diffuse：HSV(70, 150, 150)

高光区颜色Specular：HSV(70, 100, 180)

高光强度Specular Level：25

高光区域Glossiness：20

设定完毕后，按下材质编辑器中的钮，将当前材质GRASS赋给当前被选择物体[Grass]。

(5)下面我们给水面物体Water制作并赋予一个蓝色镜面反射材质WATER。

在绘图窗口，按下按名称选择钮，在弹出的对话框中选择Water后按下Select钮；在材质编辑器中选择第10个样本球，在其下名称框中设定材质名称为WATER，该材质参数设定如下：

着色方式：Blinn

阴影区颜色Ambient：HSV(150, 80, 150)

过渡区颜色Diffuse：HSV(150, 80, 180)

高光区颜色Specular：HSV(150, 40, 210)

高光强度Specular Level：30

高光区域Glossiness：35

反射贴图Reflection：80 Raytrace类型

展开Maps展卷栏，设定Reflection贴图的强度值Amount=80，然后按下其右侧None长按钮；在弹出的材质贴图浏览器中选择Raytrace后回答OK即可。设定完毕后，按下材质编辑器中的钮，将当前材质WATER赋给被选择物体Water。

提示：物体的材质如果仅使用反射贴图，那么就不需要为该物体指定贴图坐标。采用Raytrace贴图类型的材质能自动反射周围的景物，在此我们是为了生成水面对建筑的倒影。

(6)下面我们给木地面物体Mudim制作并赋予一个木地板材质MUDIM。

在绘图窗口使用选择钮，单击选择木地面物体Mudim；在材质编辑器中选择第11个样本球，在其下名称框中设定材质名称为MUDIM，该材质参数设定如下：

着色方式：Blinn

阴影区颜色Ambient：HSV(0, 0, 0)

过渡区颜色Diffuse：HSV(0, 0, 0)

高光区颜色Specular：HSV(25, 50, 230)

高光强度Specular Level：35

高光区域Glossiness：30

纹理贴图Diffuse Color：100 Wood02.tif U Tiling=V Tiling=2.0

贴图Wood02.tif是一个四方连续的木地板贴图，如图3-071所示。材质参数设定完毕后，按下材质编辑器中的⬛钮，可将当前材质MUDIM赋给被选择物体Mudim。

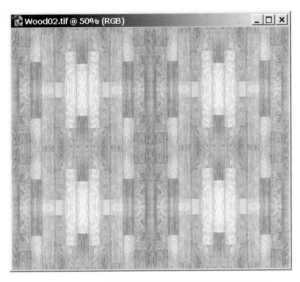

图3-071 四方连续的木地板贴图Wood02.tif

(7)为木地面物体Mudim指定贴图坐标。

右键单击Top视窗以激活它，点取◢钮进入变动命令面板，选择UVW Map变动命令，打开UVW Mapping左侧的＋号，选择Gizmo以打开Gizmo显示，在Parameters展卷栏中选择Plannar，按下Fit钮，然后按下Bitmap Fit钮，在弹出的对话框中选取木地面材质所用贴图Wood02.tif后回答OK，结果如图3-072所示；在变动堆栈列表中选取UVW Mapping，以关闭Gizmo显示，这样我们就在Top视窗给物体Mudim赋予了一个与贴图Wood02.tif的宽高比相同的平面贴图坐标。

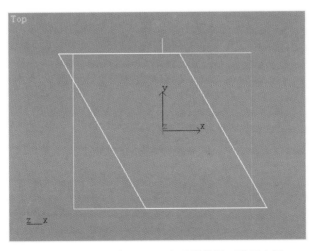

图3-072 给物体Mudim所赋予的平面贴图坐标

(8)下面我们给地灯制作并赋予材质DENG-T(发光材质,赋予地灯上部)和DENG-B(黑色材质,赋予地灯下部柱体)。

在绘图窗口使用选择钮，单击选择地灯物体[Deng]；选择菜单命令Group/Open，将组合物体[Deng]打开；按下按名称选择钮，在弹出的对话框中选择[Deng01]～[Deng11]后按下Select钮；再选择菜单命令Group/Open，将所有被选择的组合物体打开；再次按下按名称选择钮，在弹出的对话框中选择Deng-t01～Deng-t11后按下Select钮，将所有地灯的上部选择，我们先为它们制作并赋予发光材质DENG-T。

在材质编辑器中选择第12个样本球，在其下名称框中设定材质名称为DENG-T，该材质参数设定如下：

着色方式：Blinn

阴影区颜色Ambient：HSV(0，0，210)

过渡区颜色Diffuse：HSV(0，0，230)

高光区颜色Specular：HSV(25，15，255)

高光强度Specular Level：40

高光区域Glossiness：30

自发光度Self-Illumination：30

设定完毕后，按下材质编辑器中的钮，将该材质赋予被选择物体Deng-t01～Deng-t11。

(9)按下按名称选择钮，在弹出的对话框中选择Deng-b01～Deng-b11后按下Select钮，将所有地灯的下部柱体选择，我们为它们制作并赋予普通黑色材质DENG-B。

在材质编辑器中选择第13个样本球，在其下名称框中设定材质名称为DENG-B，该材质参数设定如下：

着色方式：Blinn

阴影区颜色Ambient：HSV(0，0，40)

过渡区颜色Diffuse：HSV(0，0，80)

高光区颜色Specular：HSV(25，25，150)

高光强度Specular Level：30

高光区域Glossiness：35

设定完毕后，按下材质编辑器中的钮，将该材质赋予被选择物体Deng-b01～Deng-b11；按材质编辑器右上角的钮将其关闭。

选择菜单命令Group/Close，将所有被选择物体所在的组关闭，重新组合成物体[Deng01]～[Deng11]；再次选择菜单命令Group/Close，将[Deng01]～[Deng11]再次组合为物体[Deng]。

(10)至此地面配景的模型、材质和贴图坐标都已制作完毕，可单击渲染钮对照相机视窗进行渲染，以观察当前场景效果，如图3-073所示；如果有不满意的模型或材质，可反复进行调整、渲染，直到达到满意的效果为止。

图 3-073　当前场景的渲染效果

3.4　相机和灯光的制作与布置

在前面几节我们建立了主体建筑及其所在环境，下面我们就可以先确定场景的透视，然后再以此为参考来建立和布置灯光。

3.4.1　照相机的创建与调整

(1)照相机视窗的创建：点取 🖱/🎥/Standard/Target，在 Top 视窗将光标移到屏幕左下位置，按下左键，向屏幕右上方位置拖动鼠标，拉出照相机图标，最后松开鼠标左键确定建立一个照相机 Camera01；然后在其 Parameters 展卷栏中设置镜头 Lens＝33，勾选 Show Cone 选项，以显示照相机视野棱锥。

激活 Front 视窗，按 H 键，在弹出的对话框中选取 Camera01 和 Camera01.target 后回答 Select；按下移动钮 ⊕ 后，在状态行中使用相对变换坐标钮 💠，设置 Y＝1.65m 后回车，将相机及其目标点同时向上移动1.65m，这样就相当于一个人站立时观察的效果；激活 Perspective 视窗，按下 C 键，则 Perspective 视窗变为 Camera01 视窗，这就是我们所要的透视视窗。

(2)场景透视的调整：激活 Top 视窗，使用移动钮 ⊕，选择并移动 Camera01 和 Camera01.target，使需要着色输出的场景都位于照相机视窗之内；调整完毕的 Camera01 及 Camera01.target 的位置和照相机视窗如图 3-074 所示。

提示：透视方向的选取应注意使画面围绕一个需要重点表现的中心来组织，视线应朝向这个中心，以使重点表现部位位于画面的视觉中心。本例中要表现的重点部位位于建筑的入口附近，因此应将照相机的主要观察范围锁定在这里。

3.4.2　灯光的创建与调整

场景的透视建立以后，就可以围绕当前透视来布置各种灯光，以确定场景各部分的明暗

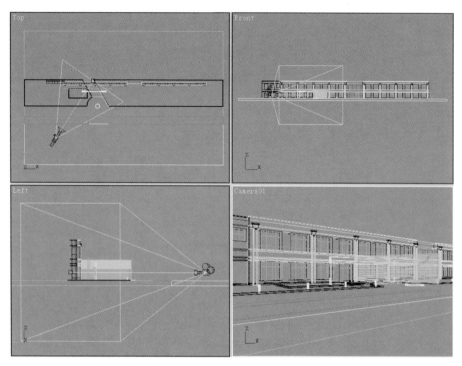

图 3-074　Camera01 和 Camera01.target 及其摆放位置

对比、阴影、反射等关系。室外建筑场景布光较简单，这里我们采用一个平行光来模拟太阳的照射，并产生阴影效果；用一个泛光灯来照亮平行光无法照到的地方，相当于实际场景中的漫反射光(环境光)，以制作出逼真、生动的景观效果。

(1)模拟日光：点取 🔲/🔲/Standard/Target Direct，在Front视窗建立一个自右上向左下照射的直射目标聚光灯(平行光)Direct01；设置其阴影方式为Ray Traced Shadows，颜色为HSV(0，0，255)，在Directional Parameters展卷栏中勾选Show Cone钮，设置Hotspot为150.0m后回车，则Falloff自动变为150.02m；在Shadows Parameters展卷栏中点取Color右侧的颜色块，设置阴影亮度为HSV(0，0，85)；平行光Direct01的参数面板设置如图3-075所示。

在Top视窗，使用移动钮🔲调整平行光Direct01及其目标点到如图3-076所示的位置。

提示：当场景中有了聚光灯，也就可以使用聚光灯视图来观看和着色三维场景了，按Alt+$键，可将一个视窗变为聚光灯(平行光)视窗。聚光灯视图是从光源到目标点看过去的场景视图，它能显示被聚光灯照射的区域。该视图可主要用于观看受该聚光灯影响的物体，并准确地调整聚光灯光束。

(2)模拟环境光：点取 🔲/🔲/Standard/Omni，在Top视窗中单击，产生一个泛光灯Omni01，然后设置其颜色为HSV(0，0，110)；激活Front视窗，使用移动钮🔲，将Omni01向下移动到如图3-077所示的位置。

提示：在Top视窗，Omni01应处在原有墙体[Wall-y]的左上方，以照亮环境中所有物体的侧面，而避免增加原有墙体[Wall-y]的正面亮度。在Front视窗，将Omni01下移是为了使它能照亮环境中所有物体的底面。

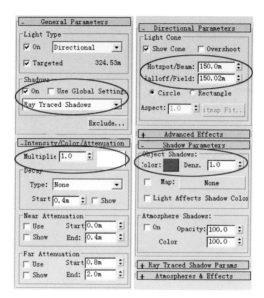

图 3-075 平行光 Direct01 的参数设置

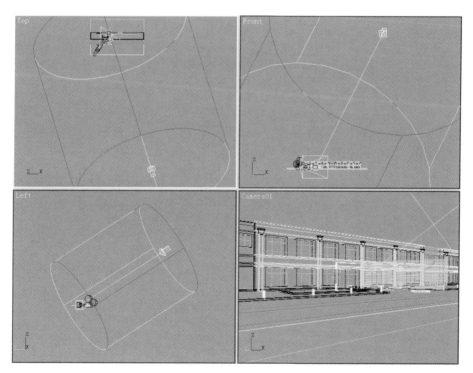

图 3-076 平行光 Direct01 和 Direct01.Target 及其摆放位置

(3)到目前为止,整个场景的模型、材质、相机和灯光等都已初步制作完毕,我们可以渲染一下看看效果如何。激活照相机视窗,选菜单 Rendering/Render 命令,按下 Render 钮可对场景进行着色,最终效果如图 3-078 所示;如果对着色结果感到不满意,可反复进行

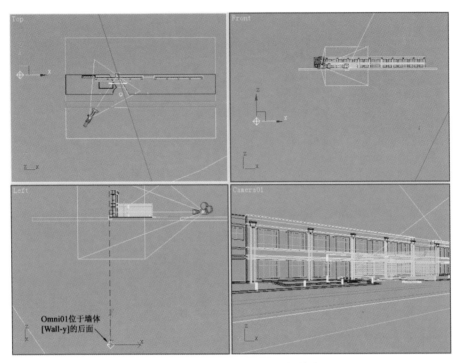

图 3-077　泛光灯 Omni01 及其摆放位置

着色、观察、调试，来纠正或调整一些场景中的设置，以达到预期的效果。当确信在 3DS MAX 中已经获得了最佳的建筑表现效果时，选菜单 File/Save 选项，将调试整理完毕的场景存储为 Shoulou.max，以备将来再次调试、应用。

图 3-078　场景的最终着色效果

3.5 大幅面渲染生成

在整个建筑场景调试完毕，并通过小幅面预渲染达到了满意的效果后，我们就可以进行大幅面的渲染生成了。为便于在Photoshop中进行图像处理，我们往往还需要大幅面渲染生成建筑场景的纯色块渲染图，这样就很容易得到建筑场景中某一部分的选择区域。大幅面渲染生成整个建筑场景及其纯色块渲染图，是整个效果图制作在3DS MAX中进行的最后一步。

3.5.1 大幅面渲染生成场景图像

激活照相机视窗，选择菜单Rendering/Render或按下 钮，则弹出场景着色对话框，其中的参数大多采用缺省设置，如图3-079所示；在Common Parameters展卷栏中的Time Out区选择Single(单帧)，在Output Size区选择Custom着色方式，设置Width=3600，Height=2700，然后在Render Output区按下Files钮，在弹出的对话框中指定目录并输入文件名Shoulou，选择文件格式为TGA，按下"保存"钮，在又弹出的对话框中设置图像属性Bits Per Pixel(每像素位数)为32，采用Compress(压缩)方式存盘，其他选项都不选(如图2-080所示)，然后按下OK钮，再按下Render Scene对话框中的Render钮，则开始进行着色；渲染结果为Shoulou.tga，并被存储到硬盘中，可调入Photoshop中进行后期平面图像处理。

提示：进行大幅面的渲染生成也是使用菜单Rendering/Render命令，但应注意以下几点：

*将场景中所有用到的文件，如贴图、模型、纹理等，都放在该场景文件所在的目录下，这样3DS MAX在渲染时能很容易地搜索到所需的贴图，可提高着色速度，也便于项目文件归档，有利于将来查阅和利用。

*在正式进行大幅面渲染之前，还应确保所有必要的物体都没有被隐藏，各项与渲染有关的参数都已设置正确，磁盘有足够的空间来存放大幅面渲染的中间文件和渲染结果等。在图像的生成过程中，还可在Render Scene对话框中逐项核查场景和渲染的各项参数。如果发现错误，应及时按Esc键退出，待重新设定后再生成，以免浪费时间。

*建议最终渲染输出的图像文件格式选择32Bit、压缩(Compress)的TGA文件，并按图2-080所示的方式存贮场景的渲染图。具有这种属性的TGA图像包含有建筑场景的Alpha通道，在Photoshop中建筑能自动和黑背景分离。

*最终渲染输出图像的宽高像素数应根据效果图的用途、输出到纸上时的幅面以及所用输出设备来设定。比如，所用的输出打印机打印精度在720dpi，如果打印成A4幅面，则输出位图宽度要设在2000点以上时才能产生较好的效果；一般情况下，A3幅面应设在2500点以上；A2幅面设在3000点以上；A1幅面设在3500点以上；A0幅面设在4000点以上时打印效果才会较理想。

*着色场景时一般使用Custom着色方式，4/3的Image Aspect(图像宽高比)和1.0的Pixel Aspect(像素宽高比)。例如在着色场景对话框中当Width设为2800时，Height就应设为2100。但有时根据构图的需要，没有必要非得使图像宽高比为4/3，但像素宽高比一定要保证为1.0。

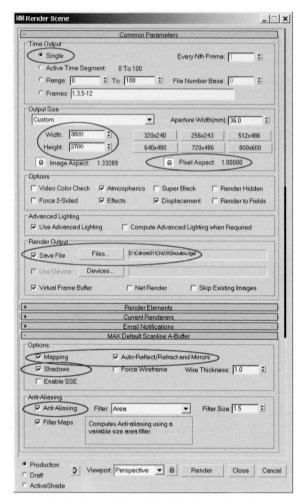

图 3-079　大幅面渲染时的着色参数设置

3.5.2　大幅面渲染生成场景纯色块图像

纯色块图像的生成方法在第 2.2.2 节"主体建筑的整体调整与细部修描"中已进行了介绍，在此我们以本例为蓝本介绍具体的操作步骤。

(1)按 Ctrl+S 键，将调整好模型、材质、相机、灯光和渲染参数的建筑场景覆盖存盘；选择菜单命令 File/Save As，将场景另存为 Shoul-o.max，以防止待会儿修改材质后，不小心覆盖存盘而造成原场景的损失。

(2)按 钮打开材质编辑器，单击第 2 个样本球以选择材质 GLASS-Y，将其改为纯蓝色发光材质，其材质参数定义如下：

着色方式：Blinn

阴影区颜色 Ambient：RGB(0，0，255)(注意此处是 RGB，而不是 HSV)

过渡区颜色 Diffuse：RGB(0，0，255)

高光区颜色 Specular：RGB(0，0，255)

高光强度 Specular Level：0

高光区域 Glossiness：0

自发光度 Self-Illumination：100

由于该材质目前是同步材质，因此场景的玻璃[Glass-y]的材质也做了同步修改。

提示：一个物体如果被赋予了自发光度为100的材质，那么该物体将不受场景中灯光的影响，这样经渲染后该物体表面将没有明暗变化，而只有一种颜色，因此也就便于在Photoshop中用魔棒工具进行选择了。

(3)同样，在材质编辑器中可将以下材质进行修改，结果如图3-080所示：

将材质 WALL-Y 改变为纯红色(RGB 为 255，0，0)发光材质，取消纹理贴图；

材质 WALL-X01 改变为纯黄色(RGB 为 255，255，0)发光材质，取消纹理和凹凸贴图；

材质 WALL-X02 改变为纯青色(RGB 为 0，255，255)发光材质，取消纹理和凹凸贴图；

材质 WALL-X03 改变为纯绿色(RGB 为 0，255，0)发光材质，取消纹理贴图；

材质 DAOLU 改变为纯白色(RGB 为 255，255，255)发光材质；

材质 GRASS 改变为纯粉色(RGB 为 255，0，255)发光材质；

材质 WATER 改变为纯黑色(RGB 为 0，0，0)材质。

修改完毕后，按材质编辑器右上角的 ✕ 钮将其关闭。

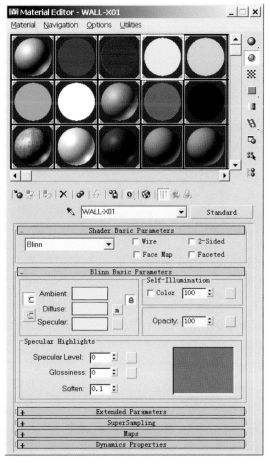

图 3-080　各纯色块发光材质样本球

(4)激活照相机视窗,按下![]钮则弹出场景着色对话框,其中的参数大多采用上一节的渲染参数,如图3-079所示,只是在Render Output区按下Files钮,改变输出的文件名为Shoul-o.tga,并取消Max Default Scanline A-Buffer展卷栏中对Shadow项的勾选,之后按下Render钮,则渲染生成与建筑场景图像尺寸相同的纯色块图像Shoul-o.tga,如图3-081所示,可调入Photoshop中辅助建筑场景渲染图进行平面图像处理。

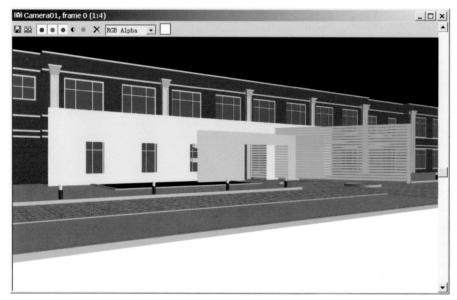

图3-081　建筑场景纯色块渲染图

3.6　建筑场景大幅面渲染图后期图像处理

对3DS MAX着色后的大幅面场景影像进行后期处理是制作电脑效果图的最后一道工序,这直接关系到建筑场景的最终表现效果。我们将整个后期平面图像处理过程分为以下几个环节进行讲解,最后的效果如图3-001所示,电子文件可查看本书配套光盘一中的\Ch03\Shoulou.psd文件。

3.6.1　裁剪图像并粘贴背景天空

(1)启动并进入Photoshop R7.0,选File/Open菜单命令,打开在上一节生成的建筑场景渲染图Shoulou.tga;由于我们在上一节保存了生成图像的Alpha通道,因此建筑场景的背景是透明的,建筑场景图像在图层工作面板中位于图层Layer 0。

单击矩形选取工具![],在其参数行中设置Style为Fixed Size,Width和Height分别为3600px和2265px;在图像外窗口内的左上角点取,将3600×2260Pixels的选区放置在图像中;选择菜单命令Image/Crop,将图像按选择区域进行裁剪,结果如图3-082所示。

由于天空部分较少,选菜单命令Image/Canvas Size,在弹出的对话框中设置Height为2510Pixels,按下垂直向下的箭头后回答OK,则当前图像尺寸变为了3600×2510Pixels,上部透明区域增加了一些,也如图3-082所示。

提示:裁剪对于画面构图十分重要,我们一般应使天和地所占的面积大致相同。

图 3-082　裁剪加高后的场景渲染图 Shoulou.tga

　　(2)选 File/Open 菜单命令，打开一幅彩云图像 Sky-red.jpg；选择菜单命令 Image/Image Size,在弹出的对话框中取消对 Constrain Proportions(保持宽高比例)选项的勾选，然后设置 Width 为 3600Pixels，Height 为 2510 Pixels 后回答 OK，则图像尺寸变为 3600 × 2510Pixels，如图 3-083 所示。

　　选择菜单命令 Image/Adjust/Color Balance，在弹出的对话框中点取 Midtones，将第一行小黑三角向 Cyan(青)移动为 -20，第二行小黑三角向 Green(绿)移动为 +10，第三行小黑三角向 Blue(蓝)移动为 +40；然后点取 Shadow，将第一行小黑三角向 Cyan 移动为 -10，第三行小黑三角向 Blue 移动为 +10，之后按下 OK 钮执行色彩调整；再选择菜单命令 Image/Adjust/Hue&Saturation，在弹出的对话框中将 Saturation 和 Lighting 分别设置为 -30 和 +5 后回答 OK，结果如图 3-083 所示。

　　按 Ctrl+A 键后按 Ctrl+C 键，将彩云图像全部拷贝至剪贴板(内存)；选菜单命令 File/Close，将彩云图像 Sky-red.jpg 窗口不存盘关闭。

图 3-083　改变尺寸及颜色调整后的彩云效果

(3)激活建筑场景图像Shoulou.tga窗口，按Ctrl+V键，将彩云图像粘贴进来，并自动放置在新建图层Layer 1中；在图层工作面板中拖动图层Layer 1到图层Layer 0的下面，结果如图3-084所示。

按Ctrl+T键，则图层Layer 1的变形框出现，将变形框下边中间节点向上移动一些，如图3-084所示，然后在变形框中双击则确认变形，变形框消失，压扁后的彩云图像也如图3-084所示。

由于这时场景图像中包含有了新图层，因此我们选菜单选项File/Save As，将该图像存储为Shoulou.psd。

图3-084　彩云图像变形框及压扁后的场景效果

3.6.2　进行整体颜色调整和局部修饰

(1)整体颜色调整：在图层工作面板中，点击建筑场景图层Layer 0，以激活它；这时整个建筑场景图像显得十分灰暗，为提高画面对比度，选Image/Adjust/Brightness&Contrast菜单命令，在弹出的对话框中将Brightness设置为+5，Contrast设置为+30后回答OK，可将图像明暗度调整得当，结果如图3-085所示。

图3-085　整体颜色调整后的建筑场景效果

(2)粘贴纯色块场景图像：选File/Open菜单命令，打开上一节生成的纯色块场景图像Shoul-o.tga；由于我们在上一节保存了该图像的Alpha通道，因此没有图像的部分是透明的；按Ctrl+A键后按Ctrl+C键，将纯色块场景图像全部拷贝至剪贴板；选菜单命令File/Close，将纯色块场景图像Shoul-o.tga窗口不存盘关闭。

在场景图像Shoulou.psd窗口，按Ctrl+V键，将纯色块场景图像粘贴进来，自动位于新建的图层Layer 2；按住Ctrl键，并配合Shift键，按向下的箭头键将纯色块场景图像与原场景图像完全重合，结果如图3-086所示。

图3-086　粘贴了纯色块图像的场景效果

(3)调整新建墙体的颜色：选取魔棒工具钮，在其参数行中设置Tolerance为16，打开Anti-aliased选项，关闭Contiguous和Use All Layers开关；然后在纯色块图像的纯绿色(新建墙体[Wall-x03]所在的区域)部分单击，则自动出现一个选区，如图3-087所示；在图层工作面板中，点取图层Layer 2左侧的眼睛图标，将纯色块图像隐藏。

在图层工作面板中，点取图层Layer 0以激活它；选择菜单命令Image/Adjust/Brightness&Contrast，在弹出的对话框中将Contrast设置为+15后回答OK，将绿色木栅墙的对比度提高一些，结果也如图3-087所示。

图3-087　木栅墙[Wall-x03]选区及调整后的效果

(4)在玻璃上粘贴彩云天空：在图层工作面板中，点取图层 Layer 2 显示并激活纯色块图层；选取魔棒工具钮，在纯色块图像的纯蓝色(玻璃[Glass]所在的区域)部分单击，则自动出现一个玻璃选区，如图 3—088 所示；在图层工作面板中，点取图层 Layer 2 左侧的眼睛图标，将纯色块图像隐藏；选择 Select/Save Selection 菜单命令并回答 OK，则当前选择区域被存储为通道 Alpha 1，以备下面使用。

激活彩云天空图层 Layer 1，按 Ctrl+A 键后按 Ctrl+C 键，将天空全部拷贝至内存；选择 Select/Load Selection 菜单命令，将刚才存储的通道 Alpha 1 调出；激活建筑场景图层 Layer 0，选择菜单命令 Edit/Paste Into，将彩云图像粘贴到玻璃选区中；使用移动工具，按住 Shift 键，将彩云图像向下移动一些；在图层工作面板中，将新粘贴的彩云图层 Layer 3 的不透明度 Opacity 设定为 80%，结果也如图 3—088 所示。

图 3—088　玻璃选区及粘贴彩云图像后的效果

(5)恢复玻璃上的阴影：由于彩云图像的粘贴，玻璃上的阴影和明暗对比变化消失了，需要恢复真实的效果。选择 Select/Load Selection 菜单命令，将通道 Alpha 1 调出；激活建筑场景图层 Layer 0 后按 Ctrl+C 键，将玻璃部分图像拷贝至内存。

激活图层 Layer 3 后按 Ctrl+V 键，将内存中的玻璃图像粘贴进来，由于粘贴前图像中有玻璃选区，因此玻璃图像刚好覆盖了玻璃所在的区域，新粘贴进来的玻璃图像位于图层 Layer 4；在图层工作面板中，将该图层的合成模式改为 OverLay，不透明度改为 80%。

为去掉图层 Layer 4 中的色彩成分，选择 Image/Adjust/Hue Saturation 菜单命令，在弹出的对话框中将 Saturation 项设定为 −100 后回答 OK，这样可去除该层图像中的颜色成分，而只剩下明度成分；选菜单命令 Image/Adjust/Curves，在弹出的对话框中的调节曲线上加入一个节点，并调整该节点的 Input 为 110，Output 为 140 后回答 OK，结果如图 3—089 所示。

图 3-089　玻璃上的阴影恢复及调整后的效果

3.6.3　制作流水和调整水面

(1)制作流水：选择菜单命令 Layer/New/Layer，在图层 Layer 4 之上再新建一个图层 Layer 5，新建流水的操作都将在该图层中进行；选择多边形选择工具🗇，勾选出从水槽到水池流水的范围选区，如图 3-090 所示；选择菜单命令 Select/Feather，在弹出的对话框中设置羽化边缘的宽度为 5Pixels 后回答 OK。

将前景色设置为亮白色 RGB(220，245，255)；选择渐变工具🗔，在其参数行中设置参数成如图 3-090 中的数值，然后在选区中从上到下拉出渐变线；选择菜单命令 Filter/Noise/Add Noise，在弹出的对话框中设定 Amount(噪点量)为 25，Distribution(噪点分布)为 Uniform(噪点平均分布)，并选择 Monochromatic(单色噪点)，然后按下 OK 钮，结果也如图 3-090 所示。

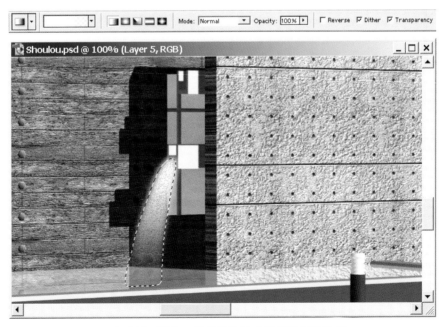

图 3-090　渐变工具参数和流水选区及制作效果

(2)按住 Alt 键，使用移动工具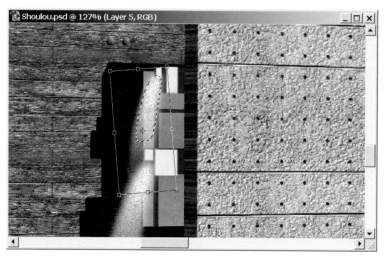，将选区中的流水复制并移动到上面的水槽；然后按 Ctrl+T 键，则变形框出现，如图 3-091 所示；按住 Shift 键，移动变形框左下角的节点，将其按比例缩小为原来的 80% 左右(观察变形参数行中 W 和 H 的数值)；然后再将鼠标移动到变形框的外面，这时鼠标变为旋转图标，将变形框旋转 -5°左右(可观察变形参数行中角度的数值)；最后将鼠标放于变形框中双击确定，执行变形，结果也如图 3-091 所示。

图 3-091　流水变形框及变形效果

(3)为水面加上波纹：选 File/Open 菜单命令，打开一幅水面照片 Water.tif，如图 3-092 所示；选择菜单命令 Image/Image Size，在弹出的对话框中取消对 Constrain Proportions 选项的勾选，然后设置 Width 为 1280Pixels，Height 为 80 Pixels 后回答 OK，则图像尺寸变为 1280 × 80Pixels。

　　按 Ctrl+A 键后按 Ctrl+C 键，将水面图像全部拷贝至内存；选菜单命令 File/Close，将水面照片 Water.tif 窗口不存盘关闭。

图 3-092　水面照片 Water.tif

(4)在图层工作面板中，点取图层 Layer 2 显示并激活纯色块图层；选取魔棒工具钮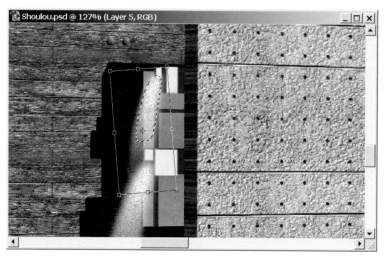，在纯色块图像的纯黑色(水池水面所在的区域)部分单击，则自动出现一个水面选区，如图 3-093 所示；在图层工作面板中，点取图层 Layer 2 左侧的眼睛图标，将纯色块图像隐藏。

激活建筑场景图层Layer 0，选择菜单命令Edit/Paste Into，将水面图像粘贴到当前选区中，并自动位于新建图层Layer 6；在图层工作面板中，将新图层Layer 6的合成模式改为Overlay；为使波纹上小下大，选择Edit/Transform/Flip Vertical菜单命令，将波纹垂直镜像，结果也如图3-093所示。

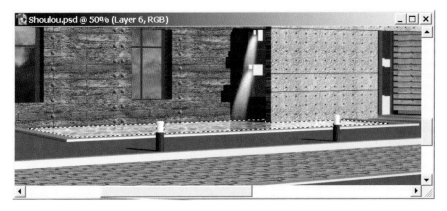

图3-093　水面选区及加上波纹后的水面效果

3.6.4　粘贴拼接草地

(1)选File/Open菜单命令，打开一幅草地照片Grass.tif，如图3-094所示；选择菜单命令Image/Image Size，在弹出的对话框中取消对Constrain Proportions选项的勾选，然后设置Height为600 Pixels，Width不变，之后按下OK钮，则图像尺寸变为1969 × 600Pixels。

按Ctrl+A键后按Ctrl+C键，将草地图像全部拷贝至内存；选菜单命令File/Close，将草地照片Grass.tif窗口不存盘关闭。

图3-094　草地照片Grass.tif

(2)在图层工作面板中，点取图层Layer 2显示并激活纯色块图层；选取魔棒工具钮，在纯色块图像的粉红色(草地所在的区域)部分单击，则自动出现一个选区，如图3-095所示；在图层工作面板中，点取图层Layer 2左侧的眼睛图标，将纯色块图像隐藏。

激活建筑场景图层 Layer 0，选择菜单命令 Edit/Paste Into，将草地图像粘贴到当前选区中，并自动位于新建图层 Layer 7；使用移动钮 ，将草地图像向左移动，使草地左边与窗口左边对齐，并覆盖住左侧的草地区域，结果也如图 3-095 所示。

图 3-095　草地选区及粘贴进来的草地的摆放位置

(3)按住 Alt 键，使用移动钮 ，将草地图像复制为图层 Layer 7 Copy 并向右移动，使草地右边与窗口右边对齐，并覆盖住右侧的草地区域，如图 3-096 所示；为消除两块草地重合处的明显痕迹，选择矩形选择工具 ，在其参数行中设置 Feather 为 30Pixels，然后在图层 Layer 7 Copy 的图像左边附近选择一个方形区域，也如图 3-096 所示，最后按 Del 键将选择区域中的草地边缘删除；由于方形选区设置了羽化边缘，因此图层 Layer 7 Copy 和 Layer 7 中的草地将融合在一起，消除了两块草地明显的拼接痕迹。

图 3-096　复制的草地的摆放位置及羽化选区

(4)为使草地符合当前场景所规定的黄昏时分的效果,草地应与天空的颜色相关联,因此需调整一下粘贴的草地的颜色,使其带有一些环境气氛所要求的黄红色。按 Ctrl+E 键,将图层 Layer 7 Copy 向下合并到图层 Layer 7；选择 Image/Adjust/ Hue Saturation 菜单命令,在弹出的对话框中将 Hue、Saturation 项分别设定为 -15、+15 后回答 OK；选菜单命令 Image/Adjust/Brightness&Contrast,在弹出的对话框中将 Contrast 设置为 +15 后回答 OK,可将图像颜色调整得当,结果如图 3-097 所示。

图 3-097　经颜色调整后的草地效果

3.6.5　粘贴植物并制作其阴影

(1)粘贴调整树木：选 File/Open 菜单命令，打开一个树木贴图 Tree01.psd，这是一个用 Photoshop 预先处理好的图片，如图 3-098 左图所示；由于该图像是 PSD 格式的，有透明背景，因此可按 Ctrl｜A 键后按 Ctrl+C 键，将树木贴图拷贝至内存；选 File/Close 菜单命令，将该图像窗口不存盘关闭。

在 Shoulou.psd 图像窗口，激活图层 Layer 5，按 Ctrl+V 将树木粘贴进来，并自动放置于新建图层 Layer 8 中；选菜单命令 Image/Adjust/Brightness&Contrast，在弹出的对话框中将 Brightness 设置为 −5，将 Contrast 设置为 +10 后回答 OK；选 Edit/Free Transform 菜单命令，按住 Shift 键，将树木按比例缩小一些；使用移动工具▣，移动 Layer 8 中树木贴图，使其位于画面左侧，放置在如图 3-098 右图所示的位置。

提示：在建筑前面的树木应尽可能地透空一些，即树枝叶空隙多些，这样可避免对主体建筑遮挡过多而感觉不透气。另外，树木的明暗面要与阳光的照射方向相一致。

图 3-098　树木贴图 Tree01.psd 及其粘贴后的位置

(2)制作树木阴影：在图层工作面板中激活树木图层Layer 8下面的图层Layer 5，选择菜单命令Layer/Ncw/Layer，新建一个图层Layer 9；然后按住Ctrl键，在图层工作面板中单击图层Layer 8，则树木选区出现。

选择菜单命令Filter/ Eye Candy 3.0/ Perspective Shadow，在弹出的对话框中，设置参数成图3-099中所的数值，然后按下确定钮，则在图层Layer 9中产生了树木阴影；选择菜单命令Select/Deselect，取消选择区域；为使阴影底部与树木底部相对应，按住Ctrl+Shift键，按向上的箭头键，移动阴影使其与树木底部重合，结果如图3-100所示。

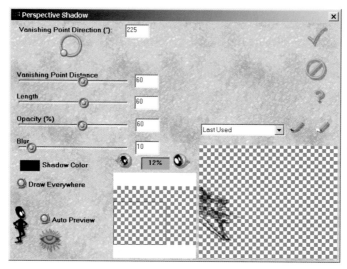

图3-099　Perspective Shadow 对话框中的参数设置

图3-100　通过 Perspective Shadow 滤镜产生的树木阴影效果

(3)粘贴调整灌木：选File/Open 菜单命令，打开一个灌木贴图 Tree02.psd，它已用 Photoshop 处理好，背景是透明的，如图3-101上图所示；按 Ctrl+A 键后按 Ctrl+C 键，将灌木贴图拷贝至内存；选 File/Close 菜单命令，将该图像窗口不存盘关闭。

164

在Shoulou.psd图像窗口，激活图层Layer 8，按Ctrl+V将灌木粘贴进来，并自动放置于新建图层Layer 10中；按Ctrl+T键，则变形框出现；将鼠标移动到变形框的外面，这时鼠标变为旋转图标，将变形框旋转−5°左右(可观察变形参数行中角度的数值)；然后将鼠标放于变形框中双击确定，执行变形；最后使用移动工具 ，移动Layer 10中灌木贴图，使其位于树木的根部，如图3−101下图所示的位置。

选菜单命令Image/Adjust/Brightness&Contrast,在弹出的对话框中将Brightness 设置为+10，Contrast设置为+20后回答OK，将灌木图像明暗对比调整得当，结果也如图3−101下图所示。

图3−101　灌木贴图Tree02.psd及其粘贴后的位置

(4)粘贴木栅墙后面的树木：选File/Open 菜单命令，打开树木贴图 Tree03.psd 和 Tree04.psd，它们都已用 Photoshop 处理好，背景是透明的，如图 3−102 所示；在树木 Tree03.psd 图像窗口，按 Ctrl+A 键后按 Ctrl+C 键，将该树木贴图拷贝至内存；选 File/ Close 菜单命令，将该图像窗口不存盘关闭。

图3−102　树木贴图Tree03.psd和Tree04.psd

(5)在图层工作面板中，点取图层Layer 2显示并激活纯色块图层；选取魔棒工具钮，在纯色块图像的绿色(木栅墙所在的区域)部分单击，则自动出现木栅墙选区；然后按住Shift键，再在青色(水泥墙所在的区域)部分单击，则两个墙面所在的区域均被选择；选择菜单命令Select/Inverse，将选择区域反转；在图层工作面板中，点取图层Layer 2左侧的眼睛图标，将纯色块图像隐藏。

激活图层Layer 10，选择菜单命令Edit/Paste Into，将树木图像粘贴到当前选区中，并自动位于新建图层Layer 11；经过缩小、移动等操作后将其放置在如图3-103所示的位置。

选菜单命令Image/Adjust/Brightness&Contrast，在弹出的对话框中将Brightness 设置为+10，Contrast设置为+20后回答OK；选择Image/Adjust/Hue Saturation菜单命令，在弹出的对话框中将Hue、Saturation项分别设定为-10、+15后回答OK，将树木图像的颜色调整得当，结果也如图3-103所示。

图3-103 树木Tree03.psd的粘贴位置及效果

(6)同样，可将树木Tree04.psd也粘贴进来(位于Layer 12)，经过缩小、移动等操作后将其放置在如图3-104所示的位置；选Image/Adjust/Color Balance菜单命令，在弹出的对话框中点取Midtones，将第一行小黑三角向Red(红)移动为+20后回答OK；选择Image/Adjust/Hue Saturation菜单命令，在弹出的对话框中将Saturation、Lightness项分别设定为+30、-5后回答OK，将树木图像的颜色调整得当，结果也如图3-104所示。

按住Alt键，使用移动工具，移动并复制图层Layer 12为Layer 12 Copy，并把它放置在如图3-104所示的位置。

(7)粘贴前景植物：为平衡画面右侧过多的天空和偏轻的重量，也为了增强画面纵深感，我们需要粘贴一个前景树梢。选择File/Open菜单命令，打开前景植物贴图Tree05.psd，

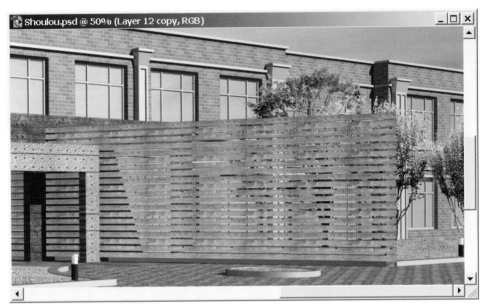

图 3-104　树木 Tree04.psd 的粘贴位置及效果

它已用 Photoshop 处理好，背景是透明的，如图 3-105 上图所示；按 Ctrl+A 键后按 Ctrl+C 键，将植物拷贝至内存；选 File/Close 菜单命令，将该图像窗口不存盘关闭。

在 Shoulou.psd 图像窗口，按 Ctrl+V 键将前景植物粘贴进来(位于图层 Layer 13)；经稍微放大、移动等操作后放置在如图 3-105 下图所示的位置；选菜单命令 Image/Adjust/ Brightness&Contrast，在弹出的对话框中将 Brightness 设置为 +15，Contrast 设置为 +25 后回答 OK；选择 Image/Adjust/Hue Saturation 菜单命令，在弹出的对话框中将 Hue、Saturation 项分别设定为 +5、+15 后回答 OK，可将前景植物的颜色调整得当，结果也如图 3-105 下图所示。

图 3-105　前景植物贴图 Tree05.psd 及其粘贴后的效果

3.6.6　粘贴人物和雕塑并制作其阴影

(1)粘贴木墙后面的人物：在图层工作面板中，点取图层 Layer 2 显示并激活纯色块图层；选取魔棒工具钮■，在纯色块图像的黄色(木板墙所在的区域)部分单击，则自动出现木板墙选区；然后选择菜单命令 Select/Inverse，将选择区域反转；在图层工作面板中，点取图层 Layer 2 左侧的眼睛图标，将纯色块图像隐藏。

选择 File/Open 菜单命令，打开人物贴图 People01.psd 和 People02.psd，它们已用 Photoshop 处理好，背景是透明的，如图 3-106 所示；将它们通过菜单命令 Edit/Paste Into 粘贴到木板墙的后面，经过缩小、镜像、移动、颜色调整等操作后，将它们放置在如图 3-107 所示的位置；选 File/Close 菜单命令，分别将两个人物图像窗口不存盘关闭。

提示：粘贴这两个人物的目的是为了使木板墙与砖墙间脱开，表明这两者之间有一定的间隙。

图 3-106　人物贴图 People01.psd 和 People02.psd

图 3-107　木板墙后面人物的粘贴位置及效果

(2)粘贴门口处的人物：选择 File/Open 菜单命令，打开一个如图 3-108 左图所示的人物贴图 People03.psd，其背景也是透明的；按 Ctrl+A 键后按 Ctrl+C 键，将人物拷贝至内存；选 File/Close 菜单命令，将该图像窗口不存盘关闭。

在 Shoulou.psd 图像窗口，按 Ctrl+V 键将人物植物粘贴进来(位于图层 Layer 16)；经缩小、移动等操作后放置在如图 3-108 右图所示的位置；选菜单命令 Image/Adjust/Brightness&Contrast，在弹出的对话框中将 Brightness 设置为+10，Contrast 设置为+15后回答 OK，可将人物的明度调整得当。

选择菜单命令 Filter/Eye Candy 3.0/Perspective Shadow，在弹出的对话框中，取消对 Draw Everywhere 项的选择，其他参数设置成图 3-099 中所的数值，然后按下确定钮，则在图层 Layer 16 中产生了人物阴影，结果也如图 3-108 右图所示。

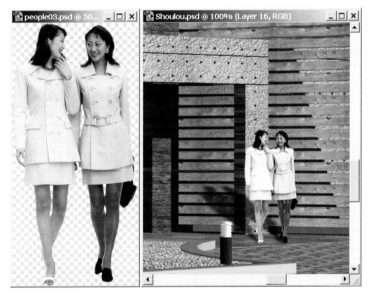

图 3-108　人物贴图 People03.psd 及其粘贴后的效果

(3)粘贴雕塑：选择 File/Open 菜单命令，打开雕塑贴图 Biao.tif，如图 3-109 左图所示，其背景是暗红色，不是透明的，需要选择才能将雕塑提出；选取魔棒工具钮，在暗红色背景部分单击，则所有背景部分都被选择；然后选菜单命令 Select/Inverse，将选择区域反转，则雕塑部分都被选择；按 Ctrl+C 键，将雕塑拷贝至内存；选 File/Close 菜单命令，将该图像窗口不存盘关闭。

在 Shoulou.psd 图像窗口，按 Ctrl+V 键将雕塑粘贴进来(位于图层 Layer 17)；选菜单命令 Image/Adjust/Brightness&Contrast，在弹出的对话框中将 Brightness 设置为+5，Contrast 设置为 +10 后回答 OK；经缩小、移动等操作后放置在如图 3-109 右图所示的位置；选择菜单命令 Filter/Eye Candy 3.0/Perspective Shadow，在弹出的对话框中，取消对 Draw Everywhere 项的选择，将 Opacity 项设置为 50%，Blur 项设置为 5，其他参数设置成图 3-099 中所的数值，然后按下确定钮，则在图层 Layer 17 中产生了人物阴影，结果也如图 3-109 右图所示。

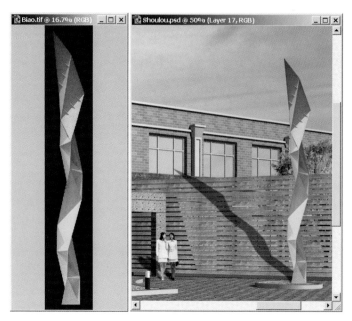

图 3-109 雕塑贴图 Biao.tif 及其粘贴后的效果

3.6.7 调整道路颜色并粘贴汽车和树影

(1)调整道路颜色:在图层工作面板中,点取图层 Layer 2 显示并激活纯色块图层;选取魔棒工具钮,在纯色块图像的白色(道路所在的区域)部分单击,则自动出现道路选区,如图 3-110 所示;在图层工作面板中,点取图层 Layer 2 左侧的眼睛图标,将纯色块图像隐藏,然后点取图层 Layer 17 以激活它。

选菜单命令 Layer/New/Layer,在 Layer 17 之上新建一个图层 Layer 18;将前景色调整为灰黄色 RGB(150,140,125),然后按下渐变工具钮,设置渐变参数成图 3-110 中上部所示的数值,最后在当前选区中从上到下拉出垂直渐变线,结果如图 3-110 下图所示。

图 3-110 渐变参数和道路渐变选区及效果

170

(2)粘贴汽车：选择File/Open菜单命令，打开汽车贴图Car.psd，如图3-111上图所示，其背景是透明的；按Ctrl+A键后按Ctrl+C键，将汽车拷贝至内存；选File/Close菜单命令，将该图像窗口不存盘关闭。

在Shoulou.psd图像窗口，按Ctrl+V键将汽车粘贴进来(位于图层Layer 19)；经缩小、移动等操作后放置在如图3-111下图所示的位置；选Image/Adjust/Color Balance菜单命令，在弹出的对话框中点取Midtones，将第一行小黑三角向Red(红)移动为+40，将第三行小黑三角向Yellow(黄)移动为-50后回答OK；选择菜单命令Filter/Eye Candy 3.0/Perspective Shadow，在弹出的对话框中，取消对Draw Everywhere项的选择，其他参数设置成图3-099中所的数值，然后按下确定钮，则在图层Layer 19中产生了阴影，结果也如图3-111下图所示。

图3-111　汽车贴图Car.psd及其粘贴后的效果

(3)粘贴树影：选择File/Open菜单命令，打开一个植物贴图Tree06.tif，如图3-112所示，其背景是纯蓝色，不是透明的，需要选择才能将植物提出；选取魔棒工具钮，在其工具行中将Tolerance项设置为64，这样可以使树影的空隙变大一些，取消对Contiguous项的勾选，然后在蓝色背景部分单击，则所有背景部分都被选择；然后选菜单命令Select/Inverse，将选择区域反转，则植物部分都被选择；按Ctrl+C键，将植物拷贝至内存；选File/Close菜单命令，将该图像窗口不存盘关闭。

在Shoulou.psd图像窗口，按Ctrl+V键将植物粘贴进来(位于图层Layer 20)；选菜单命令Image/Adjust/Brightness&Contrast,在弹出的对话框中将Brightness和Contrast都设置为−100后回答OK，可将植物变为纯黑色；在图层工作面板中，将图层Layer 20的不透明度Opacity设置为40%；然后经放大、变形、移动等操作后放置在如图3−112所示的位置；选择Filter/Blur/Guassian Blur菜单命令，在弹出的对话框中设置模糊半径为3Pixels后回答OK，结果也如图3−112所示。

图3−112　植物贴图Tree06.tif及粘贴后的树影效果

3.6.8　添加文字

(1)在图层工作面板中，单击Layer 13以激活它；选菜单命令Layer/New/Layer，在Layer 13之上新建一个图层Layer 21；将前景色调整为蓝色RGB(0，0，190)，然后按下文字工具钮[T]，在其状态行中按参数钮[回]，则弹出如图3−113所示的对话框，按图3−113中的数值设置参数后，在水泥墙上单击并输入英文字母"Aolin Spring"；按Ctrl+E键，将蓝色文字图层合并到Layer 21；使用移动工具[▸]，将文字移动到如图3−113所示的位置。

按Ctrl+T键，则文字变形框出现，将变形框上边中间节点向上移动一些，使文字变高一点；选择Edit/Transform/Prespective菜单命令，将变形框右上节点向下移动一些，使文字透视与水泥墙一致，结果也如图3−113所示。

选择Layer/Layer Style/Drop Shadow菜单命令，在弹出的对话框中设置参数成如图3−114所示的数值，然后按下OK钮，结果产生了如图3−113所示的黑色阴影。

(2)同样将文字参数设置成如图3−115所示的数值，然后使用文字工具钮[T]，在木栅墙

172

图 3-113　文字参数对话框及文字最终处理效果

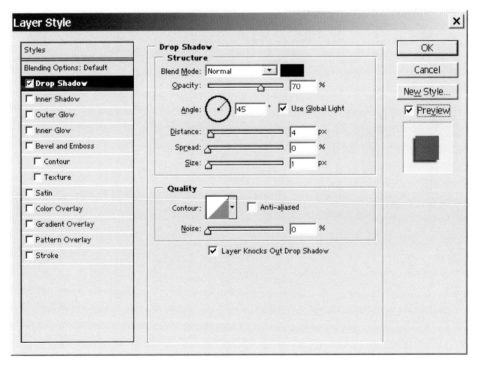

图 3-114　Layer Style/Drop Shadow 对话框及参数设置

上写下汉字"奥林春天"，并放置在如图 3-115 所示的位置；选择 Edit/Transform/Skew 菜单命令，将变形框左边中间节点向下移动一些，使文字整体透视与木栅墙一致；然后选择 Edit/Transform/Prespective 菜单命令，将变形框左上节点向下移动一些，使文字大小与木栅墙的透视关系一致，结果也如图 3-115 所示。

最后选择Layer/Layer Style/Drop Shadow菜单命令，在弹出的对话框中设置Dis-tance为5Px，Size为2Px，其他参数设置成图3-114所示的数值，然后按下OK钮，结果产生了如图3-115所示的黑色阴影。

图3-115　文字参数对话框及文字最终处理效果

(3)按Ctrl+S键，将Shoulou.psd文件覆盖存盘。还可以选择File/Save As，在弹出的对话框中选择Tif格式，取消对Alpha Channels和Layers选项的勾选，设置文件名为Print后按下"保存"钮，在又弹出的对话框中选择LZW压缩方式后回答OK，则图像被存储为Print.tif，在该文件中图层会自动合并，通道消失。至此整个售楼处设计方案效果图制作完毕，最终效果如图3-001所示，下面我们就可到打印机上进行打印了。

第四章

逐步制作某办公楼效果图

如图4-001所示，这是一幅办公楼外观设计效果图，主体建筑表现得有一定气势和体量感，虽然比较复杂，但有了上一章的基础，制作它并不十分困难。在本例中我们主要学习各种建模技术、材质及其贴图的设定技巧，以及相机、灯光的布置与环境反射的处理技法，最后再通过Photoshop合成各种配景来完成效果图，以期使读者在制作技术上能再有所提高。

该办公楼从其整体结构可以划分为4个部分：底座建筑、主体建筑、顶部建筑、环境建筑，如图4-002所示，其余景物利用Photoshop进行后期处理合成。该售楼处效果图制作过程中的模型、贴图以及过程文件均放在配套光盘一的\Ch04目录下。下面我们依次介绍每一个部分的制作步骤。

图 4-001　办公楼外观设计效果图的最终制作效果

图4-002　办公楼建筑场景划分为4个部分

4.1　底座建筑的制作

如图4-002所示，底座建筑主要包括底座墙体、台阶车道、雨篷等，下面我们就首先建立各部分的模型，然后再给模型赋予相应的材质和贴图坐标。

4.1.1　制作底座建筑中的墙体

(1)下面我们来制作底座墙体。启动并进入3DS MAX R5.0，按第2.1.1.1节"直接三维建模"中介绍的方法，设置建模度量系统为Metric(米制)，对象的实际尺寸比例为1单位＝1.0cm。

鼠标点击Front视窗，按Alt+W键使其最大化；点取 🖊/ 🖌/Splines/Rectangle，画出一个任意方形Rectangle01；然后在其右侧面板上的Parameters展卷栏中设置Length=6.1m，Width=20.3m，结果建立一个宽高为20.3m×6.1m的方形；按下视图控制区中的 🔲 钮，将方形Rectangle01充满显示视窗。

同样可再建立一个宽高为2.6m×6.5m的方形Rectangle02；按下快捷命令面板中的对齐钮 🔗，在屏幕中点取方形Rectangle01，在弹出的对话框中勾选X Position和Y Position，Current Object和Target Object都选择Minimum后回答OK，这样就将Rectangle02和Rectangle01在纵横方向上的最小点对齐了；按下移动钮 ✥ 后，在状态行中使用相对变换坐标钮 🔁，设置X=0.7m，Y=−1.0m后回车，将Rectangle02移动到如图4-003所示的位置。

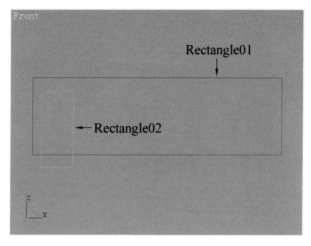

图 4-003　方形 Rectangle01 和 Rectangle02 及其摆放位置

(2)按下移动钮![img]，单击 Rectangle02 以选择它；选择 Tools/Array 菜单命令，将 Rect-angle02 向右进行一维阵列，阵列间距为 3.9m，阵列后的 4 个复制(Copy)物体为 Rectangle03～Rectangle06。

单击选择 Rectangle01，点取![img]钮进入变动命令面板，在 Modifier List 下拉选项中选择 Edit Spline(编辑曲线)；打开 Geometry 展卷栏，按下 Attach 钮，移动鼠标依次点击 Rectangle02～Rectangle06，将它们和 Rectangle01 联结为一个图形 Rectangle01。

按下曲线次物体钮![img]，单击选择原来的方形 Rectangle01，再按下 Gemetry 展卷栏中的 Boolean 钮，按下其右侧中间相减图标(Subtraction 钮)，移动鼠标依次点击 Rectangle02～Rectangle06，则从 Rectangle01 中减去了图形 Rectangle02～Rectangle06，结果如图 4-004 所示；再次按下![img]钮以关闭曲线次物体层级。

在 Modifiers 下拉选项中选择 Extrude，在其下面的 Parameters 展卷栏中设置 Amount=5.0m，将 Rectangle01 直线延展为 5.0m 厚的物体；在 Rectangle01 变动命令面板的顶端名称栏，将 Rectangle01 更名为 Dz-wall01(底座－墙)。

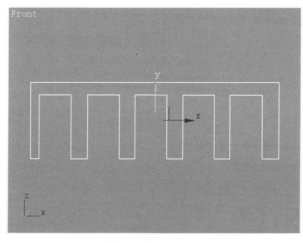

图 4-004　布尔运算后的图形 Rectangle01

(3)在Front视窗，建立一个宽高深为20.3m×0.5m×5.0m的方体Box01；按下对齐钮，在屏幕中点取物体Dz-wall01,在弹出的对话框中勾选X Position和Z Position,Current Object和Target Object都选择Center后按下Apply钮，然后勾选Y Position,Current Object选择Minimum，Target Object选择Maximum后回答OK，结果如图4-005所示。

同样在Front视窗可建立方体Box02和Box03,它们的宽高深分别为18.2m×0.7m×4.7m和18.2m×0.4m×4.7m,使用对齐和移动工具将它们放置在如图4-005所示的位置。

由于Box01～Box03将被赋予同一麻石材质，因此可将它们组合为一个物体；同时选择物体Box01～Box03后选择菜单Group/Group命令，命名组合物体为Dz-wall02。

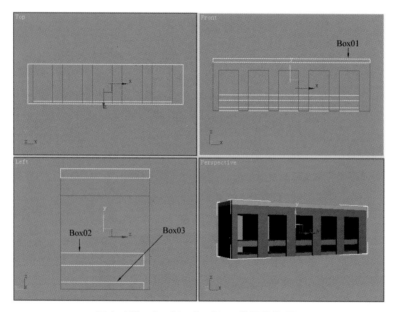

图4-005　Box01～Box03及其摆放位置

(4)在Front视窗，建立一个宽高深为18.2m×0.4m×4.7m的方体Box04，使用对齐和移动工具将它放置在如图4-006所示的位置。

同样在Front视窗再建立一个方体Box05,其宽高深为18.2m×0.05m×4.6m，使用对齐和移动工具将其放置在如图4-006所示的位置；然后使用阵列命令Tools/Array，将Box05向下进行一维阵列，阵列的间距为-0.6m，阵列后的3个关联复制(Instance)物体为Box06～Box08,它们的位置也如图4-006所示。

再在Front视窗建立一个方体Box09,其宽高深为0.1m×5.1m×4.9m,使用对齐和移动工具将其放置在如图4-006所示的位置；使用阵列命令Tools/Array，将Box09向右进行一维阵列，阵列的间距为3.9m，阵列后的4个关联复制(Instance)物体为Box10～Box13，它们的位置也如图4-006所示。

由于Box04～Box13将被赋予同一金属材质，因此可将它们组合为一个物体；同时选择物体Box04～Box13后选择菜单Group/Group命令，命名组合物体为Dz-leng(底座－窗棱)后回答OK。

178

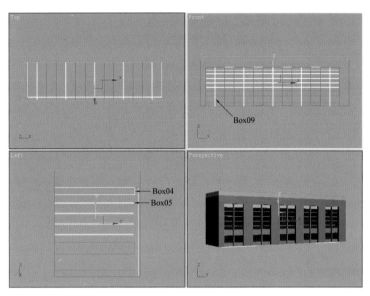

图 4-006 Box04~Box13 及其摆放位置

(5)点取 ▧/◙/Standard Primitives/Pyramid，在 Front 视窗中画出一个任意大小的锥体 Pyramid01，然后在其 Parameters 展卷栏中设置 Width=0.7m，Depth=0.65m，Height=0.2m，其他参数不变；然后使用对齐和移动命令将 Pyramid01 移动到如图 4-007 所示的位置；再使用阵列命令 Tools/Array，将 Pyramid01 向右进行一维阵列，阵列的间距为 3.9m，阵列后的 4 个关联复制(Instance)物体为 Pyramid02~Pyramid05，它们的位置也如图 4-007 所示；最后将 Pyramid01~Pyramid05 组合为物体 Dz-xing(底座-星)。

下面制作一个玻璃物体：点取 ▧/◙/Standard Primitives/Box，在 Front 视窗中画出一个宽高深为 18.2m × 5.1m × 4.5m 的方体 Dz-glass01(底座-玻璃)，将其放置在如图 4-007 所示的位置。

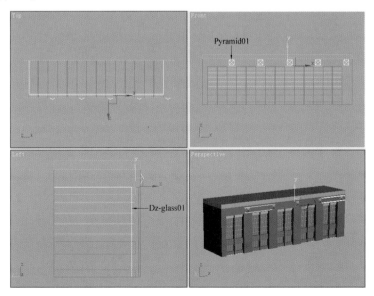

图 4-007 Pyramid01~Pyramid05 和 Dz-glass 及其摆放位置

(6)点取 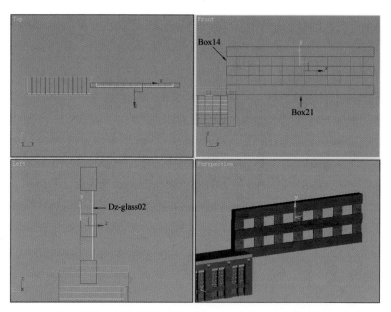//Standard Primitives/Box，在Front视窗中画出一个宽高深为1.8m × 4.8m × 1.05m的方体Box14；将Box14向右进行阵列，阵列间距为3.9m，阵列得到6个实例物体Box15～Box20，如图4-008所示。

再建立一个宽高深为25.2m × 1.6m × 1.2m的方体Box21，并使用对齐工具将其与Box14进行对齐，放置在如图4-008所示的位置；然后将其向上进行阵列，阵列间距为3.2m，阵列得到2个实例物体Box22和Box23，也如图4-008所示。

同时选择Box14～Box23，将它们组合为物体[Dz-wall03]；按下对齐钮，在屏幕中点取物体Dz-wall01，在弹出的对话框中勾选X Position、Y Position和Z Position，Current Object和Target Object都选择Minimum后回答OK；按下移动钮后，在状态行中使用相对变换坐标钮，设置X=-1.6m，Y=-0.8m，Z=1.6m后回车，将[Dz-wall03]移动到如图4-008所示的位置。

再创建一个21.6m × 4.8m × 0.9m的方体Dz-glass02，作为窗玻璃，放置在如图4-008所示的窗洞中。

图4-008　Box14～Box23和Dz-glass02及其摆放位置

(7)下面我们来建立大门及两侧玻璃：点取 /　/Standard Primitives/Box，在Front视窗中画出一个宽高深为25.2m × 3.5m × 0.05m的方体Dz-glass03；使用对齐命令将其移动到如图4-009所示的位置。

点取 /　/Extended Primitives/C-Ext，在Front视窗中画出一个C形物体Dz-mk（底座-门框），其参数设置如图4-010所示；然后使用旋转、对齐和移动命令将Dz-mk放置到如图4-009所示的位置。

再在Front视窗建立一个宽高深为25.2m × 0.05m × 0.05m的方体Box24，使用对齐和移动命令将其放置在Dz-glass03的外面，如图4-009所示的位置；建立一个宽高深为 0.05m × 3.5m × 0.05m 的方体 Box25，使用对齐和移动工具将其放置在如图 4-009 所示的位置；然后再将其向左进行阵列，阵列间距为 -2.0m，阵列得到 10 个实例物体 Box26~Box35，删除其中的 Box29 和 Box31 后也如图 4-009 所示。

按下按名称选择钮 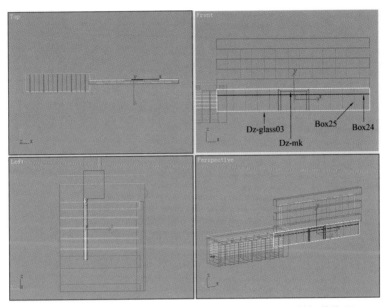，在弹出的对话框中选择 Dz-mk 和 Box24~Box35 后按下 Select 钮，以选择它们；选择菜单 Group/Group 命令，在弹出的对话框中命名组合物体名称为 Dz-ge(底座 - 分格)后回答 OK。

图 4-009　Dz-glass03、Dz-mk 和 Box24~Box35 及其摆放位置

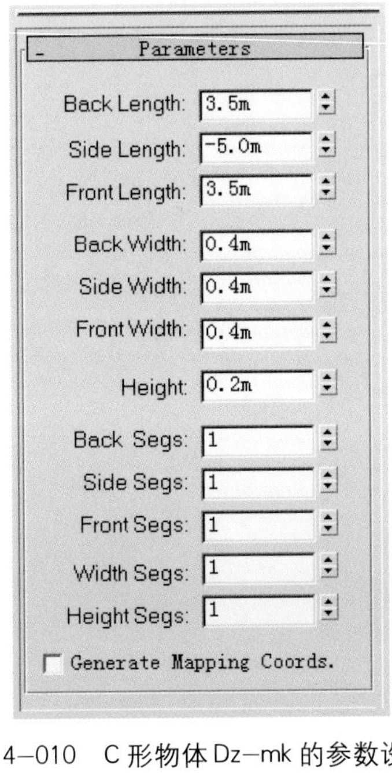

图 4-010　C 形物体 Dz-mk 的参数设置

(8)下面我们先给建好的模型指定材质,然后再镜像复制右侧的墙体。按下按名称选择钮 ᴸ,在弹出的对话框中选择[Dz-ge]、[Dz-xing]和[Dz-leng]后按下Select钮,以选择它们。

按下材质编辑钮⊠,打开材质编辑器;选择第一个样本球,右键单击该样本球,在弹出的菜单选择框中选择5×3 Sample Windows选项,将样本球示例窗显示为三行五列;在第一个样本球名称框中设定材质名称为METAL(金属),将该材质参数设定如下:

着色方式:Metal

阴影区颜色 Ambient:HSV(0, 0, 0)

过渡区颜色 Diffuse:HSV(0, 0, 150)

高光强度 Specular Level:60

高光区域 Glossiness:70

反射贴图 Reflection:100 Metals.tif(如图2-041所示)

在反射贴图Metals.tif参数控制展卷栏中,设置U Tiling=0.75,V Tiling=1.0,勾选U Mirror和V Mirror,设置Blur Offset=0.05,以扩大反射贴图尺寸,增强金属表面明暗变化。设定完毕后,按下材质编辑器中的◢钮,将材质METAL赋给当前被选择物体。

(9)在材质编辑器中选择第二个样本球,为玻璃Dz-glass01～Dz-glass03设定材质GLASS。在此我们先将该材质设定为一个简单的蓝色,在所有玻璃物体和环境都建立之后再将其修改为一个有纹理贴图和环境反射的材质。在第二个样本球名称框中设定材质名称为GLASS(玻璃),将该材质参数设定如下:

着色方式:Blinn

阴影区颜色 Ambient:HSV(150, 70, 150)

过渡区颜色 Diffuse:HSV(150, 70, 190)

高光区颜色 Specular:HSV(150, 30, 220)

高光强度 Specular Level:40

高光区域 Glossiness:45

参数修改完毕后,激活绘图窗口,按H键,在弹出的按名称选择对话框中选取Dz-glass01～Dz-glass03后按下Select钮;按下材质编辑器中的◢钮,将当前材质GLASS赋给被选择物体。

(10)在材质编辑器中选择第3个样本球,为墙体Dz-wall01和[Dz-wall03]设定材质。在名称框中设定材质名称为SHI01(石材),该材质参数设定如下:

着色方式:Blinn

阴影区颜色 Ambient:HSV(0, 0, 0)

过渡区颜色 Diffuse:HSV(0, 0, 0)

高光区颜色 Specular:HSV(12, 50, 220)

高光强度 Specular Level:35

高光区域 Glossiness:40

纹理贴图 Diffuse Color:100 Noise 贴图类型

在Noise贴图参数面板,设置Noise Type为Turbulence(混乱),麻点大小Size=5.0,Color 1#为HSV(12, 100, 210),Color 2#为HSV(12, 120, 80)。设定完毕后,激活绘图窗口,按H键,在弹出的对话框中选取Dz-wall01和[Dz-wall03]后回答Select;按下

材质编辑器中的 🔲 钮，将当前材质 SHI01 赋给被选择的物体。

(11)在材质编辑器中选择第4个样本球，为墙体 Dz-wall02 设定材质。在名称框中设定材质名称为 SHI02，该材质参数设定如下：

着色方式：Blinn

阴影区颜色 Ambient：HSV(0, 0, 0)

过渡区颜色 Diffuse：HSV(0, 0, 0)

高光区颜色 Specular：HSV(12, 30, 230)

高光强度 Specular Level：35

高光区域 Glossiness：40

纹理贴图 Diffuse Color：100 Noise 贴图类型

在 Noise 贴图参数面板，设置 Noise Type 为 Turbulence(混乱)，麻点大小 Size=5.0，Color 1# 为 HSV(12, 100, 255)，Color 2# 为 HSV(12, 120, 140)。设定完毕后，激活绘图窗口，按 H 键，在弹出的对话框中选取 Dz-wall02 后回答 Select；按下材质编辑器中的 🔲 钮，将当前材质 SHI02 赋给被选择的物体；按材质编辑器右上角的 ⊠ 钮将其关闭。

(12)在 Front 视窗，使用选择工具钮 🔦，框选左侧物体 Dz-wall01、[Dz-wall02]、[Dz-xing]、Dz-glass01 和[Dz-leng]，由于这时选择模式处于交叉状态 🔲，因此不必完全框住就可选择到以上物体；选择菜单 Group/Group 命令，在弹出的对话框中命名组合物体名称为 Dz-left(底座-左侧)后回答 OK。

按下镜像钮 🔲，在弹出的对话框中的 Mirror Axis 区选择 X 轴，设置 Offset=42.0m，在 Clone Selection 区选择 Instance 后按下 OK 钮，将[Dz-left]的镜像关联复制物体更名为[Dz-right](底座-右侧)，结果如图 4-011 所示。

为减少物体个数，我们将物体[Dz-wall03]、[Dz-ge]、Dz-glass02 和 Dz-glass03 组合为物体[Dz-mid](底座-中间)。

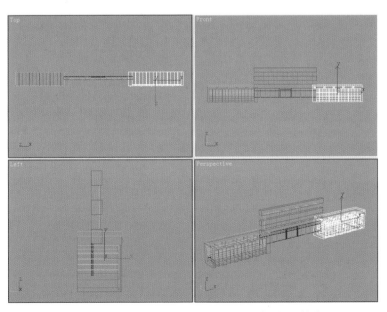

图 4-011　镜像关联复制物体[Dz-right]及其摆放位置

提示：系统初始默认为 Crossing Selection 交叉选择模式，这时用框选对象时，凡在框内的对象，不论是否完整，都将被选择；当按下 钮，将它变为 钮状态，框选对象时只有完全位于框内的对象才能被选择。

4.1.2 制作底座建筑中的台阶和车道

(1)首先建立门前平台和台阶：点取 / /Standard Primitives/Box，在 Top 视窗中画出一个宽高深为 22.0m × 11.6m × 1.8m 的方体 Box29；使用对齐工具将其放置在如图 4-012 所示的位置。

同样，再建立一个宽高深为 5.5m × 2.2m × 2.0m 的方体 Box31，使用对齐和移动工具将其放置在如图 4-012 所示的位置；关联复制 Box31 为 Box49，并将 Box49 放置在右侧同样的位置，也如图 4-012 所示。

再依次创建如图 4-012 所示的方体 Box50~Box60 作为台阶，台阶的高度为 0.15m，宽度为 0.3m；同时选择 Box50~Box60 和 Box29 后，选择 Group/Group 菜单命令，将它们组合为物体 Dz-jie(底座-台阶)；同样将 Box31 和 Box49 组合为物体 Dz-dao(底座-车道)。

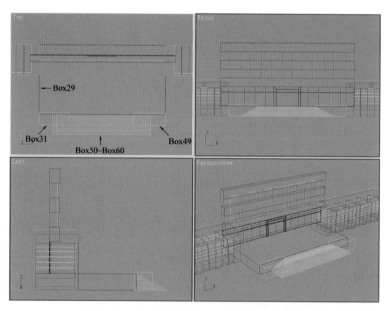

图 4-012　[Dz-jie]和[Dz-dao]及其摆放位置

(2)下面我们详细介绍弯车道的制作：点取 / /Standard Primitives/Box，在 Top 视窗中画出一个宽高深为 20.0m × 6.0m × 1.8m 的方体 Box61，并设置其 Width Segs (水平方向上的段数)为 12，这样可使弯曲时能形成平滑的弧度；同样再建立一个宽高深为 20.0m × 0.2m × 2.0m 的方体 Box62，并把它放置在 Box61 的上方；关联复制 Box62 为 Box63，将其放置在 Box61 的下方，它们的位置如图 4-013 所示。注意 Box62 和 Box63 的 Width Segs 也都被设置为了 12。

单击选择 Box61，点取 钮，进入变动命令面板，在 Modifier List 下拉选项中选择 Edit Mesh，打开 Edit Geometry 展卷栏，按下 Attach 钮，移动鼠标点击 Box62 和 Box63，将它们和 Box61 联结为一个物体 Box61。

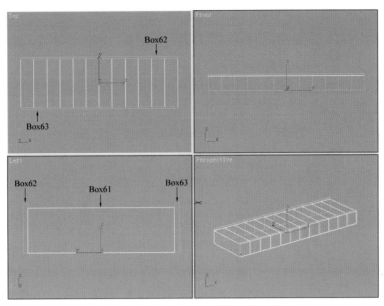

图 4-013　Box61~Box63 及其相对摆放位置

(3)在变动命令面板中，按下 Selection 展卷栏中的节点次物体钮 ，使用选择工具 在 Front 视窗框选 Box61 上部的两行节点；然后在 Modifier List 下拉选项中选择 Skew 变动命令，在变动堆栈列表中打开 Skew 左侧的＋号，选择 Gizmo(变形控制框)以打开 Gizmo 显示；按下对齐钮 ，单击 Box61，在弹出的对话框中勾选 X Position，Target Object 选择 Maximum 后回答 OK，将 Gizmo 的中心与 Box61 的右边对齐，结果如图 4-014 所示。

在 Skew 的 Parameters 展卷栏中设置 Amount 为 −1.8m，并选择 X 轴，结果 Box61 的被选择节点进行了倾斜，也如图 4-014 所示；在变动堆栈列表中选取 Skew，以关闭 Gizmo 显示。

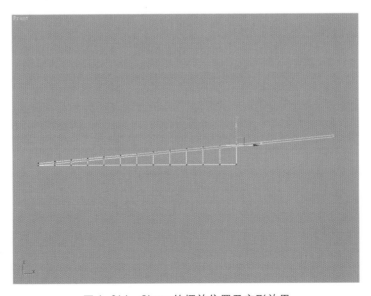

图 4-014　Gizmo 的摆放位置及变形效果

(4)下面我们使用弯曲命令Bend,将倾斜成直斜坡的Box61弯曲成弧形车道。由于Skew变形是针对所选择的节点进行的,因此要进行整个物体的Bend弯曲操作,就必须将Box61塌陷为一个网格物体。

使用移动工具⊕,在Front视窗将光标放置在Box61上,然后按鼠标右键,在弹出的菜单中选择 Convert To/Convert to Editable Mesh命令,则Box61被塌陷为可编辑网格物体;在Modifier List下拉选项中选择Bend变动命令,在Parameters展卷栏中设置Angle(弯曲角度)为50°,Direction(弯曲方向)为90°,并选择弯曲轴向为X轴,结果Box61进行了正确的弯曲,如图4-015所示。

提示:在使用 Bend、Skew 等命令时,要注意弯曲和扭曲的轴向选择以及变形的角度和方向的确定。事实上很多类似的命令,在使用时很难一次就能确定参数,而必须经过试验,多试几次才能找到满意的效果。Bend 弯曲的平滑与否取决于物体在弯曲方向上的段数(Segments),段数越多弯曲得就越平滑,但这也增加模型的复杂度,渲染速度也会变慢,因此不必把段数设的太多。

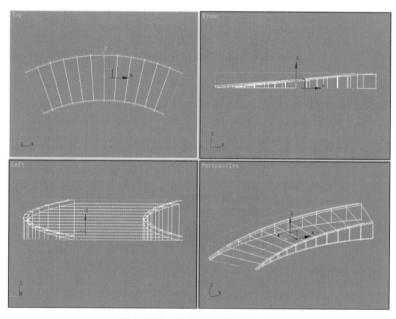

图4-015　弯曲后的物体Box61

(5)按下角度缩定钮△后按下旋转钮↺,在 Top 视窗单击选择Box61,将光标放在旋转变换器的最外圈上(绕 Z 轴),将Box61旋转25°;使用对齐和移动工具将其放置在台阶的左侧,结果如图 4-016 所示。

按下镜像钮⋈,在弹出的对话框中的Mirror Axis区选择 X 轴,设置Offset=42.0m,在 Clone Selection区选择 Instance后按下 OK 钮,将Box61的镜像关联复制物体 Box62放置在台阶的右侧,结果也如图 4-016 所示。

同时选择Box61和Box62,然后选择菜单命令Group/Attach,单击组合物体[Dz-dao],则 Box61 和 Box62 也被收入到组合物体[Dz-dao]中了。

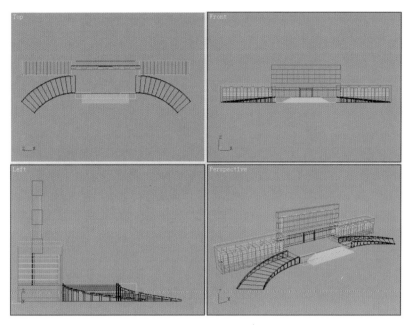

图 4-016 Box61 和 Box62 及其摆放位置

提示：菜单命令 Group/Attach 可以使一个或多个物体加入到一个组合物体中；而菜单命令 Group/Detach 可以使一个或多个物体从组合物体中脱离出来。

(6)下面我们给建好的台阶和车道模型指定材质。使用移动钮⬦，单击选择组合物体[Dz-jie]；按下材质编辑钮🎨，打开材质编辑器；选择第三个样本球，则材质SHI01成为当前材质；按下材质编辑器中的🔘钮，将材质SHI01赋给当前被选择物体[Dz-jie]。

(7)在材质编辑器中选择第5个样本球，为车道设定灰色麻石材质。在名称框中设定材质名称为SHI03，该材质参数设定如下：

着色方式：Blinn

阴影区颜色 Ambient：HSV(0，0，0)

过渡区颜色 Diffuse：HSV(0，0，0)

高光区颜色 Specular：HSV(0，0，230)

高光强度 Specular Level：35

高光区域 Glossiness：40

纹理贴图 Diffuse Color：100 Noise 贴图类型

在 Noise 贴图参数面板，设置 Noise Type 为 Turbulence(混乱)，麻点大小 Size=5.0，Color 1# 为 HSV(0，0，220)，Color 2# 为 HSV(0，0，100)。设定完毕后，在绘图窗口单击选择组合物体[Dz-dao]，然后按下材质编辑器中的🔘钮，将当前材质SHI03赋给它；按材质编辑器右上角的❌钮将其关闭。

4.1.3 制作底座建筑中的圆柱和雨篷

(1)首先建立四个圆柱：点取 ▣/◉/Standard Primitives/Cylinder，在 Top 视窗中画

出一个圆柱 Cylinder01，设置其半径 Radius 为 0.4m，高 Height 为 11.0m，底面边数为 18，并勾选 Smooth 项；使用对齐和移动工具将它放置到如图 4-017 所示的位置。

使用复制、移动等命令，将 Cylinder01 的三个关联复制圆柱 Cylinder02~Cylinder04 放置在如图 4-017 所示的位置；同时选择 Cylinder01~Cylinder04，将它们组合为物体 [Dz-zhu](底座－圆柱)。

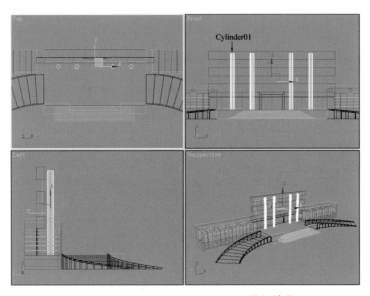

图 4-017　Cylinder01~Cylinder04 及其摆放位置

按下材质编辑钮，打开材质编辑器；选择第一个样本球，则材质 METAL 成为当前材质；按下材质编辑器中的钮，将该材质赋予当前被选择物体 [Dz-zhu]；按材质编辑器右上角的 ×钮将其关闭。

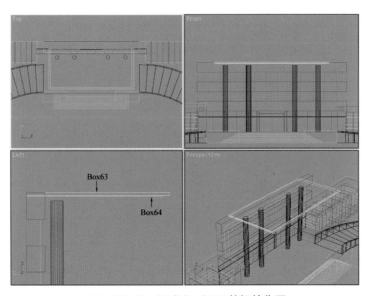

图 4-018　Box63 和 Box64 及其摆放位置

(2)然后建立雨篷：点取 🔧/⚪/Standard Primitives/Box，在 Top 视窗中画出一个宽高深为 19.4m × 9.0m × 0.15m 的方体 Box63；使用对齐工具将其与[Dz-mid]对齐后放置在如图 4-018 所示的位置。

同样，再建立一个宽高深为 18.6m × 8.6m × 0.05m 的方体 Box64，使用对齐和移动工具将其与 Box63 对齐后放置在如图 4-018 所示的位置。

(3)点取 🔧/⚪/Splines/Arc，在 Left 视窗画出一个任意的弧线 Arc01，然后在右侧其参数面板中设置 Radius=14.5m，From=255.0°，To=285.0°；点取 ✏️钮，进入变动命令面板，选择 Edit Spline 变动命令，按下节点次物体钮⚬，在 Geometry 展卷栏中按下 Connect 钮；移动鼠标点击弧线的左侧端点，并按住鼠标左键不放，将光标移动到弧线左侧端点上(这时光标图形发生改变)，松开鼠标左键，可将所选取的这两个端点连接起来；再次点击节点次物体钮⚬，可关闭次物体层级。

再选择 Extrude 变动命令，将 Arc01 直线延展成 18.6m 厚的物体；使用对齐工具将 Arc01 与 Box64 对齐后放置在如图 4-019 所示的位置。

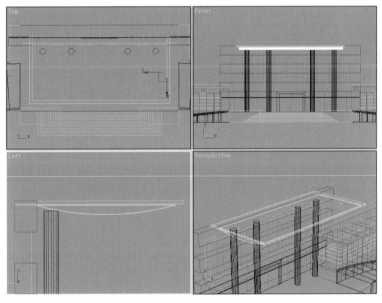

图 4-019　Arc01 及其摆放位置

(4)复制(Copy)Arc01 为 Arc02，点取 ✏️钮进入 Arc02 的变动命令面板，在变动堆栈中选择 Edit Spline，按下线段次物体钮⚬，单击选择曲线 Arc02，在 Geometry 展卷栏中按下 Outline 钮，在其右侧输入框输入 -0.01m 后回车，结果 Arc02 的外框出现，如图 4-020 所示；再按⚬钮，以关闭次物体；在变动堆栈中选择 Extrude，然后将延展厚度 Amount 改为 0.01m。

在 Top 视窗使用阵列命令 Tools/Array，将 Arc02 向左进行阵列，阵列的间距设为 2.0m，关联阵列的个数设为 9，阵列后得到物体 Arc03 ～ Arc10；同时选择 Arc02 ～ Arc10，将它们向左移动 1.7m，结果也如图 4-020 所示。

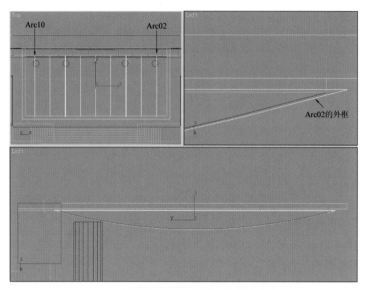

图 4-020 Arc02 的外框和 Arc02~Arc10 及其摆放位置

(5)在 Left 视窗，同时选择 Box63~Box64 和 Arc01~Arc10，按下移动钮⊞，将被选择物体向下移动 6.0m；然后右键点取角度锁定钮◢，则弹出锁定控制对话框，设置其中的 Angle(角度变化量)为 1.0°，然后按对话框右上角的⊠钮将其关闭；按下旋转钮◔，将被选择物体绕 Z 轴旋转 -13°，结果如图 4-021 所示。

点取◥/◎/Standard Primitives/Cylinder，在 Top 视窗中画出一个圆柱 Cylinder05，设置其半径 Radius 为 0.04m，高 Height 为 6.0m，底面边数为 12，并勾选 Smooth 项；按下旋转钮◔，在 Left 视窗将 Cylinder05 绕 Z 轴旋转 65°；使用移动工具将它放置到如图 4-021 所示的位置；使用复制、移动等命令，将 Cylinder05 的三个关联复制圆柱 Cylinder06~Cylinder08 放置在如图 4-021 所示的位置。

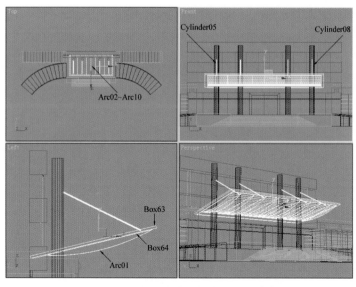

图 4-021 组成雨篷的各物体及其摆放位置

(6)同时选择 Cylinder05～Cylinder08、Box63～Box64 和 Arc01，然后按下材质编辑钮，打开材质编辑器；选择第一个样本球，则材质 METAL 成为当前材质；按下钮，将材质 METAL 赋予当前被选择物体。

在材质编辑器中选择第6个样本球，在名称框中设定材质名称为 HEI(黑色)，该材质参数设定如下：

着色方式：Blinn

阴影区颜色 Ambient：HSV(0，0，50)

过渡区颜色 Diffuse：HSV(0，0，100)

高光区颜色 Specular：HSV(0，0，150)

高光强度 Specular Level：30

高光区域 Glossiness：40

设定完毕后，按 H 键，在弹出的对话框中选择 Arc02～Arc10 后回答 OK；按下材质编辑器中的钮，将当前材质 HEI 赋给它们；按材质编辑器右上角的钮将其关闭。

同时选择 Box63～Box64、Arc01～Arc10 和 Cylinder05～Cylinder08，将它们组合为一个物体[Dz-yp](底座－雨篷)。

(7)选择 File/Save 菜单命令，在弹出的对话框中指定将要存储的目的磁盘和目录，然后输入文件名 Bgl，按下 Save 钮将当前场景存盘为 Bgl.max。

至此底座建筑的模型和材质都已制作完毕，下面我们通过渲染来看一看这一阶段的制作成果。创建一盏直射灯模拟太阳，一盏泛光灯起辅助光源的作用，一个照相机来观察我们所建立的墙体，最后设置渲染方式为 Blowup，按渲染钮，在照相机视窗确定渲染区域后，按下视窗右下角的 OK 钮进行渲染，结果如图 4-022 所示。

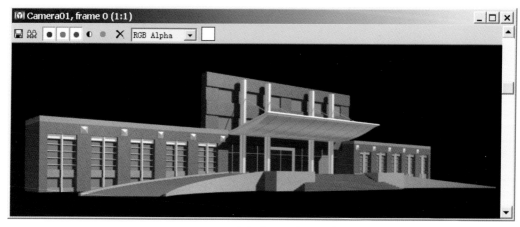

图 4-022 底座建筑渲染后的效果

4.2 主体建筑的制作

如图 4-002 所示，主体建筑主要包括前后三道墙体，下面我们就分别建立这三道墙体的模型，然后再给模型赋予相应的材质和贴图坐标。

4.2.1 制作主体建筑中的第一道墙体

(1)点取 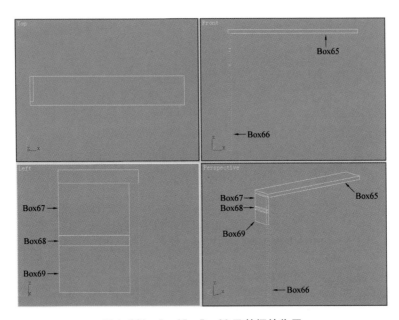 钮，进入显示命令面板，在 Hide 展卷栏中按下 Hide By Name 钮，在弹出的物体名称列表中选取所有物体后按下 Hide 钮，将场景中的所有物体都隐藏起来；由于第一道墙体表面材质变化较多，因此我们采用"搭积木"的方式进行拼接建模。

点取 /Standard Primitives/Box，在 Front 视窗中画出两个方体 Box65 和 Box66，它们的宽高深分别为 27.4m × 0.8m × 5.0m 和 0.6m × 24.1m × 0.6m；使用对齐工具将它们进行对齐操作后，它们的相对位置如图 4-023 所示。

同样，在 Left 视窗再建立两个方体 Box67 和 Box68，它们的宽高深分别为 4.4m × 3.1m × 0.6m 和 4.4m × 0.6m × 0.6m；使用对齐工具将它们放置在如图 4-023 所示的位置。

在 Left 视窗建立一个宽高深为 4.4m × 2.8m × 0.6m 方体 Box69，使用对齐工具将它放置在如图 4-023 所示的位置。

图 4-023　Box65～Box69 及其摆放位置

(2)同时选择 Box65、Box66 和 Box68，然后按下材质编辑钮，打开材质编辑器；选择第 7 个样本球，在名称框中设定材质名称为 BAI(白色)，该材质参数设定如下：

着色方式：Blinn

阴影区颜色 Ambient：HSV(0，0，180)

过渡区颜色 Diffuse：HSV(0，0，210)

高光区颜色 Specular：HSV(0，0，240)

高光强度 Specular Level：30

高光区域 Glossiness：20

设定完毕后，按下材质编辑器中的钮，将当前材质赋给当前被选择物体。

(3)在材质编辑器中选择第 8 个样本球，在名称框中设定材质名称为 QIANH(浅黄色)，该材质参数设定如下：

着色方式：Blinn

阴影区颜色 Ambient：HSV(25，60，190)

过渡区颜色 Diffuse：HSV(25，60，220)

高光区颜色 Specular：HSV(25，40，235)

高光强度 Specular Level：25

高光区域 Glossiness：30

设定完毕后，按 H 键，在弹出的对话框中选择 Box67 和 Box69 后回答 OK；然后按下材质编辑器中的 钮，将当前材质赋给当前被选择物体 Box67 和 Box69；按材质编辑器右上角的 钮将其关闭。

同时选择 Box68 和 Box69，将它们向下进行关联(Instance)阵列复制，阵列的间距为 3.4m，个数为 6，则产生了物体 Box70～Box79；同时选择 Box65～Box79，将它们组合为物体[W01]。

(4)点取 / /Splines/Rectangle，在 Front 视窗画出两个方形 Rectangle01 和 Rectangle02，它们的宽高分别为 2.8m × 3.1m 和 1.2m × 1.8m；使用对齐和移动命令，将 Rectangle02 放置在 Rectangle01 内部，如图 4-024 所示的位置；选择 Rectangle01，点取 钮，进入变动命令面板，选择 Edit Spline 变动命令，在 Geometry 展卷栏中按下 Attach 钮，移动鼠标点击 Rectangle02，将它和 Rectangle01 联结为一个图形 Rectangle01；再选择 Extrude 变动命令，将 Rectangle01 直线延展成 5.0m 厚的物体；使用对齐工具将 Rectangle01 与 Box66 对齐后放置在如图 4-024 所示的位置。

点取 / /Standard Primitives/Box，在 Front 视窗中画出三个方体 Box80、Box81 和 Box82，它们的宽高深分别为 0.6m × 3.1m × 5.0m、0.6m × 0.6m × 5.0m 和 2.8m × 0.6m × 5.0m；使用对齐工具将它们与 Rectangle01 进行对齐操作后，位置如图 4-024 所示。

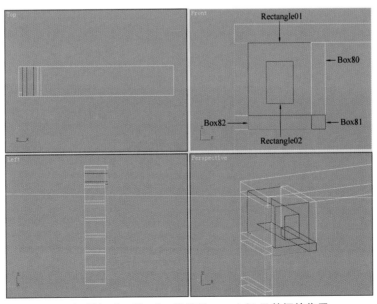

图 4-024　Box80～Box82 和 Rectangle01 及其摆放位置

(5)选择 Rectangle01，按下材质编辑钮，打开材质编辑器；选择第 8 个样本球，则材质 QIANH 成为当前材质；按下材质编辑器中的钮，将该材质赋予当前被选择物体 Rectangle01。

在材质编辑器中选择第 7 个样本球，则材质 BAI 成为当前材质；按 H 键以选择 Box80 和 Box82；按材质编辑器中的钮，将材质 BAI 赋予它们。

在材质编辑器中选择第 9 个样本球，在名称框中设定材质名称为 SHENH(深黄色)，该材质参数设定如下：

着色方式：Blinn

阴影区颜色 Ambient：HSV(25，60，140)

过渡区颜色 Diffuse：HSV(25，60，170)

高光区颜色 Specular：HSV(25，40，190)

高光强度 Specular Level：25

高光区域 Glossiness：30

设定完毕后，按 H 键以选择 Box81；然后按材质编辑器中的钮，将当前材质赋给被选择物体 Box81；按材质编辑器右上角的钮将其关闭。

(6)在 Front 视窗，同时选择 Box80～Box82 和 Rectangle01，然后选择 Edit/Clone 菜单命令，将它们原地复制(Copy)为 Box83～Box85 和 Rectangle02；按下移动钮后，在状态行中使用相对变换坐标钮，设置 Y=-3.7m 后回车，将被选择物体向下移动 3.7m。

单选 Box84，在其变动命令面板中，将其 Length 的值由 3.1m 改为 2.8m；

单选 Rectangle02，在其变动命令面板的变动堆栈中选择 Edit Spline，然后按下节点次物体钮，框选最上面一行节点，将其向下移动 0.3m；再次按下节点次物体钮，以关闭次物体层级；在变动堆栈中选择 Extrude，以恢复延展状态。

使用对齐命令将 Box83～Box85 和 Rectangle02 移动到如图 4-025 所示的位置。

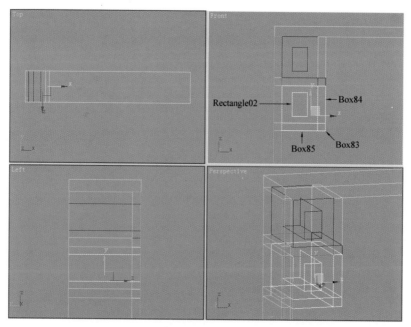

图 4-025　Box83～Box85 和 Rectangle02 及其摆放位置

同时选择 Box80～Box82 和 Rectangle01，将它们组合为物体[W—a01]；同时选择 Box83～Box85 和 Rectangle02，将它们组合为物体[W—a02]。

(7)同样，在 Front 视窗建立如图 4—026 所示的 5 个方体 Box86～Box90，它们的宽高深分别为 3.3m × 0.8m × 5.0m、0.6m × 3.1m × 5.0m、0.6m × 0.6m × 5.0m、3.3m × 0.6m × 5.0m 和 3.3m × 0.5m × 5.0m；使用对齐工具将它们摆放到如图 4—026 所示的位置。

按下材质编辑钮，打开材质编辑器；分别将材质 BAI 赋予物体 Box87 和 Box89，将材质 QIANH 赋予物体 Box86 和 Box90，将材质 SHENH 赋予物体 Box88。

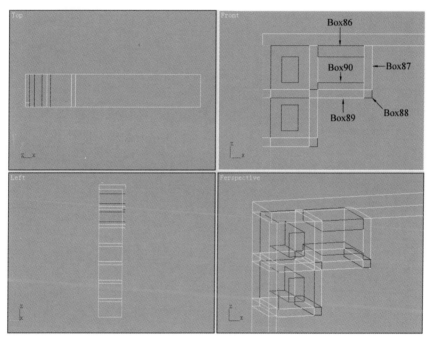

图 4—026　Box86～Box90 及其摆放位置

同时选择 Box86～Box90，将它们组合为物体[W—b01]。

(8)与步骤 4 类似，在 Front 视窗可先建立方形 Rectangle03(宽高为 3.3m × 2.8m)和方形 Rectangle04(宽高为 2.4m × 1.8m)，并将 Rectangle04 置于 Rectangle03 中心位置；然后将两个方形联结为一个图形 Rectangle03；最后延展 Rectangle03 成一个 5.0m 厚的物体。

再建立如图 4—027 所示的 3 个方体 Box91～Box93，它们的宽高深分别为 0.6m × 2.8m × 5.0m、0.6m × 0.6m × 5.0m 和 3.3m × 0.6m × 5.0m；使用对齐工具将它们摆放到如图 4—027 所示的位置。

按下材质编辑钮，打开材质编辑器；分别将材质 BAI 赋予物体 Box91 和 Box93，将材质 QIANH 赋予物体 Rectangle03，将材质 SHENH 赋予物体 Box92。

同时选择 Box91～Box93 和 Rectangle03，将它们组合为物体[W—c01]。

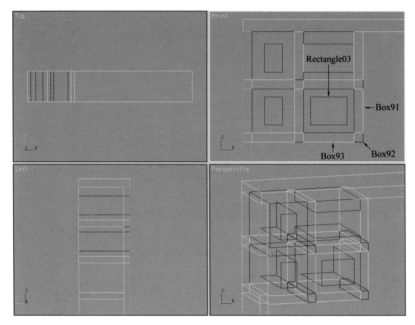

图 4-027　Box91~Box93 和 Rectangle03 及其摆放位置

（9）下面我们通过阵列来制作第一道墙体。在 Front 视窗，单选组合物体[W-a02]，选择菜单命令 Tools/Array，将[W-a02]向下进行关联(Instance)阵列，阵列间距为 3.4m，阵列个数为 6，阵列得到的关联物体为[W-a03]~[W-a07]。

同样，单选组合物体[W-b01]，将它向右进行关联(Instance)阵列，阵列间距为 3.9m，阵列个数为 6，阵列得到的关联物体为[W-b02]~[W-b06]。

单选组合物体[W-c01]，然后选择菜单命令 Tools/Array，将它进行二维阵列，阵列参数设置如图 4-028 所示，阵列得到的关联物体为[W-c02]~[W-c36]；删除[W-c29]~[W-c30]和[W-c35]~[W-c36]后如图 4-029 所示。

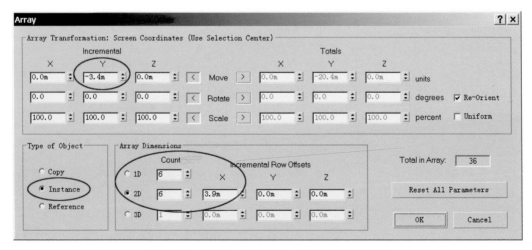

图 4-028　将[W-c01] 进行二维阵列的参数设置

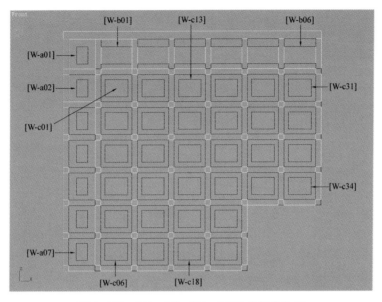

图 4-029 [W-a01]~[W-c34]及其摆放位置

(10)单选[W-c31]，将它向右进行关联(Instance)阵列，阵列间距为3.9m，阵列个数为3,阵列得到的关联物体为[W-c35]和[W-c36]；单选[W-c36],选择菜单命令Group/Open,打开组合物体[W-c36]，然后删除其右侧的两个方体；再单选[W-c36]下面的一个方体，选择菜单命令Group/Close，可关闭组合物体[W-c36]。

同时选择[W-c35]和[W-c36],在Front视窗将它们向下进行关联(Instance)阵列，阵列间距为3.4m，阵列个数为4,阵列得到的关联物体为[W-c37]和[W-c42],结果如图4-030所示。

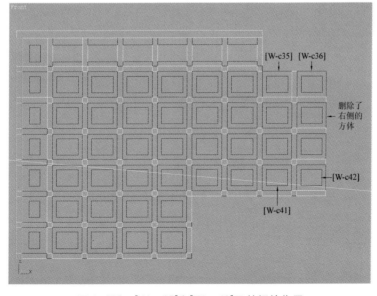

图 4-030 [W-c35]和[W-c42]及其摆放位置

(11)同时选择[W01]、[W-a01]～[W-a07]、[W-b01]～[W-b06]和[W-c01]～[W-c34]，按下镜像钮▥，在弹出的对话框中的 Mirror Axis 区选择 X 轴，设置 Offset=50.0m，在 Clone Selection 区选择 Instance 后按下 OK 钮；为便于对齐操作，将关联复制得到物体组合为物体[Group01]；将[Group01]的左边与组合物体[W-c42]的左边对齐，结果如图4-031所示。

选择菜单命令 Group/Ungroup，解除物体[Group01]的组合状态；全选当前窗口中的所有物体，将它们组合为物体[Zt-Wall01](主体建筑－墙体)。

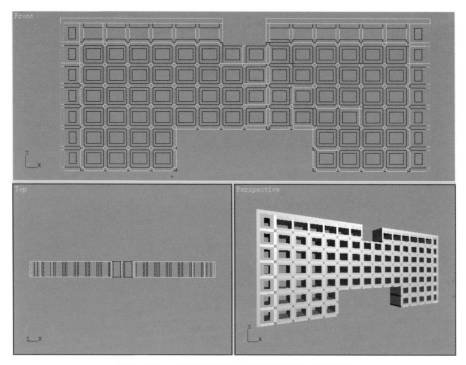

图4-031　镜像复制组合后的墙体[Zt-Wall01]

(12)点取▣钮，进入显示命令面板，在 Hide 展卷栏中按下 Unhide All 钮，将所有被隐藏物体都显示出来。

在 Front 视窗，单击选择[Zt-wall01]；按下对齐钮✅，按 H 键，在弹出的对话框中选取[Dz-mid]后回答 Pick，在又弹出的对齐对话框中勾选 X Position，Current Object 和 Target Object 都选择 Center 后按下 Apply 钮；勾选 Y Position 和 Z Position，Current Object 和 Target Object 都选择 Minimum 后回答 OK；在状态行中使用相对变换坐标钮▣，设置 Y=3.8m，Z=-1.8m 后回车，将[Zt-wall01]移动到如图4-032所示的位置。

点取▣钮，进入显示命令面板，在 Hide 展卷栏中按下 Hide Unselected 钮，将所有未被选择(除[Zt-wall01]外)的物体都隐藏起来。

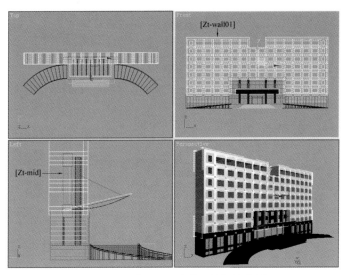

图 4-032　[Zt-wall01]及其摆放位置

(13)下面在拼装好的墙体[Zt-wall01]的窗洞后面，制作一个玻璃物体。选择菜单命令Customize/Grid and Snap Settings(栅格和捕捉设置)，在弹出的对话框中打开Snap页面，仅勾选其中的Endpoint(端点)项，然后按该对话框右上角的区钮将其关闭；按下快捷工具面板中的钮，以打开二维半捕捉。

最大化显示Front视窗，然后按下钮，将视图充满视窗显示；点取//Splines/Line，在Creation Method展卷栏的Initial Type区，选择Corner项，然后将鼠标移动到各个窗洞附近的物体端点处，可见光标会捕捉到这些端点，按鼠标左键依次建立一条如图4-033所示的曲线Line01，并将曲线Line01的首尾闭合。

点取钮，进入变动命令面板，选择Extrude变动命令，将Line01延展为4.85m厚的物体；使用对齐命令，将Line01与墙体[Zt-wall01]在Z方向上的最小点对齐，结果也如图4-033所示；最后将Line01更名为Zt-glass01(主体－玻璃)。

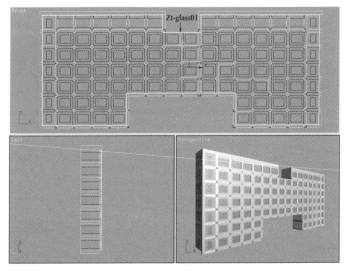

图 4-033　Zt-glass01 及其摆放位置

提示：捕捉是3DS MAX中精确建模的工具之一，如果使用了捕捉功能，只要把鼠标移动到所需要的部位(如节点 Vertex、中点 Midpoint、端点 Endpoint)附近，鼠标就会自动处于所需要的地方，非常便于快速、准确地建立模型。

(14)下面我们来建立第一道墙体窗洞中的窗棱。点取 📷/ 🔘/Standard Primitives/Box，在Front视窗中画出三个方体 Box215、Box216 和 Box217，它们的宽高深分别为 22.8m × 0.075m × 0.05m、0.075m × 22.2m × 0.05m 和 0.45m × 0.075m × 0.05m；使用对齐和移动工具将它们放置在如图4-034所示的位置。

关联复制 Box216 为 Box218，并将 Box218 放置于 Box216 的右侧如图4-034所示的位置；同样关联复制 Box217 为 Box440，并将 Box440 放置于 Box218 的右侧，也如图4-034所示。

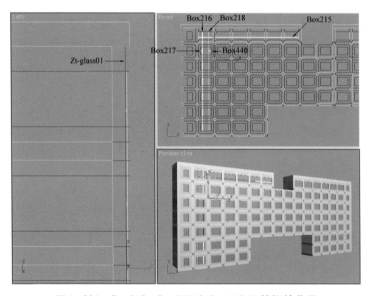

图4-034　Box215～Box218 和 Box440 及其摆放位置

(15)在 Front 视窗，经过阵列、移动、镜像等操作，将窗棱分布到各个窗洞后，结果如图4-035所示；按下按名称选择钮 📇，选择除[Zt-wall01]和 Zt-glass01 外的所有 Box 物体后回答 OK；然后选择菜单命令 Group/Group，将窗棱物体组合为[Zt-leng01](主体-窗棱)。

按下材质编辑钮 📇，打开材质编辑器；选择第10个样本球，在名称框中设定材质名称为 SHENHE(深褐色)，该材质参数设定如下：

着色方式：Blinn
阴影区颜色 Ambient：HSV(15，80，50)
过渡区颜色 Diffuse：HSV(15，80，80)
高光区颜色 Specular：HSV(15，40，120)
高光强度 Specular Level：30
高光区域 Glossiness：25

设定完毕后，按材质编辑器中的 📇 钮，将该材质赋给被选择物体[Zt-leng01]；按材质编辑器右上角的 ✕ 钮将其关闭。

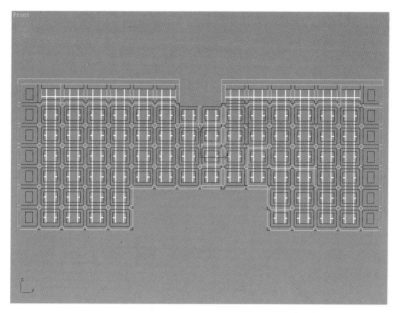

图 4-035　窗棱在各个窗洞中的分布图

(16)点取 图 钮，进入显示命令面板，在 Hide 展卷栏中按下 Unhide All 钮，将所有物体都显示出来；按下 图 钮，将所有视图都充满视窗。

至此主体建筑的第一道墙体制作完毕，可单击渲染钮 图 对照相机视窗进行渲染，以观察当前场景效果，结果如图 4-036 所示；如果有不满意的模型或材质，可反复进行调整、渲染，直到达到满意的效果为止。

图 4-036　第一道墙体制作完毕后的渲染效果

4.2.2 制作主体建筑中的第二道墙体

(1)点取 ▨/◩/Splines/Arc，在Top视窗画出一个弧形Arc11，设置弧形的半径Radius为120m，起点(From)从250°，终点(To)到290°，并勾选Pie Slice以形成封闭图形，如图4-037所示。

点取 ▨/◩/Splines/Rectangle，建立一个宽高为65.0m × 10.0m 的方形Rectangle04；使用对齐工具将Rectangle04与Arc11在水平方向上中心点对齐，在垂直方向上最小点对齐；然后将Rectangle04向下移动2.0m，结果也如图4-037所示。

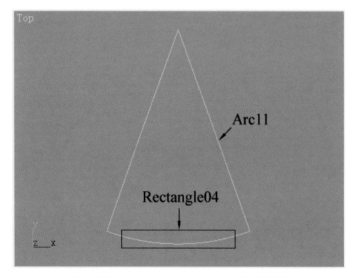

图4-037 Rectangle04和Arc11及其摆放位置

(2)单击选择图形Arc11，点取 ◩ 钮进入变动命令面板，选择Edit Spline变动命令，按下Attach钮，点取Rectangle04将它和Arc11联结为一个图形Arc11；点取曲线次物体钮 ⌒，单击选择原来的弧形Arc11，再按下Gemetry展卷栏中的Boolean钮，按下其最右侧的交集图标(Intersection钮)，移动鼠标点击Rectangle04，则只剩下了Rectangle04和Arc11的重叠部分，如图4-038所示；再次按下 ⌒ 钮以关闭曲线次物体层级；在Modifiers下拉选项中选择Extrude，在其下面的Parameters展卷栏中设置Amount=0.6m，将Arc11直线延展为0.6m厚的物体。

在Top视窗，按下对齐钮 ◪，然后按H键，在弹出的对话框中选取[Dz-jie]后回答Pick，在又弹出的对话框中勾选X Position，Current Object和Target Object都选择Center后按下Apply钮；勾选Y Position，Current Object选择Minimum，Target Object选择Maximum后按下Apply钮；勾选Z Position，Current Object和Target Object都选择Minimum后回答OK；按下移动钮 ◈ 后，在状态行中使用相对变换坐标钮 ▥，设置Y=−4.6m后回车，将Arc11移动到如图4-038所示的位置。

(3)在Top视窗，单击选择Arc11，选择Edit/Clone菜单命令，将Arc11复制(Copy)为Arc12；点取 ◩ 钮，进入Arc12的变动命令面板，在变动堆栈中选择Edit Spline，按下线段次物体钮 ⌒，单击选择曲线Arc12，在Geometry展卷栏中按下Outline钮，在其右侧

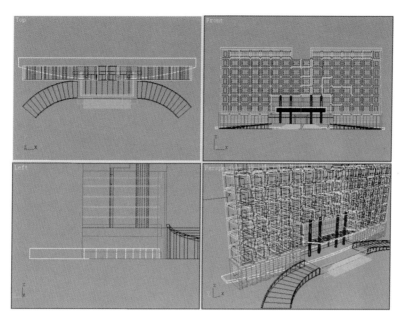

图 4-038　Arc11 及其摆放位置

输入框输入 0.15m 后回车，结果 Arc12 的内框出现；选取 Arc12，按 Del 键将其删除，则只剩下了 Arc12 的内框；再按 钮，以关闭次物体；在变动堆栈中选择 Extrude，然后将延展厚度 Amount 改为 22.5m；按下移动钮 后，在状态行中使用相对变换坐标钮 ，设置 Z=13.0m 后回车，将 Arc12 移动到如图 4-039 所示的位置。

在 Front 视窗，使用对齐工具将 Arc11 与 Arc12 在 Y 方向(垂直方向)的最高点对齐，结果也如图 4-039 所示。

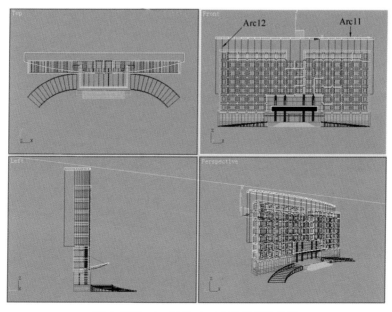

图 4-039　Arc11 和 Arc12 及其摆放位置

(4)点取 回 钮,进入显示命令面板,在 Hide 展卷栏中按下 Hide Unselected 钮,将所有未被选择的物体(除物体 Arc11 外)都隐藏起来。

在 Top 视窗建立一个宽高为 30.0m × 15.0m 的方形 Rectangle04;使用对齐工具将它的中心与 Arc12 底面的中心在纵横两个方向上对齐。

单击选择 Arc12,复制(Copy)它为 Arc13;点取 ✏ 钮,进入 Arc13 的变动命令面板,在变动堆栈中选择 Edit Spline,按 Attch 钮,点取 Rectangle04,将它们联结为一个图形;按下线段次物体钮 ⌃,单击选择曲线 Arc13,按下 Gemetry 展卷栏中的 Boolean 钮,按下其右侧中间相减图标(Subtraction 钮),移动鼠标依次点击 Rectangle04,则从 Arc13 中减去了图形 Rectangle04,结果如图 4-040 所示;再次按下 ⌃ 钮以关闭曲线次物体层级;在变动堆栈中选择 Extrude,然后将延展厚度 Amount 改为 13.0m;按下移动钮 ✛ 后,在状态行中使用相对变换坐标钮 ⬚,设置 Z=-13.0m 后回车,将 Arc13 移动到如图 4-040 所示的位置。

同时选择 Arc12 和 Arc13,将它们组合为物体[Zt-glass02](主体 - 玻璃)。

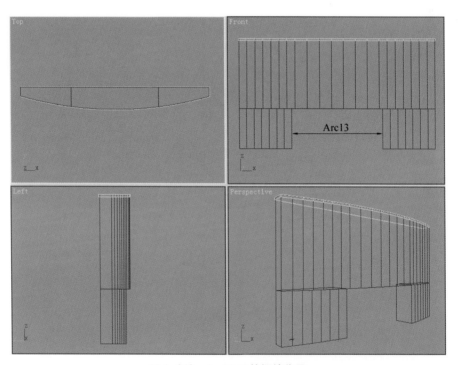

图 4-040　Arc13 及其摆放位置

(5)与制作 Arc13 的操作步骤相同,首先复制 Arc11 为 Arc14,然后对 Arc14 的截面图形进行布尔运算,再恢复延展状态,最后在 Front 视窗,将其向下移动 5.3m,结果如图 4-041 所示。

在绘图窗口中按鼠标右键,在弹出的菜单选项中选择 Unhide by Name 项,在弹出的对话框中选取[Zt-Wall01]后回答 OK;将 Arc14 进行复制、阵列、移动、改变延展高度等操作后，得到物体 Arc15～Arc22，并使这些物体与墙体[Zt-Wall01]中每层的相应位置对齐，结果也如图 4-041 所示。

同时选择 Arc11 和 Arc14～Arc22，将它们组合为物体[Zt-wall02](主体－墙体)。

按下材质编辑钮 ![]，打开材质编辑器；将材质 BAI 赋予物体[Zt-wall02]；将材质 GLASS 赋予物体[Zt-glass02]。

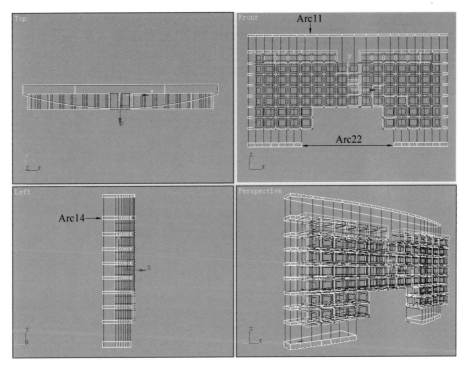

图 4-041　Arc11～Arc22 及其摆放位置

(6)下面我们建立弧形玻璃墙上的横向棱线。选择组合物体[Zt-wall02]，选择菜单命令 Group/Open，将该组合暂时放开；单击选择 Arc11，复制(Copy)它为 Arc23；再选择 Group/Detach 菜单命令，将 Arc23 从物体组合中分离出来；然后再单击选择 Arc11，选择菜单命令 Group/Close，将物体组合[Zt-wall02]关闭。

单击选择 Arc23，点取 ![] 钮进入其变动命令面板，在变动堆栈中选择 Edit Spline，按下线段次物体钮 ![]，单击选择曲线 Arc23，在 Geometry 展卷栏中按下 Outline 钮，在其右侧输入框输入 0.1m 后回车，结果 Arc23 的内框出现；选取 Arc23，按 Del 键将其删除，则只剩下了 Arc23 的内框；再按 ![] 钮，以关闭次物体；在变动堆栈中选择 Extrude，然后将延展厚度 Amount 改为 0.075m；在 Front 视窗，按下移动钮 ![] 后，在状态行中使用相对变换坐标钮 ![]，设置 Y＝－1.5m 后回车，将 Arc23 移动到如图 4-042 所示的位置。

在 Front 视窗，使用复制、移动、阵列等工具，将 Arc23 的 12 个复制物体 Arc24～Arc35 放置在如图 4-042 所示的位置。

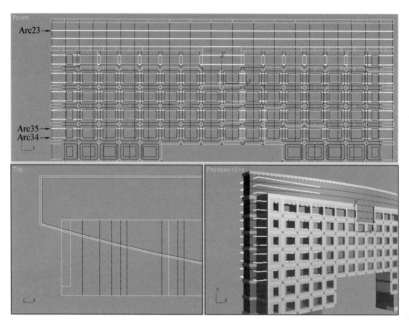

图 4-042　Arc23～Arc35 及其摆放位置

(7)与制作 Arc13 的操作步骤相同，首先复制 Arc35 为 Arc36，然后对 Arc36 的截面图形进行布尔运算，再恢复延展状态，最后在 Front 视窗，将其向下移动 3.4m，结果如图4-043 所示。

在 Front 视窗，使用复制、移动、阵列等工具，将 Arc36 的 6 个复制物体 Arc37～Arc42放置在如图 4-043 所示的位置。

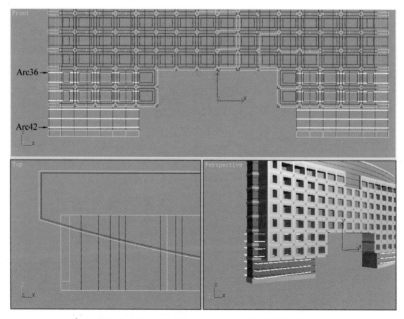

图 4-043　Arc36～Arc42 及其摆放位置

(8)下面我们建立弧形玻璃墙上的竖向棱线。首先在 Top 视窗建立一个宽高深为 0.075m × 0.05m × 23.0m 的方体 Box94；然后按下对齐钮，再按 H 键，在弹出的对话框中选取 [Dz-glass02] 后回答 Pick，在又弹出的对话框中勾选 X Position，Current Object 和 Target Object 都选择 Center 后按下 Apply 钮；勾选 Y Position，Current Object 选择 Maximum，Target Object 选择 Minimum 后按下 Apply 钮；勾选 Z Position，Current Object 和 Target Object 都选择 Maximum 后回答 OK，结果 Box94 处于如图 4-044 所示的位置。

单击 钮，进入层次控制面板，按下 Pivot(轴心) 钮；打开 Adjust Pivot 展卷栏，按下 Affect Pivot Only 钮，此时视图中 Box94 上原来的三向轴位置处出现了三个粗箭头，表示 Box94 当前的坐标轴心及其坐标取向；按下对齐钮，然后移动鼠标点取 Arc12，在弹出的对话框中勾选 X Position、Y Position 和 Z Position，Current Object 和 Target Object 都选择 Pivot Point 后回答 OK，结果 Box94 的轴心与 Arc12 的轴心对齐了，如图 4-044 所示；在 Adjust Pivot 展卷栏，再次按下 Affect Pivot Only 钮以关闭轴心显示。

提示：在 3DS MAX 中，每个对象都有 Pivot(轴心)，在旋转、放缩对象时将以对象的 Pivot 为轴心来进行操作。对象 Pivot 的位置可像上面的操作那样单独进行调整，调整后对象将以新的 Pivot 为中心来进行旋转、放缩等操作。

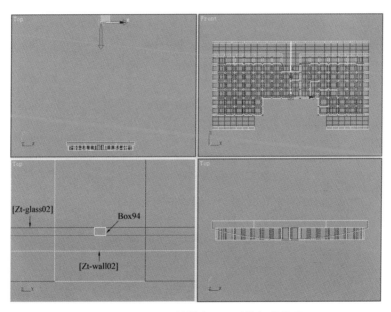

图 4-044　Box94 及其轴心(Pivot)的摆放位置

(9)在 Top 视窗，使 Box94 处于选择状态，选择菜单命令 Tools/Array，将 Box94 进行旋转阵列，旋转的轴心就是上一步骤确定的轴心(Pivot)，旋转的角度增量为 1.15°，阵列的个数为 14，阵列得到的关联复制(Instance)物体为 Box623～Box635；再次选择 Box94，将其进行再次阵列，只将旋转的角度增量改为 -1.15°，则得到另一侧的棱线物体 Box636～Box648，如图 4-045 所示。

同时选择 Arc23～Arc42、Box94 和 Box623～Box648，将它们组合为物体 [Zt-leng02]；按下材质编辑钮，打开材质编辑器，将材质 SHENHE 赋予该组合物体。

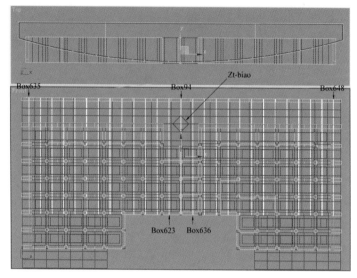

图 4-045 Box623~Box648 和 Zt-biao 及其摆放位置

在 Front 视窗建立一个宽高深为 2.0m × 2.0m × 0.25m 的方体 Zt-biao(主体建筑-标志);然后将其绕 Z 轴旋转 45°;使用对齐、移动工具将其放置在如图 4-045 所示的位置;在材质编辑器中将材质 BAI 赋予该物体;按材质编辑器右上角的 ⊠ 钮将其关闭。

(10)点取 🔲 钮,进入显示命令面板,在 Hide 展卷栏中按下 Unhide All 钮,将所有物体都显示出来;按下 🔳 钮,将所有视图都充满视窗。

至此主体建筑的第二道墙体制作完毕,可单击渲染钮 ⬦ 对照相机视窗进行渲染,以观察当前场景效果,结果如图 4-046 所示;如果有不满意的模型或材质,可反复进行调整、渲染,直到达到满意的效果为止。

图 4-046　第二道墙体制作完毕后的渲染效果

4.2.3 制作主体建筑中的第三道墙体

(1)点取█钮，进入显示命令面板，在 Hide 展卷栏中按下 Hide By Name 钮，在弹出的物体名称列表中选取除[Zt-wall02]和[Zt-glass02]外的所有物体后按下 Hide 钮。

点取█/█/Standard Primitives/Box，在 Top 视窗中画出一个宽高深为 12.0m×1.2m×1.2m 的方体 Box95；使用对齐、移动工具将其放置在如图4-047所示的位置；在 Top 视窗，关联复制 Box95 为 Box96，并将 Box96 向上移动 3.2m。

再创建一个宽高深为 12.0m×1.2m×4.4m 的方体 Box97；使用对齐工具将其放置在如图4-047所示的位置；在 Top 视窗，关联复制 Box97 为 Box98，并将 Box98 向上移动 3.2m，结果也如图4-047所示。

按下材质编辑钮█，打开材质编辑器；将材质 BAI 赋予物体 Box95 和 Box96；将材质 QIANH 赋予物体 Box97 和 Box98；按材质编辑器右上角的█钮将其关闭。

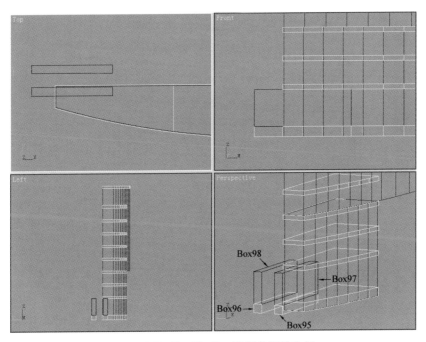

图4-047 Box95～Box98 及其摆放位置

(2)复制(Copy)Box95 为 Box99，并将其 Height 值改为 0.6m，使用对齐工具将其放置在如图4-048所示的位置；在 Top 视窗，关联复制 Box99 为 Box100，并将 Box100 向上移动 3.2m。

同样复制(Copy)Box97 为 Box101，并将其 Height 值改为 2.8m，使用对齐工具将其放置在如图4-048所示的位置；在 Top 视窗，关联复制 Box101 为 Box102，并将 Box102 向上移动 3.2m。

同时选择 Box99～Box102，在 Front 视窗，使用阵列命令 Tools/Array，将它们向上进行关联(Instance)阵列，阵列的间距设为 3.4m，阵列的个数设为 6，阵列后得到物体 Box649～Box668，结果也如图4-048所示。

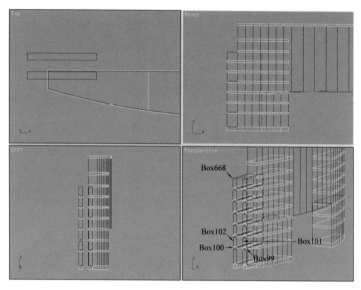

图 4-048　Box99~Box668 及其摆放位置

(3)在 Front 视窗，同时选择 Box665 和 Box666；关联复制它们为 Box669 和 Box670，并将它们向上移动 3.4m。

选择 Box667，复制(Copy)它为 Box671，并将它们向上移动 3.4m，改变其 Height 值为 3.1m；在 Top 视窗，关联复制 Box671 为 Box672，并将 Box672 向上移动 3.2m。

同样，通过复制、对齐、移动、修改参数等操作，可得到如图 4-049 所示的物体 Box673~Box680。

在 Top 视窗，创建一个宽高深为 3.0m × 4.0m × 40.5m 的方体 Box681；使用对齐、移动等工具将其放置在如图 4-049 所示的位置；按下材质编辑钮，打开材质编辑器；将材质 GLASS 赋予该物体；按材质编辑器右上角的 钮将其关闭。

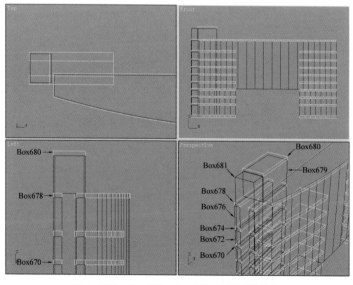

图 4-049　Box669~Box681 及其摆放位置

(4)建立窗棱：首先在 Top 视窗建立一个宽高深为 $3.05m \times 4.1m \times 0.075m$ 的方体 Box682，使用对齐工具将其放置在如图 4-050 所示的位置；按下材质编辑钮 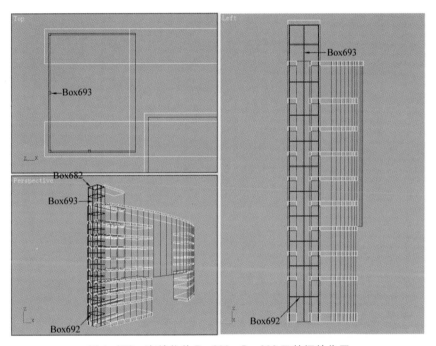，打开材质编辑器；将材质 SHENHE 赋予该物体；按材质编辑器右上角的 ⊠ 钮将其关闭。

在 Front 视窗，关联复制方体 Box682 为 Box683～Box692，并将各复制物体向下移动，最后各物体位置如图 4-050 所示。

再在 Top 视窗建立一个宽高深为 $0.075m \times 0.075m \times 40.5m$ 的方体 Box693，使用对齐工具将其放置在如图 4-050 所示的位置，并将材质 SHENHE 赋予它；关联复制方体 Box693 为 Box694～Box696，并将各复制物体移动到如图 4-050 所示的位置。

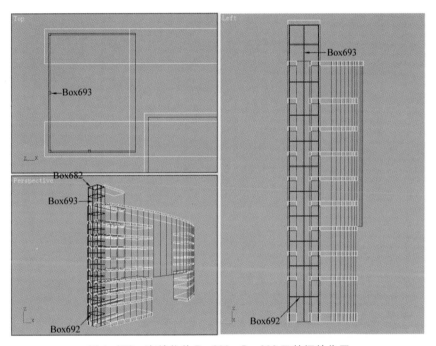

图 4-050　窗棱物体 Box682～Box696 及其摆放位置

(5)镜像复制：同时选择 Box95～Box680，然后按下镜像钮 🔲，在弹出的对话框中的 Mirror Axis 区选择 X 轴，设置 Offset=59.85m，在 Clone Selection 区选择 Instance 后按下 OK 钮，将被选择的物体镜像关联复制为 Box697～Box736，并放置在建筑的右侧，结果如图 4-051 所示；使用按名称选择工具 🔝，同时选择 Box95～Box680 和 Box697～Box736，将它们组合为物体[Zt-wall03](主体建筑-第三道墙体)。

同样经过镜像关联复制，将所有左侧窗棱物体 Box682～Box696 和右侧复制窗棱物体 Box737～Box751 组合为物体[Zt-leng03](主体建筑-第三道墙体窗棱)。

最后镜像关联复制玻璃物体 Box681 为 Box752，并放置建筑右侧，如图 4-052 所示的位置；同时选择 Box681 和 Box752，将它们组合为物体[Zt-glass03](主体建筑-第三道墙体玻璃)。

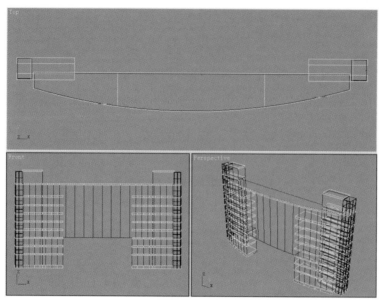

图 4-051　镜像复制的第三道墙体的右侧

(6)简单渲染：点取  钮，进入显示命令面板，在 Hide 展卷栏中按下 Unhide All 钮，将所有物体都显示出来；按下█钮，将所有视图都充满视窗。

至此主体建筑的第三道墙体制作完毕，按 Ctrl+S 键，将场景覆盖存盘；在快捷命令面板中设置渲染方式为 Blowup，按渲染钮█，在照相机视窗确定渲染区域后，按下视窗右下角的 OK 钮进行渲染，结果如图 4-052 所示。如果有不满意的模型或材质，可反复进行调整、渲染，直到达到满意的效果为止。

图 4-052　第三道墙体制作完毕后的渲染效果

4.3 顶部建筑的制作

如图4-002所示，建筑顶部主要包括梁架、电梯间和避雷针三部分，下面我们就分别建立这三部分的模型，并给模型赋予相应的材质。

(1)点取▣钮，进入显示命令面板，在Hide展卷栏中按下Hide By Name钮，在弹出的物体名称列表中选取除[Zt-wall02]和[Zt-wall03]外的所有物体后按下Hide钮。

点取▨/◙/Standard Primitives/Box，在Top视窗中画出两个方体Box103和Box104，它们的宽高深分别为48.0m × 4.0m × 0.5m和0.5m × 0.5m × 4.0m；使用对齐、移动等工具将它们放置在如图4-053所示的位置。

单击选择方体Box104，将其经过关联阵列、复制、移动等操作，得到物体Box105和Box753～Box766，如图4-053所示；同时选择Box103～Box766，将它们组合为物体[Top-jia](顶部建筑-梁架)。

按下材质编辑钮▨，打开材质编辑器；将材质BAI赋予物体[Top-jia]；按材质编辑器右上角的✕钮将其关闭。

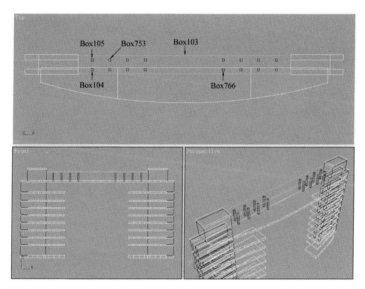

图4-053　顶部建筑中的梁架物体Box103～Box766及其摆放位置

(2)在Top视窗建立一个宽高深为15.0m × 6.0m × 5.5m方体Box106和一个宽高深为15.0m × 6.0m × 0.5m方体Box107；复制(Copy)Box106为Box108，改变Box108的宽高深为12.0m × 6.5m × 10.0m，使用对齐、移动等工具将它们放置在如图4-054所示的位置。

点取▨/◙/Standard Primitives/Cylinder，在Top视窗中画出一个柱体Cylinder09，其参数设置如图4-054所示；由于关闭了Smooth选项，因此圆柱在棱线处不进行平滑处理，圆柱成为六棱柱；使用旋转钮↻，将Cylinder09绕Z轴旋转30°，并使用缩放钮▣，将Cylinder09在垂直方向缩小为70%；使用对齐工具将它放置在如图4-054所示的位置。

按下材质编辑钮▨，打开材质编辑器；将材质BAI赋予物体Box107，将材质QIANH赋予物体Box106和Box108，将材质GLASS赋予物体Cylinder09；按材质编辑器右上角的✕钮将其关闭。

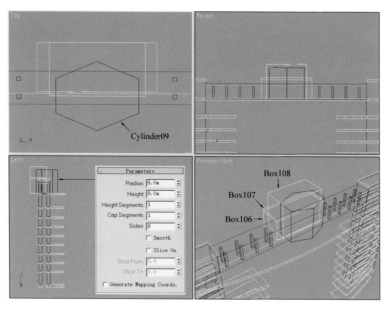

图 4-054　Box106～Box108 和 Cylinder09 及其摆放位置

(3)复制(Copy)Cylinder09 为 Cylinder10，改变 Cylinder10 的半径 Radius 为 6.3m，高度 Height 为 0.5m；使用对齐工具将它放置在如图 4-055 所示的位置；按下材质编辑钮，打开材质编辑器；将材质 METAL 赋予该物体。

复制(Copy)Cylinder10 为 Cylinder11，改变 Cylinder11 的半径 Radius 为 6.1m，高度 Height 为 0.15m；使用移动工具将它放置在如图 4-055 所示的位置；使用阵列工具向下关联阵列 Cylinder11 为 Cylinder12～Cylinder15，如图 4-055 所示。

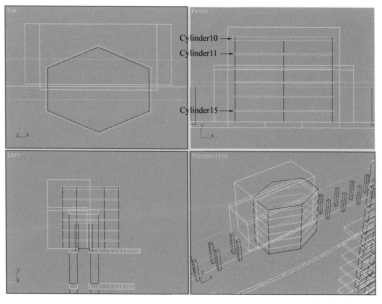

图 4-055　Cylinder10～Cylinder15 及其摆放位置

将Box106～Box108组合为物体[Top-wall](顶部建筑-墙体)；将Cylinder09更名为Top-glass(顶部建筑-玻璃)；将Cylinder10～Cylinder15组合为物体[Top-leng](顶部建筑-窗棱)。

(4)制作避雷针：点取 ⬚/◙/Standard Primitives/Cylinder，在Top视窗中建立一个柱体Cylinder09，并设置其半径Radius为0.4m，高度Height为2.0m，边数Sides为18，勾选Smooth项；使用对齐、移动等工具将它放置在如图4-056所示的位置。

单击选择柱体Cylinder09，复制(Copy)它为Cylinder16，修改其半径Radius为0.07m，高度Height为10.0m，结果如图4-056所示。

再次复制(Copy)Cylinder09为Cylinder17，修改其半径Radius为0.4m，高度Height为0.05m，使用对齐、移动等工具将它放置在如图4-056所示的位置；在Front视窗，使用阵列工具向上关联阵列Cylinder17为Cylinder18～Cylinder22，结果也如图4-056所示。

将Cylinder09～Cylinder22组合为物体[Top-blz](顶部建筑-避雷针)；按下材质编辑钮 🔲，打开材质编辑器；将材质METAL赋予该组合物体；按材质编辑器右上角的 ⊠ 钮将其关闭。

(5)简单渲染：点取 ▣ 钮，进入显示命令面板，在Hide展卷栏中按下Unhide All钮，将所有物体都显示出来；按下 🔲 钮，将所有视图都充满视窗。

至此顶部建筑制作完毕，按Ctrl+S键，将场景覆盖存盘；在快捷命令面板中设置渲染方式为Blowup，按渲染钮 ▣，在照相机视窗确定渲染区域后，按下视窗右下角的OK钮进行渲染，结果如图4-057所示。如果有不满意的模型或材质，可反复进行调整、渲染，至到达到满意的效果为止。

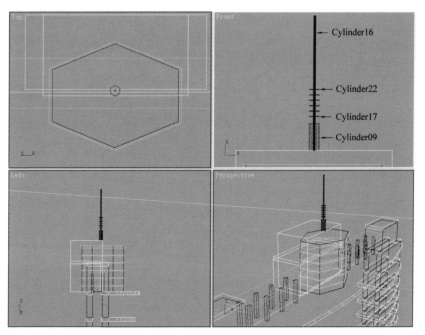

图4-056　避雷针组件Cylinder09～Cylinder22及其摆放位置

图 4-057 顶部建筑制作完毕后的渲染效果

4.4 环境建筑的制作

如图 4-002 所示，环境建筑主要包括马路、马路牙、草地、铺地等，下面我们就分别建立各部分的模型，然后再给模型赋予相应的材质和贴图坐标。

(1)制作马路：在 Top 视窗，点取 ▣/◎/Standard Primitives/Plane，建立一个平面物体 Hj-malu(环境建筑-马路)，并设置其宽高为 200.0m × 200.0m，纵横段数均为 1；使用对齐、移动等工具将它放置在如图 4-058 所示的位置。

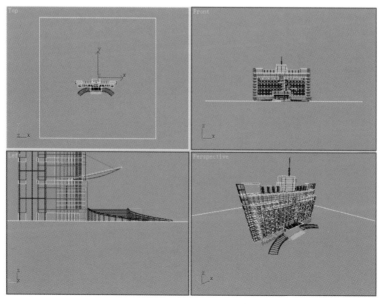

图 4-058 平面物体 Hj-malu 及其摆放位置

按下材质编辑钮，打开材质编辑器；选择第 11 个样本球，在名称框中设定材质名称为 MALU（马路），该材质参数设定如下：

着色方式：Blinn

阴影区颜色 Ambient：HSV（150，15，130）

过渡区颜色 Diffuse：HSV（150，15，160）

高光区颜色 Specular：HSV（0，0，190）

高光强度 Specular Level：25

高光区域 Glossiness：20

反射贴图 Reflection：15 Raytrace 类型

设定完毕后，按材质编辑器中的钮，将该材质赋给被选择物体 Hj-malu；按材质编辑器右上角的钮将其关闭。

提示：为地面加入一些反射，可以模拟雨后或建筑近景的地面效果，起到了丰富画面的效果。

(2)点取 / /Splines/Rectangle，在 Top 视窗画出一个宽高为 120.0m × 130.0m 的方形 Rectangle04 和一个宽高为 75.0m × 40.0m 的方形 Rectangle06；使用对齐、移动等工具将它们放置在如图 4-059 左图所示的位置。

单击选择 Rectangle04，点取钮进入其变动命令面板，在 Modifier List 下拉选项中选择 Edit Spline 变动命令；打开 Geometry 展卷栏，按下 Attach 钮，移动鼠标点击 Rectangle06，将它和 Rectangle04 联结为一个图形 Rectangle04。

按下曲线次物体钮，单击选择原来的方形 Rectangle04，再按下 Gemetry 展卷栏中的 Boolean 钮，按下其右侧中间相减图标(Subtraction 钮)，移动鼠标点击 Rectangle06，则从 Rectangle04 中减去了图形 Rectangle06，结果如图 4-059 右图所示。

在 Geometry 展卷栏中按下 Outline 钮，在其右侧输入框输入 5.0m 后回车(这时未勾选 Center 钮)，结果 Rectangle04 的内框出现，也如图 4-059 右图所示；按下钮以关闭曲线次物体层级。

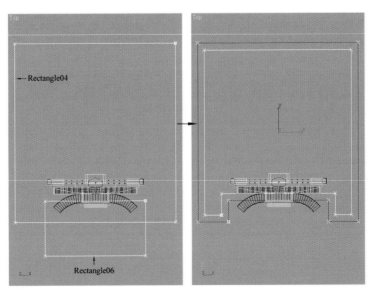

图 4-059　Rectangle04 和 Rectangle06 的相对位置及编辑后的效果

(3)按下节点次物体钮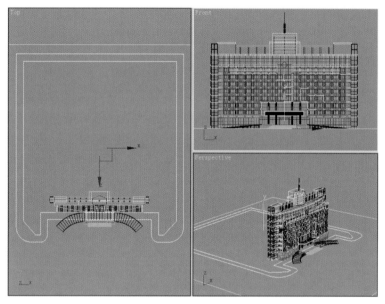⊡，同时选择Rectangle04外框左下角和右下角的节点，在Geometry展卷栏中按下Fillet钮，在其右侧输入框输入12.0m后回车，结果在这两个节点处出现圆弧，如图4-060所示。

同样，可以选择Rectangle04内框左下角和右下角的节点，在这两个节点处产生半径为9.0m的圆弧；再同时选择Rectangle04外框底边中间的两个节点，在这两个节点处产生半径为5.0m的圆弧，结果也如图4-060所示。

按下线段次物体钮，同时选择Rectangle04内框上的两段圆弧，然后将鼠标放在圆弧上按右键，在弹出的菜单中选择Line，则这两段圆弧变为了直线段，如图4-060所示；再次按下钮，以关闭线段次物体层级。

在Front视窗，使用对齐、移动等工具将图形Rectangle04放置在Hj-malu所处的平面中，如图4-060所示的位置。

图4-060　经编辑后的图形Rectangle04及其摆放位置

(4)在Rectangle04的变动命令面板中，按下曲线次物体钮，单击选择Rectangle04的外框，然后在Geometry展卷栏中按下Outline钮，在其右侧输入框输入0.15m后回车(这时未勾选Center钮)，结果Rectangle04外框的内框出现，如图4-061所示。

单击选择Rectangle04的内框，再产生其0.15m厚的内框；将鼠标放置圆弧线上按右键，在弹出的菜单中选择Line，将曲线各边变为直线段，结果也如图4-061所示；按下钮以关闭曲线次物体层级。

复制(Copy)Rectangle04为Rectangle06，以产生备份；在Modifiers下拉选项中选择Extrude，在其下面的Parameters展卷栏中设置Amount=0.2m，将Rectangle06直线延展为0.2m厚的物体，并更名为Ya01(马路牙)。

(5)将Ya01暂时隐藏，单击选择图形Rectangle04，在其变动命令面板中按下曲线次物体钮，单击选择Rectangle04的最外层框，然后按Del键将其删除。

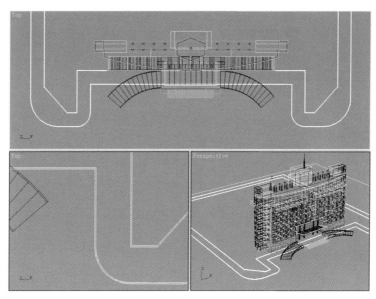

图 4-061　Rectangle04 的两层边框

　　单击选择 Rectangle04 的最内层框，然后按下 Geometry 展卷栏中的 Detach 钮，将被选择曲线分离为图形 Shape01。

　　再次按下 ⌄ 钮以关闭曲线次物体层级，在 Modifiers 下拉选项中选择 Extrude，在其下面的 Parameters 展卷栏中设置 Amount=0.15m，将 Rectangle04 直线延展为 0.15m 厚的物体，并更名为 Pudi01(铺地)。

　　单击选择 Shape01，在其变动命令面板中的 Modifiers 下拉选项中选择 Extrude，在其下面的 Parameters 展卷栏中设置 Amount=0.15m，将 Shape01 直线延展为 0.15m 厚的物体，并更名为 Grass01(草地)，结果如图 4-062 所示。

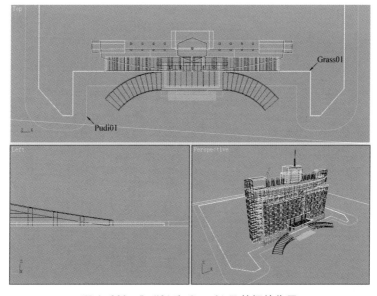

图 4-062　Pudi01 和 Grass01 及其摆放位置

(6)在 Top 视窗建立一个宽高为 120.0m × 30.0m 的方形 Rectangle04；在其变动命令面板的 Modifier List 下拉选项中选择 Edit Spline 变动命令；按下节点次物体钮，同时选择 Rectangle04 左上角和右上角的节点，在 Geometry 展卷栏中按下 Fillet 钮，在其右侧输入框输入 12.0m 后回车；使用对齐、移动等工具将它放置在如图 4-063 所示的位置。

按下线段次物体钮，单击选择左侧弧形线段，在 Geometry 展卷栏的 Divide 钮右侧输入框输入 4，然后按下 Divide 钮，结果弧形线段变得更加平滑；按下曲线次物体钮，单击选择 Rectangle04，在 Geometry 展卷栏中按下 Outline 钮，在其右侧输入框输入 5.0m 后回车，结果 Rectangle04 的内框出现；按下节点次物体钮，同时选择 Rectangle04 内框下部的两个节点，将它们向下移动一些，结果也如图 4-063 所示。

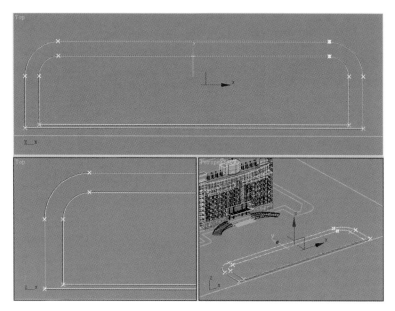

图 4-063　Rectangle04 的两层边框

按下曲线次物体钮，同时选择 Rectangle04 的内框和外框，在 Geometry 展卷栏中按下 Outline 钮，在其右侧输入框输入 0.15m 后回车，结果 Rectangle04 的内框出现；按下钮以关闭曲线次物体层级。

复制(Copy)Rectangle04 为 Rectangle06，以产生备份；在 Modifiers 下拉选项中选择 Extrude，在其下面的 Parameters 展卷栏中设置 Amount=0.2m，将 Rectangle06 直线延展为 0.2m 厚的物体，并更名为 Ya02。

(7)将 Ya02 暂时隐藏，单击选择图形 Rectangle04，在其变动命令面板中按下曲线次物体钮，单击选择 Rectangle04 的最外层框，然后按 Del 键将其删除。

单击选择 Rectangle04 的最内层框，然后按下 Geometry 展卷栏中的 Detach 钮，将被选择曲线分离为图形 Shape01。

再次按下钮以关闭曲线次物体层级，在 Modifiers 下拉选项中选择 Extrude，在其下面的 Parameters 展卷栏中设置 Amount=0.15m，将 Rectangle04 直线延展为 0.15m 厚的物体，并更名为 Pudi02。

单击选择Shape01，在其变动命令面板中的Modifiers下拉选项中选择Extrude，在其下面的Parameters展卷栏中设置Amount=0.15m，将Shape01直线延展为0.15m厚的物体，并更名为Grass02，结果如图4-064所示。

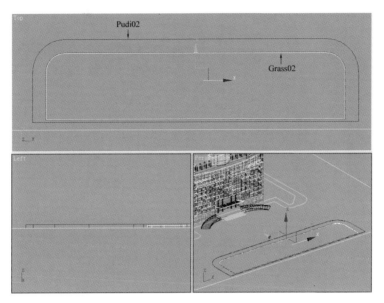

图4-064　Pudi02和Grass02及其摆放位置

(8)将被隐藏物体都显示出来，然后同时选择Ya02、Pudi02和Grass02，将它们关联复制为Ya03、Pudi03和Grass03，并将它们绕Z轴旋转90°；使用对齐、移动等工具将它们放置在如图4-065所示的位置。

同样，模仿上面的步骤，可制作出如图4-065中的Ya04～Ya06和Grass04～Grass06。

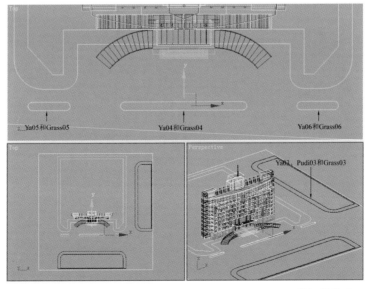

图4-065　Ya03～Ya06、Grass03～Grass06和Pudi03及其摆放位置

使用按名称选择钮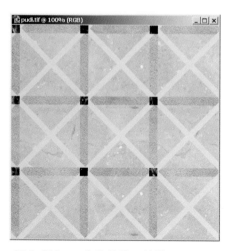，同时选择 Ya01～Ya06，将它们组合为物体[Hj-ya](环境建筑-马路牙)；同样，组合物体 Grass01～Grass06 为物体[Hj-grass](环境建筑-草地)；组合物体 Pudi01～Pudi03 为物体[Hj-pudi](环境建筑-铺地)。

(9)按下材质编辑钮，打开材质编辑器；将材质 BAI 赋予组合物体[Hj-ya]。

在材质编辑器中选择第12个样本球，为草地设定一个简单的绿色，在Photoshop中再为其粘贴草地纹理；在样本球名称框中设定材质名称为GRASS(草地)，将该材质参数设定如下：

着色方式：Blinn

阴影区颜色 Ambient：HSV(85，120，120)

过渡区颜色 Diffuse：HSV(85，120，150)

高光区颜色 Specular：HSV(85，60，180)

高光强度 Specular Level：20

高光区域 Glossiness：15

参数修改完毕后，将该材质赋予组合物体[Hj-grass]。

(10)在材质编辑器中选择第13个样本球，在样本球名称框中设定材质名称为PUDI(铺地)，将该材质参数设定如下：

着色方式：Blinn

阴影区颜色 Ambient：HSV(0，0，0)

过渡区颜色 Diffuse：HSV(0，0，0)

高光区颜色 Specular：HSV(30，20，230)

高光强度 Specular Level：30

高光区域 Glossiness：40

自发光度 Self-Illumination：20

纹理贴图 Diffuse Color：100 Pudi.tif

Pudi.tif是一个石材拼图，而且四方连续，如图4-066所示；参数修改完毕后，将该材质赋予组合物体[Hj-pudi]；按材质编辑器右上角的×钮将其关闭。

使用UVW Map变动命令，为物体[Hj-pudi]指定一个2.5m×2.5m的平面型贴图坐标。

图 4-066　四方连续的石材拼图 Pudi.tif

(11)合并地灯：选菜单命令File/Merge，在弹出的对话框中选取配套光盘一中的\Ch03目录下的场景文件Shoulou.max，在又弹出的对话框中仅选取物体[Deng]，然后回答OK，将组合物体[Deng]合并进来；选择菜单命令Group/Ungroup，取消物体[Deng]的组合状态；然后删除除了[Deng01]外的所有物体。

使用放大钮 🔲，将地灯物体[Deng01]放大为原来的110%，并移动放置到如图4-067所示的位置；然后通过关联复制、阵列、移动等命令，得到如图4-067所示的地灯物体[Deng02]~[Deng10]；最后将[Deng01]~[Deng10]组合为物体[Hj-deng](环境建筑-地灯)。

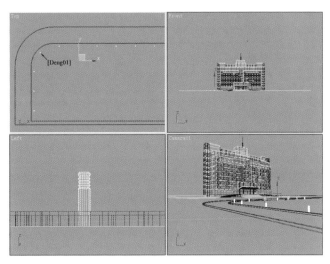

图4-067　地灯[Deng01]~[Deng10]及其摆放位置

(12)简单渲染：至此环境建筑制作完毕，整个场景的模型、材质和贴图坐标也就基本制作完毕了。按 Ctrl+S 键，将场景覆盖存盘。

在快捷命令面板中设置渲染方式为Blowup，按渲染钮 ◎，在照相机视窗确定渲染区域后，按下视窗右下角的 OK 钮进行渲染，结果如图4-068所示。如果有不满意的模型或材质，可反复进行调整、渲染，直到达到满意的效果为止。

图4-068　环境建筑制作完毕后的渲染效果

4.5 照相机和玻璃反射外景的创建与调整

在建筑及其环境建立以后，我们就可以建立一个照相机，来确定所要的场景透视。然后设置一个背景贴图，并改变玻璃为环境反射材质，这样玻璃就能得到镜面反射玻璃所具有的光怪陆离的效果了。

4.5.1 照相机的创建与调整

（1）照相机视窗的创建：点取 ▧/▤/Standard/Target，在Top视窗将光标移到屏幕左下位置，按下左键，向屏幕右上方位置拖动鼠标，拉出照相机图标，最后松开鼠标左键确定建立一个照相机Camera01；然后在其Parameters展卷栏中按下28mm镜头钮，勾选Show Cone选项，以显示照相机视野棱锥。

在Top视窗，单击照相机及其目标点之间的连线，则Camera01和Camera01.target同时被选择；激活Front视窗，按下移动钮 ✛，移动照相机及其目标点，使它们距地面1.65m高，这样就相当于一个人站立时观察的效果，而且是平视效果；激活Perspective视窗，按下C键，则Perspective视窗变为Camera01视窗，这就是我们所要的透视视窗。

（2）场景透视的调整：激活Top视窗，使用移动钮 ✛，选择并移动Camera01和Camera01.target，使需要着色输出的场景都位于照相机视窗之内；调整完毕的Camera01及Camera01.target的位置和照相机视窗如图4-069所示。

提示：镜头的尺寸最好不要小于28mm，否则将会产生强烈的变形效果。本例中，我们使用广角镜头，低视点平视，而拉大视点与建筑之间的距离，这样就能使建筑获得挺拔高耸的效果。

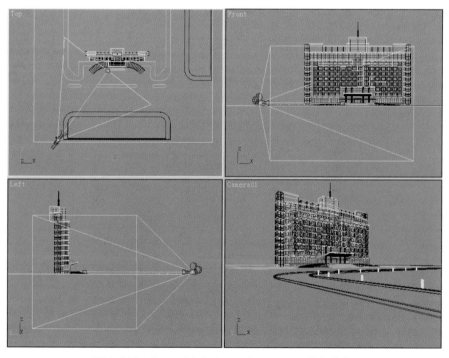

图4-069　Camera01和Camera01.target及其摆放位置

4.5.2 玻璃反射材质及反射外景的创建与调整

(1)按下材质编辑钮[🖼️]，打开材质编辑器；在材质编辑器中选择第2个样本球，将玻璃材质GLASS的参数重新设定如下：

着色方式：Blinn

阴影区颜色 Ambient：HSV(0, 0, 0)

过渡区颜色 Diffuse：HSV(0, 0, 0)

高光区颜色 Specular：HSV(100, 35, 255)

高光强度 Specular Level：45

高光区域 Glossiness：55

纹理贴图 Diffuse Color：80 Glass.tif

反射贴图 Reflection：50 Raytrace 类型贴图

由于材质 GLASS 是同步材质，因此参数修改完毕后，新材质参数将自动应用于所有玻璃物体上。纹理贴图 Glass.tif 是一幅有颜色退晕变化和反射图像的贴图，是在 Photoshop 中制作完成的，如图 4-070 所示，其宽高为 1428 × 1600Pixels。

提示：同步材质是指在样本窗中的材质，它与物体材质相关联，始终保持一致；当改变样本窗中的材质时，物体材质也相应地进行改变。样本窗中同步材质的标志是其四个角处有白色三角。

本例中，由于纹理贴图 Diffuse Color 的贴图强度为 80，因此该材质颜色的 20% 由基本材质参数(Ambient 和 Diffuse)决定，80% 由纹理贴图 Glass.tif 决定。这样实际上就起到了降低玻璃亮度的作用。

图 4-070　玻璃表面颜色与纹理贴图 Glass.tif

(2)为玻璃物体指定贴图坐标：由于玻璃材质GLASS具有了纹理贴图，因此需要为其指定贴图坐标。同时选择组合物体[Dz-left]、[Dz-mid]和[Dz-right]，然后选择菜单命令Group/Open，暂时打开这几个物体的组合状态；在材质编辑器中，选择玻璃材质GLASS所在的第2个样本球，按下■钮，则所有被赋予材质GLASS的物体都被选择，如图4-071所示；按材质编辑器右上角的■钮将其关闭。

激活Front视窗，点取■钮进入变动命令面板，在Modifiers List中选择UVW Map变动命令，打开UVW Mapping左侧的＋号，选择Gizmo以打开Gizmo显示，在Parameters展卷栏中选择Box贴图类型，设置Length、Width和Height的值分别为40.0m、40.0m和45.0m，然后将贴图坐标向右移动到如图4-071所示的位置；在变动堆栈列表中选取UVW Mapping，以关闭Gizmo显示，这样我们就在Front视窗给所有被选择的玻璃物体赋予了一个40.0m × 40.0m × 45.0m的Box型贴图坐标。

提示：采用Box贴图坐标能保证所有侧面都能被正确地赋予贴图纹理。Box贴图坐标的大小是考虑到纹理贴图Glass.tif的宽高(1428 × 1600Pixels)比例设置的，这样可保证贴图在物体表面的纹理不变形。

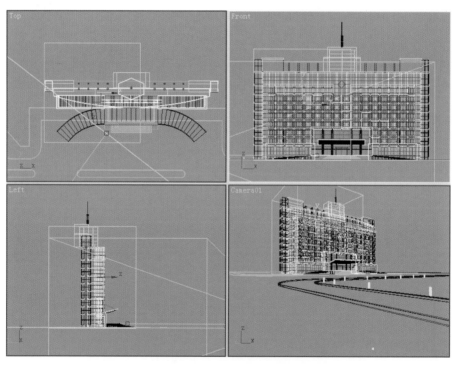

图4-071　玻璃物体的Box型贴图坐标及其摆放位置

(3)玻璃材质被赋予了环境反射能力，但这时环境背景是黑色的，因此还需要设置一个天空和景观环境，以便在玻璃中产生真实的反射效果。

选菜单命令Rendering/Environment，在弹出的对话框中单击Background区中的None长按钮，在又弹出的对话框中双击选择Bitmap，在接下来弹出的文件选择对话框中双击选择配套光盘一中的\Ch04\Back.tif，这样就为环境加上了背景贴图Back.tif，玻璃就可将这个贴图作为周围环境来进行反射了。贴图Back.tif(如图4-072所示)是一幅天空和林立的高楼图像，在Photoshop中制作、处理完成。

为了便于改变背景贴图Back.tif在照相机窗口中显示的位置、大小等，我们可以将其放到材质编辑器中进行调整。在Environment对话框中拖动Back.tif长按钮到材质编辑器的第14个示例球上松开鼠标，在弹出的对话框中选择Instance后回答OK，则产生一个Bitmap材质，命名该材质为BACK，在贴图参数面板中，设置U Offset的值为0.12，V Offset为0.37，U Tiling为0.8，V Tiling为1.3，这样玻璃中反射图像的大小、位置能达到较真实的效果，如图4-001所示。

提示：Back.tif的贴图参数是在多次渲染、调整之后得到的，这里一次性给出，是为了便于讲解。

图4-072   环境贴图Back.tif

4.6   灯光的创建与调整

场景的透视和环境建立以后，下面我们采用一个平行光来模拟太阳的照射，并产生阴影效果；用一个泛光灯来照亮平行光无法照到的地方，相当于自然环境中的漫反射光，以制作出逼真、生动的建筑效果。

(1)模拟日光：点取　/　/Standard/Target Direct，在Front视窗建立一个自右上向左下照射的直射目标聚光灯(平行光)Direct01；设置其阴影方式为Ray Traced Shadows，颜色为HSV(0，0，255)，在Directional Parameters展卷栏中勾选Show Cone钮，设置Hotspot为150.0m后回车，则Falloff自动变为150.02m；在Shadows Parameters展卷栏中点取Color右侧的颜色块，设置阴影亮度为HSV(0，0，85)。

在Top视窗，使用移动钮　调整平行光Direct01及其目标点到如图4-073所示的位置。

(2)模拟环境光：点取　/　/Standard/Omni，在Top视窗中单击，产生一个泛光灯Omni01，然后设置其颜色为HSV(0，0，120)；激活Front视窗，使用移动钮　，将Omni01向下移动到如图4-074所示的位置。

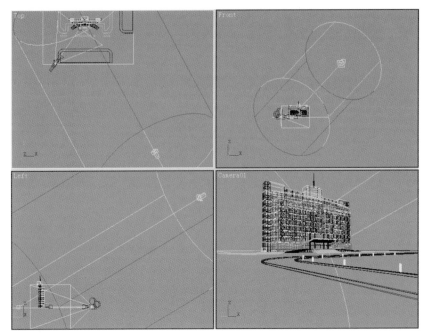

图4-073　平行光Direct01和Direct01.Target及其摆放位置

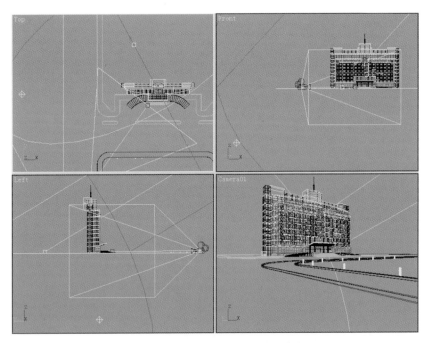

图4-074　泛光灯Omni01及其摆放位置

提示：由于Direct01比较倾斜，因此在Top视窗，Omni01应远离建筑，以提亮建筑的侧面；在Front视窗，Omni01应位于地面以下较远的地方，以提亮建筑的底面。

(3)到目前为止，整个场景的模型、材质、相机和灯光等都已初步制作完毕，我们可以渲染一下看看效果如何。在快捷命令面板中设置渲染方式为Blowup，按渲染钮 ，在照相机视窗确定渲染区域后，按下视窗右下角的OK钮进行渲染，结果如图4-075所示。

如果对着色结果感到不满意，可反复进行着色、观察、调试，来纠正或调整一些场景中的设置，以达到预期的效果。当确信在3DS MAX中已经获得了最佳的建筑表现效果时，按Ctrl+S键，将调试整理完毕的场景覆盖存储为Bgl.max，以备将来再次调试、应用。

图4-075 当前场景的着色效果

4.7 大幅面渲染生成

在整个建筑场景调试完毕，并通过小幅面预渲染达到了满意的效果后，我们就可以进行大幅面渲染生成整个建筑场景及其纯色块渲染图了，这是整个效果图制作在3DS MAX中进行的最后一步。

4.7.1 大幅面渲染生成场景图像

根据画面构图的需要，我们可以只将需要着色输出的部分进行渲染，为此选菜单Rendering/Render命令，在弹出的Render Scene对话框中设置Width为4000Pixels，Height为2500Pixels，注意这时的宽高比为8∶5，而不是4∶3；在Render Output区按下Files钮，在弹出的对话框中指定目录并输入文件名Bgl，选择文件格式为TGA，按下"保存"钮，在又弹出的对话框中设置图像属性Bits Per Pixel(每像素位数)为32，采用Compress(压缩)方式存盘，由于这时场景中有背景图像设置，因此需要选择Pre-Multiplied Alpha选项，其他选项不选，按OK钮确认TGA图像属性参数设置；其他的渲染参数设置请参见图3-079，最后按下Close钮确认所有渲染参数并关闭Render Scene对话框。

在快捷命令面板中设置渲染方式为Blowup，按渲染钮 ，在照相机视窗确定渲染区域后，按下视窗右下角的OK钮进行着色渲染，渲染结果为Bgl.tga(如图4-076所示)，并被存储到硬盘中，可调入Photoshop中进行后期平面图像处理。

提示：渲染场景时，一般是针对整个照相机视窗进行着色的，但有时根据构图的需要，我们还可以采用Blowup着色方式，只选择需要着色的区域进行来渲染，这样就可以大大提高渲染计算的效率。

在3DSMAX中，我们设置背景的目的只是为了让玻璃产生反射效果，我们在Photoshop中进行图像处理时并不需要这个环境，因此存储为TGA文件时选择了32Bit的文件格式(保留有Alpha通道)，这样在Photoshop中建筑能自动和背景图像分离。

在TGA文件属性中，如果选择了Pre-Multiplied Alpha选项，则会在建筑的边缘保留与背景的羽化效果。因此当在3DS MAX中使用黑背景(缺省情况)，而在Photoshop中将建筑和黑背景分离后，改用蓝天白云背景时会在建筑的边缘带有一圈黑边，这就是为什么我们在存储没有背景的图像时不选择Pre-Multiplied Alpha选项的原因。

在本例中，我们设置了蓝天背景，在Photoshop中将建筑和背景分离后，我们还使用蓝天白云背景，因此需要选择Pre-Multiplied Alpha选项。如果不选择该选项存储的话，将会在Photoshop中更换背景后在建筑的边缘带有一圈白边。

有关Pre-Multiplied Alpha选项在各种情况下的选择与否，请读者分情况渲染几幅图对比一下就更加清楚了。

图4-076　大幅面渲染生成的场景图像

4.7.2　大幅面渲染生成场景纯色块图像

为便于在Photoshop中进行图像处理，我们还需要大幅面渲染生成建筑场景的纯色块渲染图，这样就能很容易得到建筑场景中某一部分的选择区域。

(1)按Ctrl+S键，将调整好模型、材质、相机、灯光和渲染参数的建筑场景覆盖存盘；选择菜单命令File/Save As，将场景另存为Bgl-o.max，以防止下面修改材质后，不小心覆盖存盘而造成原场景的损失。

(2)由于当前场景中的材质很多，而且也没有必要每一部分都渲染成纯色块，因此我们只将那些最有可能需要进行选择处理的区域渲染成纯色块即可。

按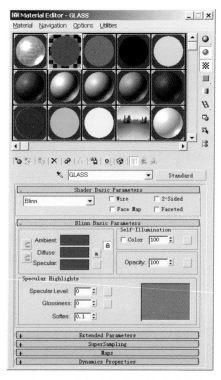钮打开材质编辑器，单击第2个样本球以选择材质GLASS，将其改为纯蓝色发光材质，其材质参数定义如下：

着色方式：Blinn

阴影区颜色Ambient：RGB(0，0，255)(注意此处是RGB，而不是HSV)

过渡区颜色Diffuse：RGB(0，0，255)

高光区颜色Specular：RGB(0，0，255)

高光强度Specular Level：0

高光区域Glossiness：0

自发光度Self−Illumination：100

由于该材质目前是同步材质，因此场景的所有玻璃物体的材质也做了同步修改。

同样，在材质编辑器中也可将以下材质进行修改，结果如图4−077所示：

将材质SHI01改变为纯粉色(RGB为255，0，255)发光材质，取消纹理贴图；

材质SHI02改变为纯黑色(RGB为0，0，0)材质，取消纹理贴图；

材质SHI03改变为纯青色(RGB为0，255，255)发光材质，取消纹理贴图；

材质MALU改变为纯红色(RGB为255，0，0)发光材质，取消反射贴图；

材质GRASS改变为纯绿色(RGB为0，255，0)发光材质；

材质PUDI改变为纯黄色(RGB为255，255，0)发光材质，取消纹理贴图；

修改完毕后，按材质编辑器右上角的╳钮将其关闭。

图4−077　各纯色块发光材质样本球

(3)激活照相机视窗,按下 █ 钮则弹出场景着色对话框,其中的参数大多采用上一节的渲染参数,如图3-079所示,只是在Render Output区按下Files钮,改变输出的文件名为Bgl-o.tga,并取消Max Default Scanline A-Buffer展卷栏中对Shadow项的勾选,之后按下Render钮和照相机视窗中的OK钮,则渲染生成与建筑场景图像尺寸相同的纯色块图像Bgl-o.tga,如图4-078所示,可调入Photoshop中辅助建筑场景渲染图进行平面图像处理。

图4-078 建筑场景纯色块渲染图

4.8 建筑场景大幅面渲染图后期图像处理

我们将建筑场景的平面图像处理过程分为以下几个环节进行讲解,最后的效果如图4-001所示,电子文件可查看本书配套光盘一中的 \Ch04\Bgl.psd 文件。

4.8.1 裁剪调整图像幅面并粘贴背景天空

(1)启动并进入Photoshop R7.0,选File/Open菜单命令,打开在上一节生成的建筑场景渲染图Bgl.tga和纯色块渲染图Bgl-o.tga;由于我们在上一节保存了生成图像的Alpha通道,因此建筑场景的背景是透明的,建筑场景图像在图层工作面板中位于图层Layer 0。

在纯色块渲染图Bgl-o.tga窗口中,按Ctrl+A键以全选图像,然后按Ctrl+C键,将图像拷贝至内存(剪贴板)中;按图像窗口右上角的 █ 钮将其不存盘关闭。

在建筑场景渲染图Bgl.tga的图层面板中,按住Ctrl键,单击图层Layer 0,则所有图像部分都被选择;然后按Ctrl+V键,将内存中的纯色块图像粘贴进来,并自动位于图层Layer 1;由于建筑场景渲染图和纯色块渲染图的大小相同,而且粘贴的图像完全覆盖在选择区域上,因此图层Layer 0和Layer 1中的图像会完全重合。

(2)在图层工作面板中,点取图层Layer 1左侧的眼睛图标,将纯色块图像隐藏。点取图层Layer 0以激活它。

由于天空部分较少，选菜单命令Image/Canvas Size，在弹出的对话框中设置Height为2650Pixels，按下垂直向下的箭头后回答OK，则当前图像尺寸变为了4000×2650Pixels，上部透明区域增加了一些，如图4-079所示。

单击矩形选取工具，在其参数行中设置Style为Fixed Size，Width和Height分别为3600px和2420px；在图像外窗口内的右上角点取，将3600×2420Pixels的选区放置在图像中；按住Shift键，按向右的箭头键28次，按向上的箭头键20次，然后选择菜单命令Image/Crop，将图像按选择区域进行裁剪，结果也如图4-079所示。

图4-079　加高天空并裁剪后的场景渲染图Bgl.tga

(3)选File/Open菜单命令，打开一幅蓝天白云图像Sky.jpg；选择菜单命令Image/Image Size，在弹出的对话框中取消对Constrain Proportions(保持宽高比例)选项的勾选，然后设置Width为3600Pixels，Height为2150 Pixels后回答OK，则图像尺寸变为3600×2150Pixels，如图4-080所示。

按Ctrl+A键后按Ctrl+C键，将天空图像全部拷贝至剪贴板(内存)；选菜单命令File/Close，将天空图像Sky.jpg窗口不存盘关闭。

图4-080　改变尺寸后的蓝天白云图像Sky.jpg

(4)单击矩形选取工具■，在其参数行中设置Style为Normal，然后在建筑场景图像Bgl.tga窗口的左上角画出一个小矩形；按Ctrl+V键，将天空图像粘贴进来，放置在新建图层Layer 2中，并且粘贴的图像上沿自动与窗口上沿对齐；在图层工作面板中拖动图层Layer 2到图层Layer 0的下面，结果如图4-081所示。

选择Image/Adjust/Hue Saturation菜单命令，在弹出的对话框中将Hue项设定为-10后回答OK；选Image/Adjust/ Brightness&Contrast菜单命令，在弹出的对话框中将Brightness设置为-25，Contrast设置为+10后回答OK，结果也如图4-081所示。

将前景色调整为黄色RGB(235，230，180)，然后按下渐变工具钮■，设置渐变参数成图4-081所示的数值，最后在Layer 1中从下(地平线)到上(天空高度一半的位置)拉出垂直渐变线，结果也如图4-081所示。

由于这时场景图像中包含有了新图层，因此我们选菜单选项File/Save As，将该图像存储为Bgl.psd。

图4-081　粘贴了蓝天白云背景的场景效果

4.8.2　进行整体颜色调整和局部修饰

(1)整体颜色调整：在图层工作面板中，点击建筑场景图层Layer 0，以激活它；这时整个建筑场景图像显得十分灰暗，为提高画面对比度，选Image/Adjust/Brightness&Contrast菜单命令，在弹出的对话框中将Brightness设置为-5，Contrast设置为+20后回答OK，可将图像明暗度调整得当，结果如图4-082所示。

玻璃整体颜色调整：在图层工作面板中，点取图层Layer 1显示并激活纯色块图层；选取魔棒工具钮■，在其参数行中设置Tolerance为16，打开Anti-aliased选项，关闭Contiguous和Use All Layers开关；然后在纯色块图像的纯蓝色(玻璃所在的区域)部分单击，则自动出现一个玻璃选区；在图层工作面板中，点取图层Layer 2左侧的眼睛图标，将纯色块图像隐藏。

激活建筑场景图层Layer 0，选Image/Adjust/Brightness&Contrast菜单命令，在弹出的对话框中将Brightness设置为-10后回答OK；选择Image/Adjust/Hue Saturation菜单命令，在弹出的对话框中将Hue项设定为+5，Saturation设置为+15后回答OK，结果也如图4-082所示。

加一点天光蓝色：按住Ctrl键，在图层工作面板中单击图层Layer 0，则该层图像全被选择；将前景色调整为蓝色RGB(105，155，255)，然后按下渐变工具钮 ，设置渐变参数成图4-082所示的数值，最后在Layer 0中从上(屋顶)到下(建筑高度一半的位置)拉出垂直渐变线，结果也如图4-082所示。

图4-082　整体颜色调整后的建筑场景效果

(2)调整玻璃局部的亮度：选取魔棒工具钮 ，在其参数行中勾选Contiguous选项；然后按住Shift键在如图4-083所示的区域点击，则得到图中所示的选区；选择菜单命令Image/Adjust/Brightness&Contrast，在弹出的对话框中将Brightness设置为+15后回答OK，结果也如图4-083所示。

调整建筑暗部的亮度：选取魔棒工具钮 ，在其参数行中设置Tolerance为4；然后在如图4-084所示的区域点击，并配合Shift键，则可得到图中所示的选区；选择菜单命令Image/Adjust/Brightness&Contrast，在弹出的对话框中将Brightness设置为+25，Contrast设置为+10后回答OK，结果也如图4-084所示。

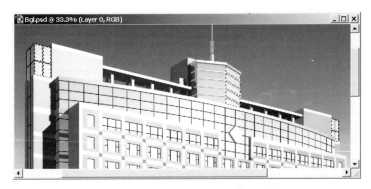

图4-083　玻璃局部选区及调整后的效果

图4-084　建筑暗部选区及调整后的效果

(3)调整铺地亮度：在图层工作面板中，点取图层Layer 1显示并激活纯色块图层；选取魔棒工具钮，在其参数行中设置Tolerance为16，关闭Contiguous选项；然后在纯色块图像的纯黄色(铺地所在的区域)部分单击，则自动出现一个铺地选区，如图4-085所示；在图层工作面板中，点取图层Layer 1左侧的眼睛图标，将纯色块图像隐藏。

激活建筑场景图层Layer 0，选Image/Adjust/Brightness&Contrast菜单命令，在弹出的对话框中将Brightness设置为+20，Contrast设置为+20后回答OK；选择Image/Adjust/Hue Saturation菜单命令，在弹出的对话框中将Saturation设置为+15后回答OK，结果也如图4-085所示。

图4-085　铺地选区及调整后的效果

4.8.3　粘贴远景高楼及远景植物

(1)选File/Open菜单命令，打开一远景高楼图片Yuan01.psd，如图4-086所示，这是一幅经Photoshop拼接处理而成的背景透明图像；选择菜单命令Image/Image Size，在弹出的对话框中设置Width 为3600Pixels(与Bgl.psd的宽度相同)后按下OK钮，则图像尺寸变为3600 × 1368Pixels。

按Ctrl+A键后按Ctrl+C键,将远景高楼图像全部拷贝至内存;选菜单命令File/Close,将该窗口不存盘关闭。

图4-086　远景高楼图片 Yuan01.psd

(2)在Bgl.psd的图层工作面板中,点取图层Layer 2激活天空图层;按Ctrl+V键,将远景高楼图像粘贴到窗口中,并自动位于新建图层Layer 3中;使用移动钮 ，将远景高楼图像向下移动一些。

在图层工作面板中,将远景高楼图层Layer 3的不透明度设置为60%,以与天空相融合,结果如图4-087所示。

图4-087　远景高楼的粘贴位置及效果

(3)选File/Open菜单命令,打开一远景植物图片Yuan02.psd,如图4-088所示,这是一幅经Photoshop处理而成的背景透明图像;按Ctrl+A键后按Ctrl+C键,之后将该窗口不存盘关闭。

按Ctrl+V键,将远景植物图像粘贴到窗口中,并自动位于新建图层Layer 4中;按Ctrl+T键,再按住Shift键将远景植物按比例缩小;使用移动钮 ，将其放置在如图4-089所示的位置。

选择菜单命令Filter/Blur/Blur,将远景植物图像稍微模糊一些；选菜单命令Image/Adjust/Brightness&Contrast，在弹出的对话框中将Contrast设置为+25后回答OK；选择Image/Adjust/Hue Saturation菜单命令，在弹出的对话框中将Saturation设置为−30后回答OK，结果也如图4−089所示。

复制图层Layer 4为图层Layer 5，将Layer 5图像放置在窗口右侧，并将其适当缩小，结果也如图4−089所示。

图4−088　远景植物图片Yuan02.psd

图4−089　远景植物的放置位置及效果

4.8.4　粘贴调整草地

(1)选File/Open菜单命令，打开一幅草地照片Grass.jpg，如图4−090所示；选择菜单命令Image/Image Size,在弹出的对话框中取消对Constrain Proportions选项的勾选，然后设置Width为3600Pixels, Height为370 Pixels，之后再按下OK钮，则图像尺寸变为3600 × 370Pixels。

图 4-090　草地照片 Grass.jpg

　　按 Ctrl+A 键后按 Ctrl+C 键，将草地图像全部拷贝至内存；选菜单命令 File/Close，将草地照片 Grass.jpg 窗口不存盘关闭。

　　(2)在图层工作面板中，点取图层 Layer 1 显示并激活纯色块图层；选取魔棒工具钮，在其参数行中设置 Tolerance 为 16，关闭 Contiguous 选项；然后在纯色块图像的纯绿色(草地所在的区域)部分单击，则自动出现一个草地选区，如图 4-091 所示；在图层工作面板中，点取图层 Layer 1 左侧的眼睛图标，将纯色块图像隐藏。

　　激活建筑场景图层 Layer 0，选择菜单命令 Edit/Paste Into，将草地图像粘贴到当前选区中，并自动位于新建图层 Layer 6；使用移动钮，将草地图像向下移动一些；选 Image/Adjust/Brightness&Contrast 菜单命令，在弹出的对话框中将 Brightness 设置为 -10，Contrast 设置为 +20 后回答 OK，结果也如图 4-091 所示。

图 4-091　草地选区及粘贴进来的草地的摆放位置

　　(3)恢复草地上阴影：在图层工作面板中，点取图层 Layer 1 显示并激活纯色块图层；选取魔棒工具钮，在纯绿色(草地所在的区域)部分单击，则草地选区出现；在图层工作面板中，点取图层 Layer 1 左侧的眼睛图标，将纯色块图像隐藏。

　　激活建筑场景图层 Layer 0，按 Ctrl+C 键后按 Ctrl+V 键，则复制的草地部分图像粘贴在新建图层 Layer 7 中；在图层工作面板中拖动图层 Layer 7 到图层 Layer 6 的上面，将该图层的合成模式改为 OverLay。

　　选择 Image/Adjust/Hue Saturation 菜单命令，在弹出的对话框中将 Saturation 设置为 -100 后回答 OK；选择菜单命令 Image/Adjust/Brightness&Contrast，在弹出的对话框中将 Brightness 设置为 +35，Contrast 设置为 +70 后回答 OK，结果如图 4-092 所示。

图 4-092　恢复阴影效果的草地

(4)选File/Open菜单命令，分别打开如图4-093所示的鸽子(Gezi01.psd)、石头(Rock.psd)和树影(Shadow.psd)图片，它们都已用Photoshop处理完毕，所需图像处于一个单独的图层；将它们分别粘贴在建筑场景的Layer 8、Layer 9和Layer 10，经过颜色、大小、不透明度等的调整处理后，结果如图4-094所示。

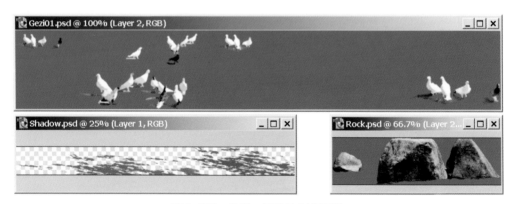

图 4-093　鸽子、石头和树影图片

图 4-094　鸽子、石头和树影的粘贴位置及效果

240

4.8.5 粘贴调整马路

(1)选File/Open菜单命令，打开一幅如图4-095所示的图片Malu.psd，该图片中含有较大面积的马路，我们可将马路部分图像取出，而合成到建筑场景的马路中，这样可增强马路的质感；选择菜单命令Image/Image Size，在弹出的对话框中设置Width 为3600Pixels后按下OK钮；选择菜单命令Image/Adjust/Brightness&Contrast，在弹出的对话框中将Brightness设置为-10，Contrast设置为+10后回答OK。

使用矩形选取工具 ，在图像中画出如图4-095所示的选择区域；然后按Ctrl+C键，将所选马路拷贝至内存；选菜单命令File/Close，将该图片窗口不存盘关闭。

图4-095 有较大面积马路的图片Malu.psd及马路选区

(2)在图层工作面板中，点取图层Layer 1显示并激活纯色块图层；选取魔棒工具钮 ，在纯色块图像的纯红色(马路所在的区域)部分单击，则自动出现一个马路选区；在图层工作面板中，点取图层Layer 1左侧的眼睛图标，将纯色块图像隐藏。

激活建筑场景图层Layer 0，选择菜单命令Edit/Paste Into，将马路图像粘贴到当前选区中，并自动位于新建图层Layer 11；将Layer 11的不透明度设置为60%；按Ctrl+T键，将马路图像压扁一些，然后使用移动钮 ，将马路图像移动到如图4-096所示的位置。

为得到马路上原有的阴影效果，可模仿草地上阴影的处理方法，将马路原地面拷贝到Layer 12，将该图层的合成模式改为Overlay，不透明度设置为35%，结果也如图4-096所示。

图4-096 粘贴进来的马路位置及处理后的效果

4.8.6 粘贴调整近景和前景植物

(1)选 File/Open 菜单命令，分别打开如图 4-097 所示的三幅用于近景的植物贴图，它们都已用 Photoshop 处理完毕，所需图像处于一个单独的图层。

激活建筑场景图层 Layer 10，以下粘贴的近景和前景植物都位于该图层之上；将树木贴图 Jin01.psd 粘贴在建筑场景的 Layer 13 和 Layer 14，经过亮度、大小、模糊等调整处理后，结果如图 4-098 所示。

将灌木贴图 Jin02.psd 粘贴在建筑场景的图层 Layer 15，经过颜色、大小等调整处理后，结果也如图 4-098 所示。

将花草贴图 Jin03.psd 粘贴在建筑场景的 Layer 16，经过颜色、大小、复制、拼接等调整处理后，结果也如图 4-098 所示。

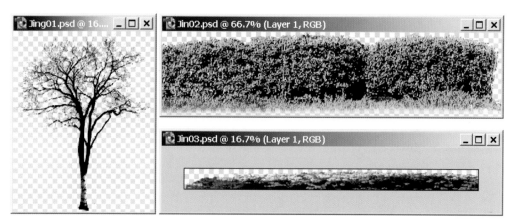

图 4-097　三幅用于近景的植物贴图

图 4-098　近景植物粘贴的位置及效果

(2)选 File/Open 菜单命令，打开如图 4-099 上图所示的一幅用于前景的植物贴图 Qian.psd，它已用 Photoshop 处理完毕，背景透明。

将前景贴图 Qian.psd 粘贴在建筑场景的右上角，在图层工作面板中位于 Layer 17，经过亮度、大小、模糊等的调整处理后，结果如图 4-099 下图所示。

图4-099 前景植物贴图及粘贴后的效果

4.8.7 粘贴调整汽车和人物

(1)选 File/Open 菜单命令，分别打开如图4-100所示的三幅汽车贴图，它们都已用 Photoshop 处理完毕，背景透明。

激活建筑场景图层 Layer 17，以下粘贴的汽车都位于该图层之上；将汽车贴图 Car01. psd 粘贴在建筑场景的 Layer 18，经过颜色、大小、模糊、加阴影等调整处理后，结果如图4-101所示。

将汽车贴图 Car02.psd 粘贴在建筑场景的图层 Layer 19，经过颜色、大小、加阴影等调整处理后，结果也如图4-101所示。

将汽车贴图 Car03.psd 粘贴在建筑场景的 Layer 20，经过颜色、大小、加阴影等调整处理后，结果也如图4-101所示。

图4-100 三幅汽车贴图

图 4-101　汽车粘贴的位置及效果

(2)粘贴近景人物：选 File/Open 菜单命令，分别打开如图 4-102 所示的四幅用于近景的人物贴图，它们都已用 Photoshop 处理完毕，背景透明。

激活建筑场景图层 Layer 20，以下粘贴的人物都位于该图层之上；将近景人物贴图 J-Peop01.psd 粘贴在建筑场景的 Layer 21，经过颜色、大小、加阴影等调整处理后，结果如图 4-103 所示。

将人物贴图 J-Peop02.psd 粘贴在建筑场景的图层 Layer 22，经过颜色、大小、加阴影等调整处理后，结果也如图 4-103 所示。

将人物贴图 J-Peop03.psd 粘贴在建筑场景的 Layer 23，经过颜色、大小、加阴影等调整处理后，结果也如图 4-103 所示。

将人物贴图 J-Peop04.psd 粘贴在建筑场景的 Layer 24，经过颜色、大小、加阴影等调整处理后，结果也如图 4-103 所示。

图 4-102　四幅近景人物贴图

图4-103 近景人物粘贴的位置及效果

(3)粘贴远景人物：选File/Open菜单命令，分别打开如图4-104所示的四幅用于远景的人物贴图，它们都已用Photoshop处理完毕，背景透明。

与步骤(2)类似可分别将它们粘贴在建筑场景的Layer 25～Layer 28，经过颜色、大小、加阴影等调整处理后，结果如图4-105所示。

提示：在粘贴人物、汽车、树木等配景时，应做到以下几点：

* 应选择那些适合表现建筑设计思想，能活跃建筑场景气氛和平衡画面整体色彩的配景进行粘贴。比如，如果整个画面的色调过于灰暗，则可以加上一些明度和纯度较高的色彩图像来起到点缀的作用；反之，如果色彩对比过于强烈或色调不够统一，则应当用灰性的贴图来起到调和作用，以使色调更加愉目。

* 应尽可能选择走姿生动的人物，动势的汽车等配景来粘贴。粘贴的位置应考虑到构图和实际场景的需要，不应遮挡重点表现的中心部位，可在效果图中有漏洞或不好表现的非重点部位进行粘贴。人物应尽可能走向画面趣味中心，如主入口处、主楼部分等。因为人的走向能起到引导人的视线的作用，一般不要让人物向画面外走，否则人的视线往往会被分散。

* 植物、人物及其他配景的透视、比例、尺度，特别是它们与视平线的关系应设置正确。特别是人物的大小一定要符合一定的尺度，否则会破坏主体建筑的体量感。比如，在粘贴人物时就要保证场景中所有人物的大小与整个场景的尺度关系正确，并且站在同一高度的所有人的眼睛都应和观察者的视线在同一直线上。

* 考虑到整个场景色调对配景的要求，应对配景进行颜色调整，而且同一幅画面中不同的受光区，配景的明暗程度也会不同，比如阴影中的人物、汽车等。另外，人物的服装应尽量属于同一季节，不能反差太大。

* 应根据实际场景的需要给粘贴进来的配景加上阴影。需要特别注意的是阴影的方向，一定要与主体建筑投射阴影的方向一致。

(4)如果感觉整幅画面有些灰暗，可激活图层Layer 28，然后选择菜单命令Layer/New Adjustment Layer/ Brightness&Contrast，在弹出的对话框中回答OK，然后在又弹出

图 4-104　四幅远景人物贴图

图 4-105　远景人物粘贴的位置及效果

的对话框中设置 Brightness 为 +5，Contrast 为 +15 后回答 OK，则在所有可见图层的上面建立了一个调整图层，调整的结果可见图 4-001。

　　按 Ctrl+S 键，将 Bgl.psd 文件覆盖存盘。还可以选择 File/Save As，在弹出的对话框中选择 Tif 格式，取消对 Alpha Channels 和 Layers 的勾选，设置文件名为 Print 后按下"保存"钮，在又弹出的对话框中选择 LZW 压缩方式后回答 OK，则图像被存储为 Print.tif，在该文件中图层会自动合并，通道消失。至此整个办公楼设计方案效果图制作完毕，最终效果如图 4-001 所示，下面我们就可到打印机上进行打印了。

第五章
室外建筑效果图实例制作精要

本章以精选的五幅有代表性的室外建筑效果图作品为实例,通过讲解它们的主要制作步骤、方法和技巧,来强化训练读者的实际制作技能。相信读者通过这部分的学习和训练之后,就能更全面地掌握室外建筑效果图的制作方法和技巧,而且能在实际创作时对这些技法得到深化理解和灵活变通,轻松创作出自己的高水平电脑效果图。

读者可将本章和上面三章所提供的场景模型、贴图等直接或间接合并到自己的场景中,也可以通过修改而成为自己的作品,但需提醒的是:不能将这些资料再销售或给他人拷贝。

5.1 制作某住宅效果图

本住宅场景的模型、灯光、透视等如图 5-001 所示,最终处理效果如图 5-002 所示。可在 3DS MAX R5.0 中调入光盘一中的 \Ch05\j01\Zhuzhai.max 文件,查看该场景的模型、材质、灯光、相机等的详细设置;在 Photoshop 中打开光盘一中的 \Ch05\j01\Zhuzhai.psd 文件,可查看了解渲染图后期平面图像处理的图层、通道、贴图等处理细节。下面我们将就本住宅效果图的主要制作步骤进行介绍,其中穿插介绍各种创作技法,还有许多技术性提示和警告性信息,相信能对您的室外建筑效果图创作能力大有裨益。

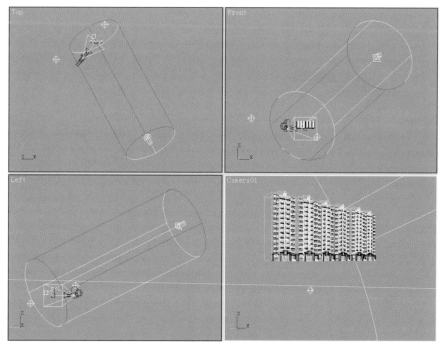

图 5-001　住宅场景模型、灯光和透视的制作结果

图 5-002　住宅效果图的最终制作效果

5.1.1　住宅楼模型的制作

(1)通过分析建筑图纸我们可知：这个住宅楼有6个单元组成，每个单元都是相同的，只不过在顶视图上有错落而已。因此我们只要制作一个单元的模型，然后关联复制它即可，这样建模最为简便。

如图5-003所示，是单元一的模型，由6个物体组成：Wall01、Glass01、Metal01、Blue01、Yellow01和[White01]。其中物体Metal01是所有的围栏物体，由许多Box物体组成，经塌陷而成为一个Mesh物体，其材质为METAL(金属)，也很简单，参数如下：

着色方式：Metal

阴影区颜色 Ambient：HSV(0，0，50)

过渡区颜色 Diffuse：HSV(0，0，170)

高光强度 Specular Level：60

高光区域 Glossiness：65

反射贴图 Reflection：100 Metals.tif(如图2-041所示)

(2)物体Blue01和Yellow01是建筑中的有色墙板，由许多Box物体拼接组成，按照材质的不同分别塌陷为了Mesh物体。其中物体Blue01的材质为BLUE(蓝色)，参数设置如下：

着色方式：Blinn

阴影区颜色 Ambient：HSV(150，130，180)

过渡区颜色 Diffuse：HSV(150，130，210)

高光区颜色 Specular：HSV(150，70，230)

高光强度 Specular Level：25

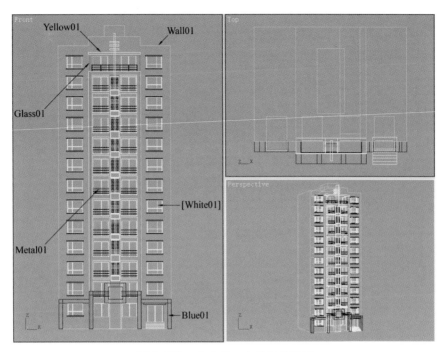

图 5-003　住宅楼一个单元的模型

高光区域 Glossiness：20

物体 Yellow01 的材质为 YELLOW(黄色)，参数如下：

着色方式：Blinn

阴影区颜色 Ambient：HSV(35，100，190)

过渡区颜色 Diffuse：HSV(35，100，210)

高光区颜色 Specular：HSV(35，50，230)

高光强度 Specular Level：25

高光区域 Glossiness：20

自发光度 Self-Illumination：10

(3)物体[White01]是由建筑中的窗棱和台阶组合而成。如图5-003所示，窗棱和台阶也是由许多Box物体通过拼接塌陷而得到的，它们都被赋予白色材质WHITE(白色)，参数定义如下：

着色方式：Blinn

阴影区颜色 Ambient：HSV(0，0，170)

过渡区颜色 Diffuse：HSV(0，0，200)

高光区颜色 Specular：HSV(0，0，230)

高光强度 Specular Level：25

高光区域 Glossiness：20

(4)墙体Wall01也如图5-003所示，被塌陷为了一个物体，它被赋予一个白瓷砖贴面材质WALL(墙)，其材质参数定义如下：

着色方式：Blinn

阴影区颜色 Ambient：HSV(0, 0, 0)

过渡区颜色 Diffuse：HSV(0, 0, 0)

高光区颜色 Specular：HSV(0, 0, 210)

高光强度 Specular Level：25

高光区域 Glossiness：20

纹理贴图 Diffuse Color：100 Bricks 贴图类型(贴图参数如图 5 004 所示)

墙体 Wall01 的贴图坐标先不指定，在所有模型都制作完成后再统一指定。

(5)玻璃物体 Glass01 也如图 5-003 所示，被塌陷为了一个物体，它被赋予一个透明的带渐变效果的反射材质 GLASS(玻璃)，其材质参数定义如下：

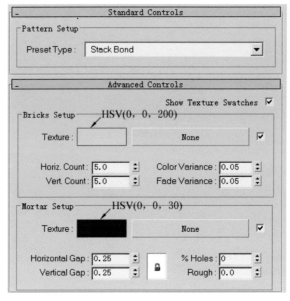

图 5-004　Bricks 贴图类型的贴图参数

着色方式：Blinn　勾选 2-Sided 选项

阴影区颜色 Ambient：HSV(150, 50, 100)

过渡区颜色 Diffuse：HSV(150, 50, 150)

高光区颜色 Specular：HSV(150, 20, 230)

不透明度 Opacity：50

高光强度 Specular Level：50

高光区域 Glossiness：50

透明过滤色：Filter：HSV(150, 50, 150)

纹理贴图 Diffuse Color：100 Glass.tif(如图 5-005 所示)

反射贴图 Reflection：40 Metal.jpg(如图 2-053 所示)

在反射贴图 Metal.jpg 的参数面板中设置 Blur Offset 为 0.05。玻璃 Glass01 的贴图坐标先不指定，在所有模型都制作完成后再统一指定。

（6）全选第一个单元的所有物体，然后关联复制它们为第二个单元的物体：Wall02、Glass02、Metal02、Blue02、Yellow02和[White02]。在Top视窗将第二个单元的所有物体向左移动15.75m，使这两个单元间留有15cm的间距，如图5-006所示。

图5-005　玻璃渐变纹理贴图Glass.tif

再关联复制第二单元为第三单元：Wall03、Glass03、Metal03、Blue03、Yellow03和[White03]。在Top视窗将第三个单元的所有物体向左移动15.6m，向下移动1.9m，结果如图5-006所示。

同样，经过多次关联复制和移动，可得到如图5-006所示的住宅模型。

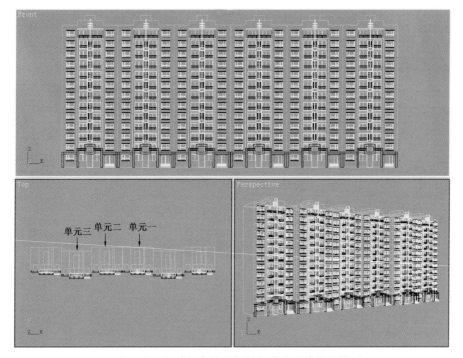

图5-006　经过多次关联复制和移动后的住宅模型

(7)使用按名称选择钮▥，同时选择所有墙体 Wall01～Wall06；然后进入变动命令面板，给所有被选择物体指定一个 5.0m × 5.0m × 5.0m 的 Box 型贴图坐标，如图 5-007 上图所示。

同样，使用按名称选择钮▥，同时选择 Glass01～Glass06；然后进入变动命令面板，在 Front 视窗给所有被选择的玻璃物体指定一个与其等大的 Planar 型贴图坐标，如图 5-007 下图所示。

至此住宅楼的模型、材质和贴图坐标都制作完毕，选择 File/Save 菜单命令，将当前场景存盘为 Zhuzhai.max。

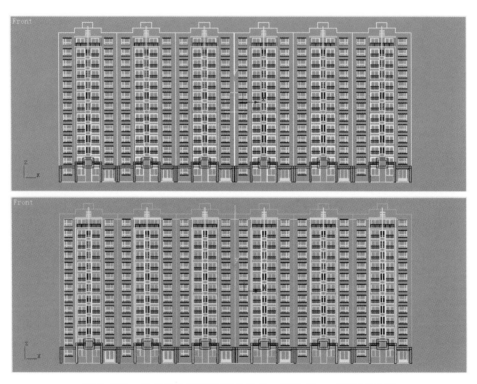

图 5-007　给墙体和玻璃所赋予的 Box 型和 Planar 型贴图坐标

5.1.2　住宅楼场景相机与灯光的创建与调整

(1)照相机视窗的创建：创建一个如图 5-008 所示的相机 Camera01，其焦距为 35mm，打开 Show Cone，以便于观察取景范围；激活 Perspective 视窗，按下 C 键，将 Perspective 视窗变为 Camera01 视窗，这就是我们所要的透视视窗。

单击相机与其目标点间的连线，则会同时选择相机及其目标点，然后在 Front 视窗移动相机及其目标点，使它们距地面 1.6m；在 Top 视窗利用移动、拉伸等命令来微调相机及其目标点的位置，使需要着色输出的场景都位于窗口以内；调整完毕的 Camera01 视窗也如图 5-008 所示。

(2)模拟日光：点取 ▨/▨/Standard/Target Direct，在 Front 视窗建立一个自右上向左下照射的直射目标聚光灯 Direct01，设置其阴影方式为 Ray Traced Shadows，颜色为

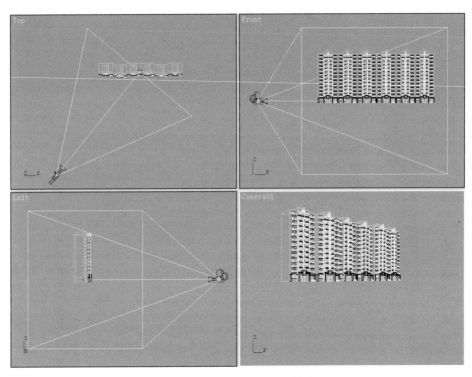

图 5-008　Camera01 及其摆放位置

HSV(0，0，255)，在 Directional Parameters 展卷栏中勾选 Show Cone 钮，设置 Hotspot 为 190.0m 后回车，则 Falloff 自动变为 190.02m；在 Shadows Parameters 展卷栏中点取 Color 右侧的颜色块，设置阴影亮度为 HSV(0，0，45)。

在 Top 视窗，使用移动钮 ✥ 调整平行光 Direct01 及其目标点到如图 5-001 所示的位置。

(3)模拟环境光：点取 ▫/☀/Standard/Omni，分别建立泛光灯 Omni01 和 Omni02；然后将 Omni01 放置到建筑的左前上方，设置其亮度为 90，用以照亮建筑的侧面，起辅助光的作用；将 Omni02 放置到建筑的右后下方，设置其亮度为 60，用以照亮建筑的底面，起背光的作用；Omni01 和 Omni02 的放置位置也如图 5-001 所示。

到目前为止，整个场景的模型、材质、相机和灯光等都已初步制作完毕，如果对着色结果感到不满意，可反复进行着色、观察、调试，来纠正或调整一些场景中的设置，以达到预期的效果。当确信在 3DS MAX 中已经获得了最佳的建筑表现效果时，按 Ctrl+S 键，将调试整理完毕的场景覆盖存储为 Zhuzhai.max，以备将来再次调试、应用。

5.1.3　大幅面渲染生成住宅楼建筑

由于场景中只有主体建筑存在，因此我们可以只将需要着色输出的部分进行渲染，为此选菜单 Rendering/Render 命令，在弹出的 Render Scene 对话框中设置 Width 为 3200Pixels，Height 为 2400Pixels；在 Render Output 区按下 Files 钮，在弹出的对话框中指定目录并输入文件名 Zhuzhai，选择文件格式为 TGA，按下"保存"钮，在又弹出的对话框中设置图像属性 Bits Per Pixel(每像素位数)为 32，采用 Compress(压缩)方式存盘，由于这时场景中没有背景图像设置，因此不需要选择 Pre-Multiplied Alpha 选项，其他的参数设置如图2-080所示，按OK钮确认TGA图像属性参数设置；其他的渲染参数设置请参见图3-079，最后按下Close钮确认所有渲染参数并关闭Render Scene对话框。

在快捷命令面板中设置渲染方式为Blowup，按渲染钮 ，在照相机视窗确定渲染区域后，按下视窗右下角的OK钮进行着色渲染，渲染结果为Zhuzhai.tga(如图5-009所示)，并被存储到硬盘中，可调入Photoshop中进行后期平面图像处理。

图5-009　住宅楼在3DS MAX中的最后渲染效果

5.1.4　大幅面住宅楼渲染图后期图像处理

住宅楼的制作非常普遍，因此我们一般无需建立周围环境的模型，只要使用以前作好的环境，经过调整、拼接和重新粘贴贴图即可完成。

(1)调整幅面并粘贴天空和地面：启动并进入Photoshop R7.0，选File/Open菜单命令，打开一幅如图5-010所示的天空图像，将其宽高改变为3000×1800Pixels，我们将在这个幅面上通过一步步地粘贴来得到住宅的环境效果。

从材料库中或以前制作的效果图中，最好是PSD格式的文件中，取得一个地面贴图，改变其宽度为3000Pixels后，将其粘贴进来放置在图幅的底部，位于图层Layer 1中，结果如图5-010所示。

选File/Open菜单命令，打开在上一节生成的住宅场景渲染图Zhuzhai.tga；由于我们在上一节保存了生成图像的Alpha通道，因此住宅场景的背景是透明的，按Ctrl+A键后按Ctrl+C键，将图像拷贝至剪贴板中；按图像窗口右上角的 钮将其不存盘关闭。

按Ctrl+V键，将住宅建筑粘贴进来，位于图层Layer 2中，选择菜单命令Image/Adjust/Brightness&Contrast，在弹出的对话框中将Brightness和Contrast分别设置为+5和+15后回答OK；通过按比例缩小并将其放置在地面上，得到如图5-010所示的效果。

选File/Save As菜单命令，将当前场景画面存储为Zhuzhai.psd。

图 5-010　天空、地面和住宅效果

　　(2)粘贴配楼和远景植物：复制住宅建筑图层 Layer 2 为 Layer 3 和 Layer 4，再将这两个图层中的住宅按比例缩小，分别放置在主体住宅楼的左后方，即图层 Layer 2 的下面，其中 Layer 4 被缩的最小而被放置在 Layer 3 的下面；最后将 Layer 3 的不透明度设置为 90%，将 Layer 4 的不透明度设置为 80%，结果如图 5-011 所示。

　　再粘贴一个配楼(Layer 5)在主体住宅楼的右后方，将其不透明度设置为 85%，结果也如图 5-011 所示。

　　粘贴远景植物在 Layer 6 和 Layer 7，分别放置在主体住宅楼的左右两侧，调整后的效果也如图 5-011 所示。

　　再粘贴一个植物在 Layer 8，将其不透明度设置为 80%，将其放置在主体住宅楼的后面，配景住宅楼 Layer 3 的前面，且只露出一半，这样可起到隔开主体住宅楼和配景住宅楼的效果，经调整后的结果也如图 5-011 所示。

图 5-011　配楼和远景植物粘贴处理后的效果

(3)粘贴草地、近景和前景植物：在图层工作面板中，通过粘贴处理的草地位于Layer 9，在主体住宅楼图层Layer 2的上面，如图5-012所示。

草地图层Layer 9之上是树木图层Layer 10，Layer 10之上是冬青树篱笆和树影图层Layer 11，Layer 11之上是灌木植物图层Layer 12，粘贴处理后的效果也如图5-012所示。

前景植物是位于主体住宅楼两侧，画幅边缘的两个植物，它们能使画面具有进深感，并起到平衡画面的效果。在图层工作面板中，前景植物位于Layer 13，在灌木植物图层Layer 12之上，也如图5-012所示。

图5-012　草地、近景和前景植物粘贴处理后的效果

(4)粘贴人物、汽车和其他配景：在图层工作面板中，通过粘贴处理的汽车及其阴影位于Layer 14，在前景植物图层Layer 13的上面，如图5-002所示。

配景路灯及其阴影所在的图层Layer 15位于汽车图层Layer 14之上，Layer 15之上的Layer 16是所有的人物贴图及其阴影，粘贴处理的效果也如图5-002所示。

如果从画面整体考量，地面显得有些暗了，为此将地面图层Layer 1的不透明度设置为75%，则会将地面提亮一些，这是因为下面的天空图层的下部很亮的缘故，结果也如图5-002所示。

按Ctrl+S键，将Zhuzhai.psd文件覆盖存盘。还可以选择File/Save As，将图像存储为不含图层和通道的文件Print.tif。至此整个住宅楼设计方案效果图制作完毕，最终效果如图5-002所示，下面就可以到打印机上进行打印了。

5.2　制作某别墅效果图

本别墅场景的模型、灯光、透视等如图5-013所示，最终处理效果如图5-014所示。可在3DS MAX R5.0中调入光盘一中的\Ch05\j02\Bieshu.max文件，查看该场景的模型、材质、灯光、相机等详细设置；在Photoshop中打开光盘一中的\Ch05\j02\Bieshu.psd，可查看了解渲染图后期平面图像处理的图层、通道、贴图等处理细节。

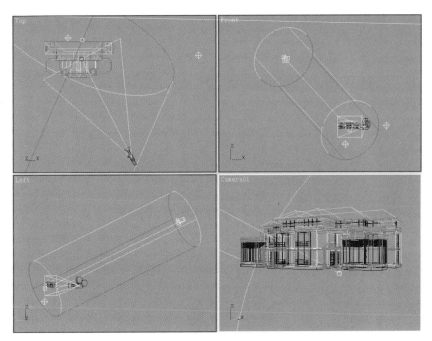

图5-013　别墅场景模型、灯光和透视的制作结果

图5-014　别墅效果图的最终制作效果

5.2.1　别墅模型的制作

(1)首先根据建筑图纸制作出如图5-015所示的别墅底部石材墙体Wall01，它由多个Box物体和多边形物体依别墅的外轮廓拼装而成，经塌陷而成为一个Mesh物体；在Front视窗我们给其赋予一个边长为1.0m的正方体(Box)贴图坐标，也如图5-015所示。石材墙体Wall01的材质为WALL01，参数设置如下：

着色方式：Blinn

阴影区颜色 Ambient：HSV(0，0，0)

过渡区颜色 Diffuse：HSV(0，0，0)

高光区颜色 Specular：HSV(50，15，200)

高光强度 Specular Level：30

高光区域 Glossiness：25

纹理贴图 Diffuse Color：100 Shi.tif(如图 5-016 所示)

在纹理 Shi.tif 的贴图面板中，设置 V offset 为 0.005，V Tiling 为 1.4，其他参数不变，这样可保证石砖缝与墙底边对齐，并且石砖贴图纹理不变形。

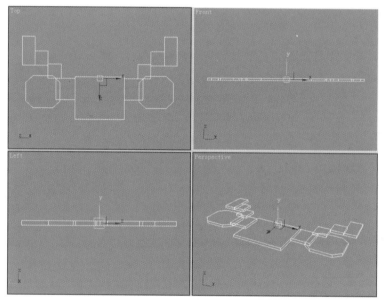

图 5-015　别墅底部石材墙体 Wall01 及其贴图坐标

图 5-016　蘑菇石墙面贴图 Shi.tif

(2)根据建筑图纸制作出如图5-017所示的别墅中部面砖墙体Wall02，它是由多个Box物体拼装而成，塌陷为一个Mesh物体；在Front视窗我们给其赋予一个边长为1.5m的正方体贴图坐标，也如图5-017所示。面砖墙体Wall02的材质为WALL02，参数设置如下：

着色方式：Blinn

阴影区颜色Ambient：HSV(0，0，0)

过渡区颜色Diffuse：HSV(0，0，0)

高光区颜色Specular：HSV(25，30，200)

高光强度Specular Level：30

高光区域Glossiness：25

纹理贴图Diffuse Color：100 Bricks贴图类型(贴图参数如图5-018)

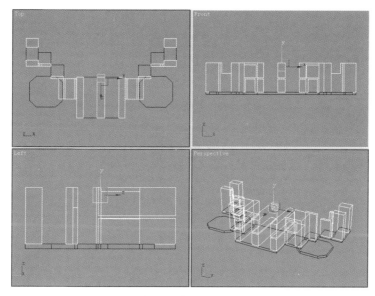

图5-017　别墅中部面砖墙体Wall02及其贴图坐标

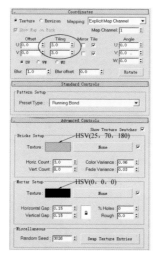

图5-018　Bricks贴图参数设置

(3)根据建筑图纸制作出如图5-019所示的别墅中部竖线面砖墙体Wall03，它也是由多个Box物体拼装而成，并塌陷为了一个Mesh物体；在Front视窗我们给其赋予一个边长为1.0m的正方体贴图坐标，也如图5-019所示。面砖墙体Wall03的材质为WALL03，该材质参数设置与材质WALL02类似，只是Bricks贴图参数设置有所不同，如图5-020所示。

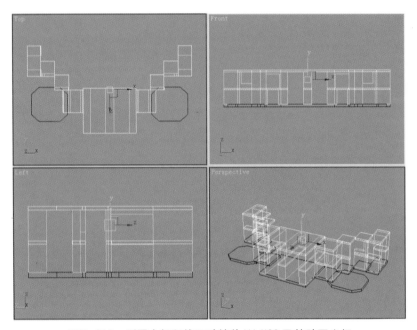

图5-019 别墅中部竖线面砖墙体Wall03及其贴图坐标

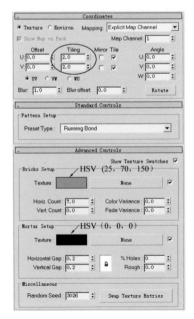

图5-020 竖线面砖Bricks贴图参数设置

(4)根据建筑图纸可制作出如图5-021所示的别墅上部横线面砖墙体Wall04，它也是由多个Box物体拼装而成，并塌陷为一个Mesh物体；在Front视窗我们给其赋予一个边长为1.0m的正方体贴图坐标，也如图5-021所示。面砖墙体Wall04的材质为WALL04，该材质参数设置与材质WALL02类似，只是Bricks贴图参数设置有所不同，如图5-022所示。

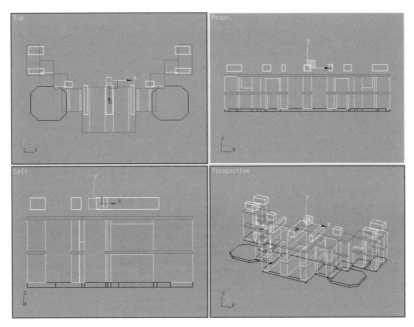

图5-021　别墅上部横线面砖墙体Wall04及其贴图坐标

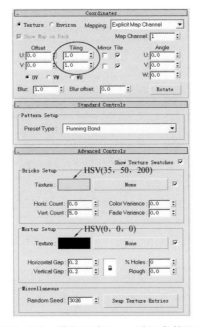

图5-022　横线面砖Bricks贴图参数设置

(5)根据建筑图纸可制作出如图5-023所示的台阶(Jie)以及别墅屋檐、柱子、窗框、部分墙体、台阶等，由于它们都将被赋予同一个白色材质BAI，因此将它们塌陷为一个Mesh物体Bai(白色)；白色材质BAI的参数设置如下：

着色方式：Blinn

阴影区颜色Ambient：HSV(0，0，170)

过渡区颜色Diffuse：HSV(0，0，200)

高光区颜色Specular：HSV(0，0，230)

高光强度Specular Level：30

高光区域Glossiness：20

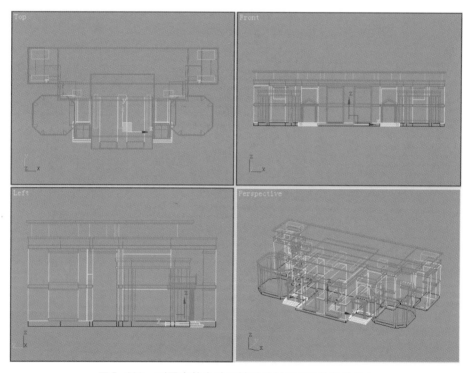

图5-023　别墅中的台阶及被赋予材质BAI的物体Bai

(6)根据建筑图纸制作如图5-024所示的玻璃物体Glass及所有玻璃上的窗棂Leng，其中物体Leng也被赋予材质BAI。

玻璃物体Glass被赋予透明材质GLASS，其参数设置如下：

着色方式：Blinn　勾选2-Sided选项

阴影区颜色Ambient：HSV(150，150，140)

过渡区颜色Diffuse：HSV(150，150，180)

高光区颜色Specular：HSV(150，100，220)

不透明度Opacity：40

高光强度Specular Level：35

高光区域 Glossiness：45

透明过滤色：Filter：HSV(0，0，128)

反射贴图 Reflection：60 Metal.jpg(如图2-053所示)

在反射贴图 Metal.jpg 的参数面板中设置 Blur Offset 为0.05。

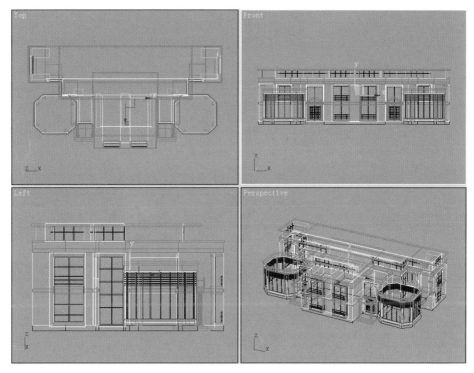

图 5-024　玻璃物体 Glass 及所有玻璃上的窗棱 Leng

(7)根据建筑图纸制作出如图5-025所示的别墅瓦屋顶Wa，它是由组成瓦屋顶的各个侧面的面物体拼装、塌陷而成的；在Front视窗我们给其赋予一个边长为1.0m的正方体贴图坐标，也如图5-025所示。灰色瓦屋顶的材质为WA，材质参数设置如下：

着色方式：Blinn

阴影区颜色 Ambient：HSV(0，0，0)

过渡区颜色 Diffuse：HSV(0，0，0)

高光区颜色 Specular：HSV(150，15，200)

自发光度 Self-Illumination：20

高光强度 Specular Level：30

高光区域 Glossiness：20

纹理贴图 Diffuse Color：100 Wa.tif(如图5-026所示)

在纹理贴图 Wa.tif 的参数面板中，设置 U Tiling=V Tiling=0.75。

至此别墅建筑的模型、材质和贴图坐标都制作完毕，选择File/Save菜单命令，将当前场景存盘为 Bieshu.max。

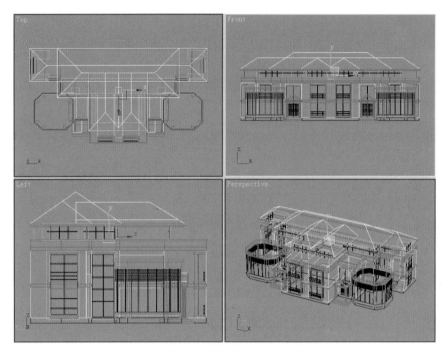

图 5-025　别墅中的瓦屋顶 Wa 及其贴图坐标

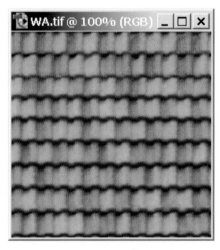

图 5-026　瓦屋顶表面纹理贴图 Wa.tif

5.2.2　别墅场景相机与灯光的创建与调整

(1)照相机视窗的创建：创建一个如图 5-027 所示的相机 Camera01，其焦距为 45mm，打开 Show Cone，以便于观察取景范围；激活 Perspective 视窗，按下 C 键，将 Perspective 视窗变为 Camera01 视窗，这就是我们所要的透视视窗。

单击相机与其目标点间的连线，则会同时选择相机及其目标点，然后在 Front 视窗移动相机及其目标点，使它们距地面 2.5m；在 Top 视窗利用移动、拉伸等命令来微调相机及其目标点的位置，使需要着色输出的场景都位于窗口以内；调整完毕的 Camera01 视窗也如图 5-027 所示。

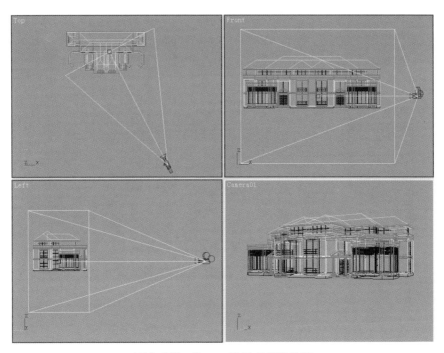

图 5-027　Camera01 及其摆放位置

(2)模拟日光：点取 ▨/▧/Standard/Target Direct，在Front视窗建立一个自建筑左上方向右下照射的直射目标聚光灯Direct01，设置其阴影方式为Ray Traced Shadows，颜色为HSV(0，0，255)，Multiplier 为1.1，在Directional Parameters展卷栏中勾选Show Cone钮，设置Hotspot为43.0m后回车，则Falloff自动变为43.02m；在Shadows Parameters展卷栏中点取Color右侧的颜色块，设置阴影亮度为HSV(0，0，60)。

在Top视窗，使用移动钮✛调整平行光Direct01及其目标点到如图5-013所示的位置。

(3)模拟环境光：点取 ▨/▧/Standard/Omni，分别建立泛光灯Omni01和Omni02；然后将Omni01放置到建筑的右侧，设置其亮度为100，用以照亮建筑的侧面，起辅助光的作用；将Omni02放置到建筑的后下方，设置其亮度为75，用以照亮建筑的底面，起背光的作用；Omni01和Omni02的放置位置也如图5-013所示。

到目前为止，整个场景的模型、材质、相机和灯光等都已初步制作完毕，如果对着色结果感到不满意，可反复进行着色、观察、调试，来纠正或调整一些场景中的设置，以达到预期的效果。当确信在3DS MAX中已经获得了最佳的建筑表现效果时，按Ctrl+S键，将调试整理完毕的场景覆盖存储为Bieshu.max，以备将来再次调试、应用。

5.2.3　大幅面渲染生成别墅场景图像

首先激活Camera01视窗，以确定要渲染的透视图；然后选菜单Rendering/Render命令，在弹出的Render Scene对话框中设置Width为3200Pixels，Height为2400Pixels；在Render Output区按下Files钮，在弹出的对话框中指定目录并输入文件名Bieshu，选择文件格式为TGA，按下"保存"钮，在又弹出的对话框中设置图像属性Bits Per Pixel(每像素位数)为32，采用Compress(压缩)方式存盘，由于这时场景中没有背景图像设置，因此不需要选择Pre-Multiplied Alpha选项，其他的参数设置如图2-080所示，按OK钮确认TGA

图像属性参数设置；其他的渲染参数设置请参见图 3-079，最后按下 Render 钮进行着色渲染；最后渲染结果 Bieshu.tga(如图 5-028 所示)被存储到硬盘中，可调入 Photoshop 中进行后期平面图像处理。

图 5-028　别墅建筑在 3DS MAX 中的最后渲染效果

5.2.4　大幅面别墅渲染图后期图像处理

(1)调整幅面并粘贴天空和地面：启动并进入 Photoshop R7.0，选 File/Open 菜单命令，打开一幅如图 5-029 所示的天空图像，将其宽高改变为 3000 × 1650Pixels。

从材料库中或以前制作的效果图中，取得一个地面贴图，改变其宽度为 3000Pixels 后，将其粘贴进来放置在图幅的底部，位于图层 Layer 1 中，结果也如图 5-029 所示。

选 File/Open 菜单命令，打开在上一节生成的别墅渲染图 Bieshu.tga；将别墅图像粘贴进来，位于图层 Layer 2 中，选择菜单命令 Image/Adjust/Brightness&Contrast，在弹出的对话框中将 Brightness 和 Contrast 分别设置为 +5 和 +25 后回答 OK；通过按比例缩小并将其放置在地面上，得到如图 5-029 所示的效果。

选 File/Save As 菜单命令，将当前场景画面存储为 Bieshu.psd。

图 5-029　天空、地面和别墅效果

(2)粘贴配楼和远景植物：复制别墅图层 Layer 2 为 Layer 3 和 Layer 4，再将这两个图层中的住宅按比例缩小，分别放置在主体住宅楼的右后方和左后方，即图层 Layer 2 的下面；最后将 Layer 3 的不透明度设置为 80%，将 Layer 4 的不透明度设置为 70%，结果如图 5-030 所示。

粘贴一些植物在 Layer 5，放置在别墅的后面；由于别墅的玻璃是透明的，因此在有些地方能露出一些植物，就好像是玻璃对周围景物的反射，增强了玻璃的真实感，最终效果也如图 5-030 所示。

图 5-030　配楼和远景植物粘贴处理后的效果

(3)粘贴近景和前景植物：别墅前面的灌木位于图层 Layer 6 和 Layer 7，花坛位于图层 Layer 8，在图层工作面板中，它们都位于别墅图层 Layer 2 之上，粘贴处理后的效果如图 5-031 所示。

场景中别墅左侧靠前的植物以及右侧的前景植物都位于图层 Layer 9，它们能使画面具有进深感，并起到平衡画面的效果；在图层工作面板中，Layer 9 位于花坛图层 Layer 8 之上，最终的处理效果也如图 5-031 所示。

图 5-031　近景和前景植物粘贴处理后的效果

(4)粘贴人物、路灯和树影：配景路灯及其阴影所在的图层Layer 10位于前景植物图层Layer 9之上，Layer 10之上是所有的人物贴图及其阴影所在的图层Layer 11，粘贴处理的效果如图5-014所示。

如果从画面整体考量，草地显得有些亮，因此在草地上粘贴一些树影，这样可增加画面的进深感和真实感；在图层工作面板中，树影图层Layer 12位于人物图层Layer 11的上面，处理结果也如图5-014所示。

按Ctrl+S键，将Bieshu.psd文件覆盖存盘。还可以选择File/Save As，将图像存储为不含图层和通道的文件Print.tif。至此整个别墅设计方案效果图制作完毕，最终效果如图5-014所示，下面就可以到打印机上进行打印了。

5.3 制作某大门效果图

本大门场景的模型、灯光、透视等如图5-032所示，最终处理效果如图5-033所示。可

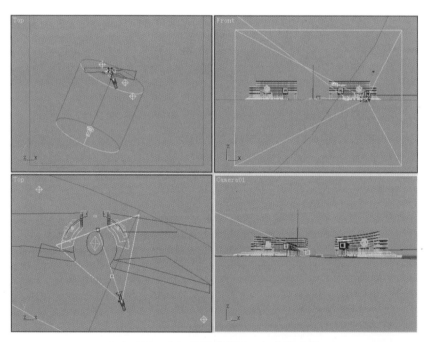

图5-032 大门场景的模型、灯光和透视

图5-033 大门效果图的最终制作效果

在3DS MAX R5.0中调入光盘一中的\Ch05\j03\Damen.max文件，查看该场景的模型、材质、灯光、相机等详细设置；在Photoshop中打开光盘一中的\Ch05\j03\Damen.psd，可查看了解渲染图后期平面图像处理的图层、通道、贴图等处理细节。

5.3.1 大门场景模型的制作

(1)根据建筑图纸制作出如图5-034所示的大门麻石墙体[Wall01]和[Wall02]，它们是由多个Box物体和多边形延展(Extrude)物体组合而成。[Wall01]是墙体的主要部分，[Wall02]是墙体上的色带，颜色较深。麻石墙体[Wall01]的材质为WALL01，参数设置如下：

着色方式：Blinn

阴影区颜色Ambient：HSV(0, 0, 0)

过渡区颜色Diffuse：HSV(0, 0, 0)

高光区颜色Specular：HSV(10, 40, 210)

高光强度Specular Level：25

高光区域Glossiness：30

纹理贴图Diffuse Color：100 Noise贴图类型(参数如图5-035所示)

色带[Wall02]的材质为WALL02，其参数与材质WALL01基本相同，只是颜色较深，因此将Noise贴图参数面板中控制麻石颜色的Color #1设置为HSV(10, 90, 150)，Color #2设置为HSV(10, 90, 40)即可。

提示：由于纹理贴图仅采用了Noise贴图类型，因此无需为麻石墙体[Wall01]和[Wall02]指定贴图坐标。

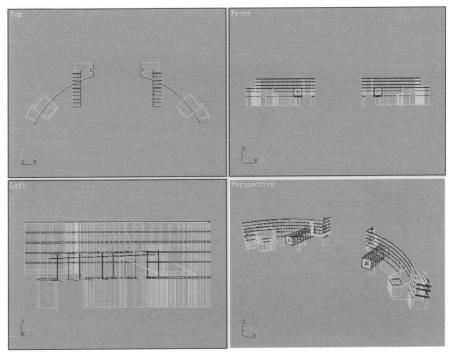

图5-034　大门麻石墙体[Wall01]和[Wall02]

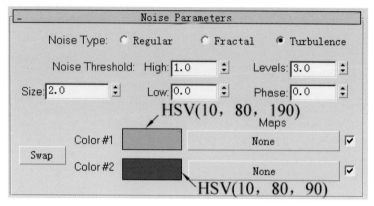

图 5-035　材质 WALL01 的 Noise 纹理贴图参数面板

(2)根据建筑图纸制作出如图 5-036 所示的大门中的玻璃[Glass]、玻璃分格[Ge]、天文球[Qiu]和右侧墙体上的文字 Zi。其中玻璃[Glass]和玻璃分格[Ge]都是由多个 Box 物体组合而成的，它们都被赋予简单的单色材质，玻璃材质 GLASS 定义如下：

着色方式：Blinn

阴影区颜色 Ambient：HSV(150，80，120)

过渡区颜色 Diffuse：HSV(150，80，150)

高光区颜色 Specular：HSV(150，50，180)

高光强度 Specular Level：35

高光区域 Glossiness：45

玻璃分格材质 GE 定义如下：

着色方式：Blinn

阴影区颜色 Ambient：HSV(20，35，70)

过渡区颜色 Diffuse：HSV(20，35，120)

高光区颜色 Specular：HSV(20，20，170)

高光强度 Specular Level：20

高光区域 Glossiness：25

(3)如图 5-036 所示，左右两侧的天文球[Qiu]是由一些圆管(Tube)物体组合而成，被赋予古铜色材质 QIU，材质参数定义如下：

着色方式：Blinn

阴影区颜色 Ambient：HSV(43，17，30)

过渡区颜色 Diffuse：HSV(51，16，80)

高光区颜色 Specular：HSV(53，16，130)

高光强度 Specular Level：20

高光区域 Glossiness：30

反射贴图 Reflection：30 Refmap.gif(如图 2-041 所示)

在反射贴图 Refmap.gif 参数面板中，设置 Blur Offset 为 0.15。

右侧墙体上的英文文字 Zi 是经延展和编辑而成，以使其能与墙体弧度相适应。文字的材质是金色材质 ZI，材质参数定义如下：

　　着色方式：Metal

　　阴影区颜色 Ambient：HSV(0, 0, 0)

　　过渡区颜色 Diffuse：HSV(30, 180, 255)

　　高光强度 Specular Level：60

　　高光区域 Glossiness：65

　　反射贴图 Reflection：100 Refmap.gif(如图 2-041 所示)

　　在反射贴图 Refmap.gif 参数面板中，设置 Blur Offset 为 0.05。

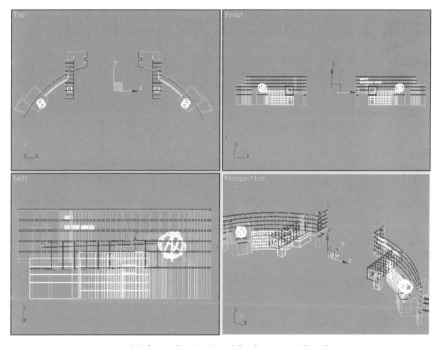

图 5-036　玻璃[Glass]、玻璃分格[Ge]、天文球[Qiu]和文字 Zi

　　(4)根据建筑图纸制作出如图 5-037 所示的花坛草台[Tai01]和[Tai02]以及在它们上面的草地物体[Grass01]和[Grass02]。花坛草台[Tai01]是位于紧靠大门墙体的高台，它被赋予材质 WALL01。花坛草台[Tai02]是旗杆的底座，它被赋予材质 WALL02。草地[Grass01]和[Grass02]都被赋予简单的绿色材质 GRASS，到 Photoshop 中再处理成草地纹理。材质 GRASS 定义如下：

　　着色方式：Blinn

　　阴影区颜色 Ambient：HSV(70, 150, 70)

　　过渡区颜色 Diffuse：HSV(70, 150, 110)

　　高光区颜色 Specular：HSV(70, 80, 150)

　　高光强度 Specular Level：15

　　高光区域 Glossiness：10

　　(5)首先在 Front 视窗建立一个薄片 Box 物体 Wall-wei(如图 5-038 所示)来作为右侧的

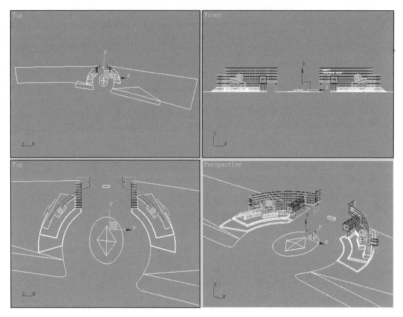

图 5-037　花坛草台[Tai01]和[Tai02]以及草地[Grass01]和[Grass02]

围墙，它被赋予材质 WALL01。

　　然后在 Top 视窗再建立一个大的薄片 Box 物体 Dadi(也如图 5-038 所示)来作为大地或马路，其材质名称为 DADI，定义如下：

　　着色方式：Blinn

　　阴影区颜色 Ambient：HSV(0，0，100)

　　过渡区颜色 Diffuse：HSV(0，0，150)

　　高光区颜色 Specular：HSV(0，0，200)

　　高光强度 Specular Level：20

　　高光区域 Glossiness：15

　　建立几个 Box 物体并组合成灯柱物体[Deng]，代表灯柱的各 Box 物体分布如图 5-038 所示。物体[Deng]被赋予材质 DADI。

　　提示：代表灯柱的各 Box 物体在 Photoshop 中将用粘贴的方法，以真实的灯柱照片盖住，这里只是用这几个 Box 物体来指示将来灯柱粘贴的位置。

　　最后制作一个如图 5-038 所示的圆柱物体 Qigan，来作为悬挂旗帜的旗杆。它被赋予一个金属材质 QIGAN，定义如下：

　　着色方式：Metal

　　阴影区颜色 Ambient：HSV(0，0，80)

　　过渡区颜色 Diffuse：HSV(20，15，200)

　　高光强度 Specular Level：60

　　高光区域 Glossiness：65

　　反射贴图 Reflection：100 Refmap.gif(如图 2-041 所示)

　　在反射贴图 Refmap.gif 参数面板中，设置 Blur Offset 为 0.05。

至此大门建筑场景的模型、材质和贴图坐标都制作完毕，选择File/Save菜单命令，将当前场景存盘为Damen.max。

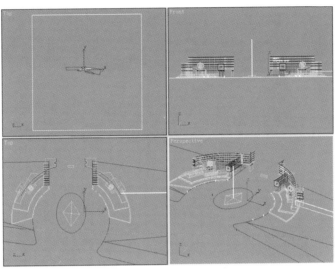

图5-038　围墙Wall-wei、大地Dadi、灯柱[Deng]和旗杆Qigan

5.3.2　大门场景相机与灯光的创建与调整

(1)照相机视窗的创建：创建一个如图5-039所示的相机Camera01，其焦距为30mm，打开Show Cone选项，以便于观察取景范围；激活Perspective视窗，按下C键，将Perspective视窗变为Camera01视窗，这就是我们所要的透视视窗。

在Front视窗使相机距地面0.7m，使相机目标点距地面1.35m，然后在Top视窗利用移动、拉伸等命令来微调相机及其目标点的位置，使需要着色输出的场景都位于窗口以内；调整完毕的Camera01视窗也如图5-039所示。

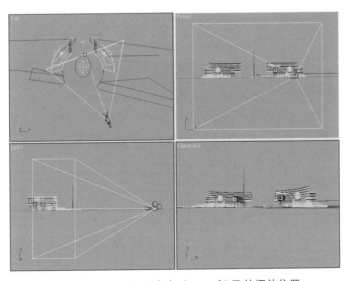

图5-039　大门场景相机Camera01及其摆放位置

(2)模拟日光：点取 ⬚/⬚/Standard/Target Direct，在Front视窗建立一个自大门左上向右下照射的直射目标聚光灯Direct01，设置其阴影方式为Ray Traced Shadows，颜色为HSV(0，0，255)，在Directional Parameters展卷栏中勾选Show Cone钮，设置Hotspot为300.0m后回车，则Falloff自动变为300.02m；在Shadows Parameters展卷栏中点取Color右侧的颜色块，设置阴影亮度为HSV(0，0，0)，而阴影浓度Dens.为0.75。

在Top视窗，使用移动钮⬚调整平行光Direct01及其目标点到如图5-040所示的位置。

(3)模拟环境光：点取 ⬚/⬚/Standard/Omni，分别建立泛光灯Omni01、Omni02和Omni03，它们可分别起到辅助光和背光的作用，以照亮弧形大门建筑的各个侧面和底面。这三个灯光的亮度都为255，而Multiplier都为0.35，放置的位置也如图5-040所示。

到目前为止，整个场景的模型、材质、相机和灯光等都已初步制作完毕，如果对着色结果感到不满意，可反复进行着色、观察、调试，来纠正或调整一些场景中的设置，以达到预期的效果。当确信在3DS MAX中获得了最佳的建筑表现效果时，按Ctrl+S键，将调试整理完毕的场景覆盖存储为Damen.max，以备将来再次调试、应用。

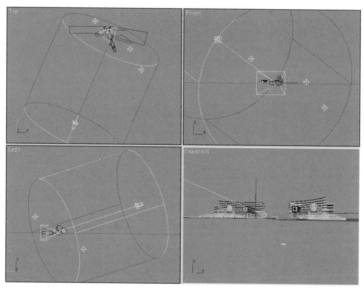

图5-040　泛光灯Omni01～Omni03和直射目标聚光灯Direct01

5.3.3　大幅面渲染生成大门场景图像和纯色块图像

(1)渲染生成大门场景图像：首先激活Camera01视窗，以确定要渲染的透视图；然后选菜单Rendering/Render命令，在弹出的Render Scene对话框中设置Width为4000Pixels，Height为3000Pixels；在Render Output区按下Files钮，在弹出的对话框中指定目录并输入文件名Damen，选择文件格式为TGA，按下"保存"钮，在又弹出的对话框中设置图像属性Bits Per Pixel(每像素位数)为32，采用Compress(压缩)方式存盘，由于这时场景中没有背景图像设置，因此不需要选择Pre-Multiplied Alpha选项，其他的参数设置如图2-080所示，按OK钮确认TGA图像属性参数设置；其他的渲染参数设置请参见图3-079，最后按下Render钮进行着色渲染；最后渲染结果Damen.tga(如图5-041所示)被存储到硬盘中，可调入Photoshop中进行后期平面图像处理。

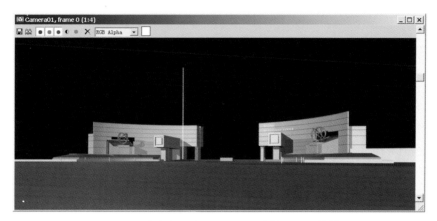

图 5-041　大门场景在 3DS MAX 中的最后渲染效果

(2)生成大门场景纯色块图像：首先按 Ctrl+S 键，将调整好模型、材质、相机、灯光和渲染参数的大门场景覆盖存盘；然后选择菜单命令 File/Save As，将场景另存为 Damen-o.max，以防止待会儿修改材质后，不小心覆盖存盘而造成原场景的损失。

按 钮打开材质编辑器，将场景中的材质分别改变为自发光的纯色材质，结果如图 5-042 所示。

激活照相机视窗，按下 钮则弹出场景着色对话框，其中的参数大多采用上一步的渲染参数，只是在 Render Output 区按下 Files 钮，改变输出的文件名为 Bieshu-o.tga，并取消 Max Default Scanline A-Buffer 展卷栏中对 Shadow 项的勾选，之后按下 Render 钮，则渲染生成与建筑场景图像尺寸相同的纯色块图像 Bieshu-o.tga，如图 5-043 所示，可调入 Photoshop 中辅助建筑场景渲染图进行平面图像处理。

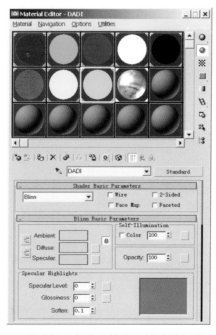

图 5-042　自发光的纯色材质样本球

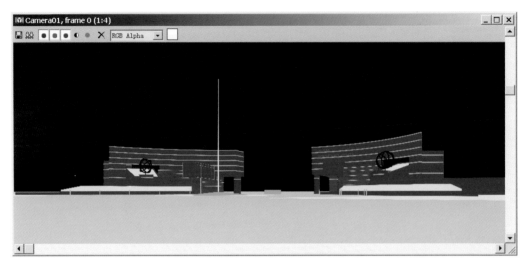

图 5-043 大门场景纯色块渲染图

5.3.4 大门场景渲染图后期图像处理

(1)调整幅面并粘贴纯色块图像和天空：启动并进入 Photoshop R7.0，选 File/Open 菜单命令，打开上一节生成的大门场景渲染图 Damen.tga 和纯色块渲染图 Damen-o.tga；然后将纯色块图像粘贴至 Damen.tga 场景中，并与图像中的相应位置对齐，在图层工作面板中，它位于图层 Layer 1。

通过裁剪将图像变扁，结果图像尺寸变为 4000 × 1410Pixels，如图 5-044 所示。

打开一幅如图 5-044 所示的天空图像，将其宽高改变为 4000 × 1350Pixels，并把它粘贴到大门场景渲染图中，使其位于图层 Layer 2，在图层工作面板中，该图层位于 Layer 0 的下面，结果也如图 5-044 所示。

在图层工作面板中，激活大门渲染图所在的图层 Layer 0，然后选择菜单命令 Image/Adjust/Brightness&Contrast，在弹出的对话框中将 Brightness 和 Contrast 分别设置为 −10 和 +15 后回答 OK，得到如图 5-044 所示的效果。

选 File/Save As 菜单命令，将当前场景画面存储为 Damen.psd。

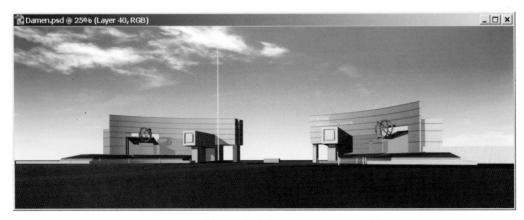

图 5-044 调整幅面并粘贴天空后的大门场景效果

(2)大门场景局部修描与调整：由于在3DS MAX中我们没有制作大门左侧的铁栅栏和墙上的文字，因此粘贴一个铁栅栏贴图在Layer 3，使其位于天空图层Layer 2之上；再粘贴如图5-045所示的题词到Layer 4，使其位于大门场景图层Layer 0之上。另外，粘贴一个国旗在Layer 5，经调整后的效果也如图5-045所示。

利用魔棒工具，通过对纯色块图层Layer 1中地面区域的选择，可得到地面选区；利用这个选区和渐变填充工具，在大门场景图层Layer 0中拉出渐变线可得到亮度渐变的地面，如图5-045所示。

在大门场景图层Layer 0中，对个别的墙面进行明暗调整和局部修描，以使它们符合真实的环境效果，结果得到如图5-045所示的效果。

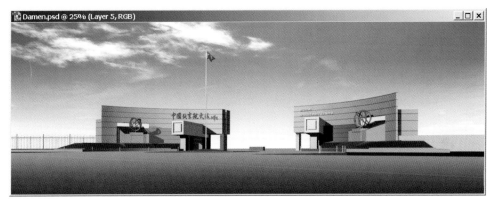

图5-045　经局部修描和粘贴处理后的大门场景效果

(3)粘贴玻璃反射和壁画浮雕：获得玻璃反射映像的处理方法可参阅第2.2.3节"主体建筑中玻璃的处理"中所介绍的内容。首先利用纯色块图层Layer 1得到玻璃选区，然后粘贴一个如图2-087所示的建筑场景图像，将该图像的透明度设置为50%则得到玻璃的反射映像，最后将所有玻璃映像图层合并到图层Layer 6，结果如图5-046所示。

图层Layer 7是在墙壁上的壁画；图层Layer 8的作用是能在墙壁上产生浮雕效果，该图层的合成方式是Overlay，不透明度为60%，效果也如图5-046所示。

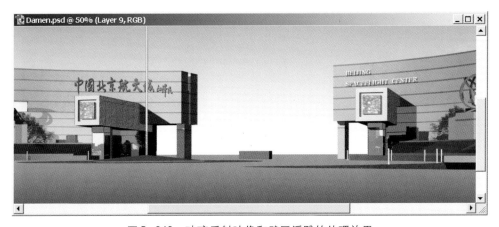

图5-046　玻璃反射映像和壁画浮雕的处理效果

(4)粘贴远景配楼和植物：大门场景中露出天空的地方比较多，这就需要粘贴大量的植物和远景配楼，才能使整个场景真实可信。因此首先在大门的左右两侧粘贴围墙内的植物(图层 Layer 9)，使其位于天空图层 Layer 2 之上，结果如图 5-047 所示。

然后粘贴大门内远景楼房在 Layer 10，将该图层的不透明度设置为 45%，以拉开和大门的距离，产生远视的效果，也如图 5-047 所示。

图 5-047　配楼和远景植物粘贴处理后的效果

(5)粘贴草地、冬青植物和地灯：首先利用纯色块图层 Layer 1 得到草地选区，然后粘贴一个草地纹理贴图，并恢复草地上的明暗和阴影关系，最后将所有草地图层合并到图层 Layer 11。在图层工作面板中，Layer 11 位于浮雕图层 Layer 8 的上面，处理结果如图 5-048 所示。

图层 Layer 12 是冬青植物所在的图层，它是经过拼接而成的，拼接时要注意冬青植物的大小和透视的调整，结果如图 5-048 所示。

依照场景中地灯柱所在的位置和大小，分别粘贴地灯以覆盖这些灯柱，最后将所有灯柱合并到图层 Layer 13，结果如图 5-048 所示。

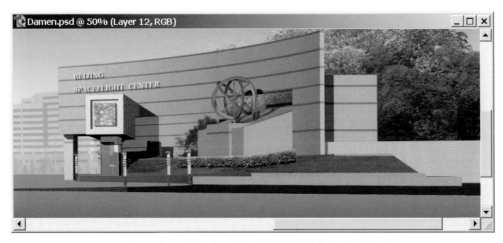

图 5-048　草地、冬青植物和地灯粘贴处理后的效果

(6)粘贴人物、汽车和前景草地、植物：在图层工作面板中，通过粘贴处理的人物、汽车及其阴影位于图层 Layer 14，在地灯图层 Layer 13 的上面，如图 5-033 所示。

前景草地图层 Layer 15 位于人物汽车图层 Layer 14 之上，它是以前制作好的一个图块，粘贴处理后的效果也如图 5-033 所示。

为平衡画面和增强画面纵深感，粘贴前景植物在图层 Layer 16；复制前景植物为 Layer 16 Copy，将其变形并改变为纯黑色，再将该图层不透明度改变为 40%，结果可产生树影效果，如图 5-033 所示。

按 Ctrl+S 键，将 Damen.psd 文件覆盖存盘。还可以选择 File/Save As，将图像存储为不含图层和通道的文件 Print.tif。至此整个大门场景效果图制作完毕，最终效果如图 5-033 所示，下面就可以到打印机上进行打印了。

5.4 制作某写字楼夜景效果图

写字楼场景的模型、灯光、透视等如图 5-049 所示，写字楼场景的夜景效果主要在 Photoshop 中完成，最终处理效果如图 5-050 所示。可在 3DS MAX R5.0 中调入光盘一中的 \Ch05\j04\Xiezilou.max 文件，查看该场景的模型、材质、灯光、相机等的详细设置；在 Photoshop 中打开光盘一中的 \Ch05\j04\Xiezilou.psd 文件，可查看了解渲染图后期平面图像处理的图层、通道、贴图等处理细节。

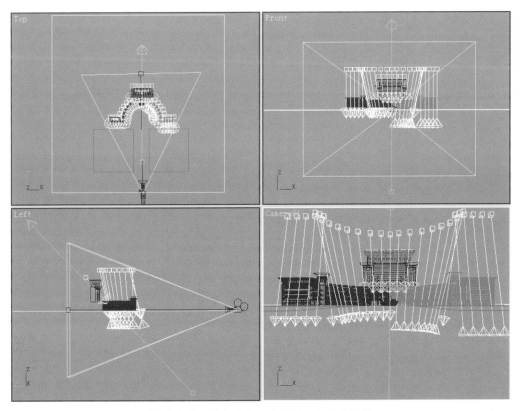

图 5-049　写字楼场景的模型、灯光和透视

图 5-050　写字楼夜景效果图的最终制作效果

5.4.1　写字楼模型的制作

(1)通过分析建筑图纸创建写字楼主体建筑：本写字楼左右两侧对称，因此制作一侧的裙楼模型后，再复制可得另一侧的裙楼模型。如图 5-051 所示，是本写字楼的墙体[Wall]、窗棱[Leng]和窗玻璃[Glass](图中白色部分)的模型。这三部分物体都被赋予简单的颜色，其中墙体[Wall]的材质名称是 WALL，参数定义如下：

　　着色方式：Blinn

　　阴影区颜色 Ambient：HSV(128，16，175)

　　过渡区颜色 Diffuse：HSV(133，10，205)

　　高光区颜色 Specular：HSV(128，10，235)

　　高光强度 Specular Level：20

　　高光区域 Glossiness：25

　　窗棱[Leng]的材质名称是 LENG，参数定义如下：

　　着色方式：Blinn

　　阴影区颜色 Ambient：HSV(0，0，175)

　　过渡区颜色 Diffuse：HSV(0，0，205)

　　高光区颜色 Specular：HSV(0，0，235)

　　高光强度 Specular Level：20

　　高光区域 Glossiness：25

由于夜景中的玻璃是吸光的，因此在夜间玻璃看起来是暗灰色的，除非玻璃内房间灯光打开，所以玻璃[Glass]的材质 GLASS 被定义为一种简单的暗蓝色：

　　着色方式：Blinn

　　阴影区颜色 Ambient：HSV(155，30，50)

　　过渡区颜色 Diffuse：HSV(155，30，80)

　　高光区颜色 Specular：HSV(155，20，110)

　　高光强度 Specular Level：35

　　高光区域 Glossiness：35

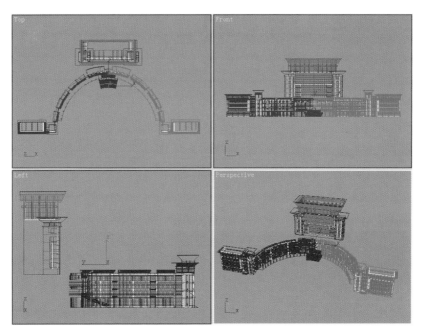

图 5-051 写字楼的墙体[Wall]、窗棱[Leng]和玻璃[Glass]

(2)创建简单的广场环境：如图5-052所示，白色方体是广场铺地模型Dadi，还有为其指定的宽高为10.0m×10.0m的平面型贴图坐标，两个绿色方体是草地模型[Grass]。铺地Dadi的材质是有一点反射效果的地砖材质DADI，该材质定义如下：

着色方式：Blinn

阴影区颜色Ambient：HSV(0，0，0)

过渡区颜色Diffuse：HSV(0，0，0)

高光区颜色Specular：HSV(0，0，160)

高光强度Specular Level：20

高光区域Glossiness：25

纹理贴图Diffuse Color：100 Pudi.tif(如图5-053左图所示)

反射贴图Reflection：10 Raytrace贴图类型

组成草地[Grass]的两个方体都勾选了其内建贴图坐标选项Generate Mapping Coords.，它们的材质GRASS是带有草地纹理的贴图材质，定义如下：

着色方式：Blinn

阴影区颜色Ambient：HSV(0，0，0)

过渡区颜色Diffuse：HSV(0，0，0)

高光区颜色Specular：HSV(70，100，170)

高光强度Specular Level：10

高光区域Glossiness：15

纹理贴图Diffuse Color：100 Grass.tif(如图5-053右图所示)

至此写字楼场景的模型、材质和贴图坐标都制作完毕，选择File/Save菜单命令，将当前场景存盘为Xiezilou.max。

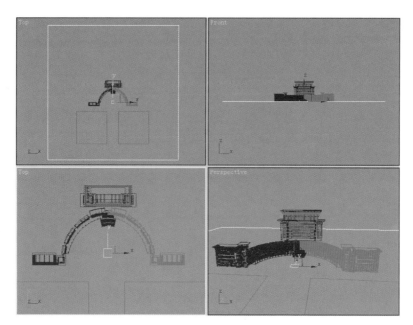

图 5-052 广场草地[Grass]和铺地 Dadi 及其贴图坐标

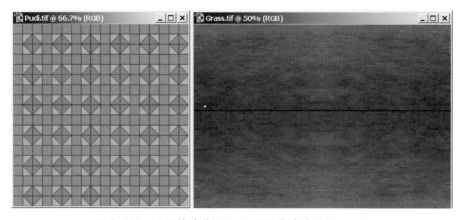

图 5-053 广场地砖贴图 Pudi.tif 和草地贴图 Grass.tif

5.4.2 写字楼场景相机与灯光的创建与调整

(1)照相机视窗的创建:创建一个如图 5-054 所示的相机 Camera01,其焦距为 35mm,打开 Show Cone 选项;激活 Perspective 视窗,按下 C 键,将 Perspective 视窗变为 Camera01 视窗,这就是我们所要的透视视窗。

在 Left 视窗使相机及其目标点距地面 1.7m,然后在 Top 视窗利用移动、拉伸等命令来微调相机及其目标点的位置,调整完毕的 Camera01 视窗如图 5-049 所示。

(2)建立裙楼照明:分别建立如图 5-054 所示的自下斜向上照射的目标聚光灯 Spot01~Spot15,设置它们的颜色为 HSV(0,0,255),Hotspot 为 33,Falloff 为 66,它们可用来照亮裙楼左侧。然后镜像关联复制 Spot01~Spot14 为 Spot16~Spot29,以照亮裙楼的另一侧。

(3)建立主楼照明:建立如图 5-054 所示的自上斜向下照射的目标聚光灯 Spot30,设置它的颜色为 HSV(0,0,255),Hotspot 为 33,Falloff 为 66。该聚光灯能起到背光照射的作用。

分别建立如图5-054所示的自下斜向上照射的目标聚光灯Spot31~Spot37，设置它们的颜色为HSV(0，0，255)，Multiplier为0.35，Hotspot为33，Falloff为88，它们可用来照亮主楼正面。

提示：由于我们生成的是夜景效果，无需产生阴影，因此所有的灯光都未打开产生阴影的开关。

到目前为止，整个场景的模型、材质、相机和灯光等都已初步制作完毕，如果对着色结果感到不满意，可反复进行着色、观察、调试，来纠正或调整一些场景中的设置，以达到预期的效果。当确信在3DS MAX中已经获得了最佳的建筑表现效果时，按Ctrl+S键，将调试整理完毕的场景覆盖存储为Xiezilou.max，以备将来再次调试、应用。

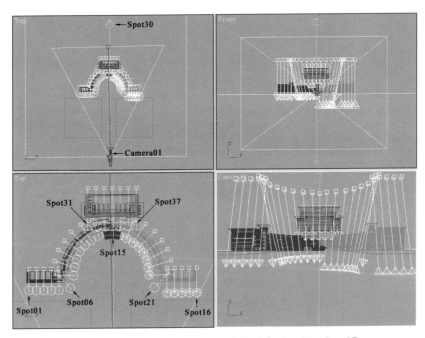

图5-054　相机Camera01及目标聚光灯Spot01~Spot37

5.4.3　大幅面渲染生成写字楼场景图像和纯色块图像

(1)设置蓝色背景：选菜单Rendering/Environment命令，在弹出的对话框中的Common Parameters展卷栏，点取Background区的色块，设置背景的颜色为HSV(175，150，105)。

(2)渲染生成写字楼场景图像：首先激活Camera01视窗，以确定要渲染的透视图；然后选菜单Rendering/Render命令，在弹出的Render Scene对话框中设置Width为2800Pixels，Height为2100Pixels；在Render Output区按下Files钮，在弹出的对话框中指定目录并输入文件名Xiezilou，选择文件格式为TGA，按下"保存"钮，在又弹出的对话框中设置Bits Per Pixel为32，采用Compress方式存盘，由于这时场景中有背景设置，因此需要选择Pre-Multiplied Alpha选项，其他的参数设置如图2-080所示，按OK钮确认TGA图像属性参数设置；其他的渲染参数设置请参见图3-079，最后按下Render钮进行着色渲染；最后渲染结果Xiezilou.tga(如图5-055所示)被存储到硬盘中，可调入Photoshop中进行后期平面图像处理。

图 5-055　写字楼场景在 3DS MAX 中的最后渲染效果

(3)生成写字楼场景纯色块图像：首先按 Ctrl+S 键，将调整好模型、材质、相机、灯光和渲染参数的写字楼场景覆盖存盘；然后选择菜单命令 File/Save As，将场景另存为 Xiezilou-o.max，以防止接下来修改材质后，不小心覆盖存盘而造成原场景的损失。

按 钮打开材质编辑器，将场景中的材质分别改变为自发光的纯色材质，结果如图 5-056 所示。

激活照相机视窗，按下 钮则弹出场景着色对话框，其中的参数大多采用上一步的渲染参数，只是在 Render Output 区按下 Files 钮，改变输出的文件名为 Xiezilou-o.tga，之后按下 Render 钮，则渲染生成与建筑场景图像尺寸相同的纯色块图像 Xiezilou-o.tga，如图 5-057 所示，可调入 Photoshop 中辅助建筑场景渲染图进行平面图像处理。

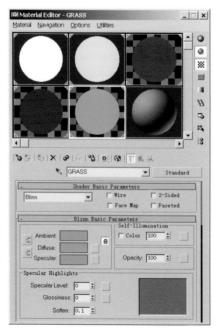

图 5-056　自发光的纯色材质样本球

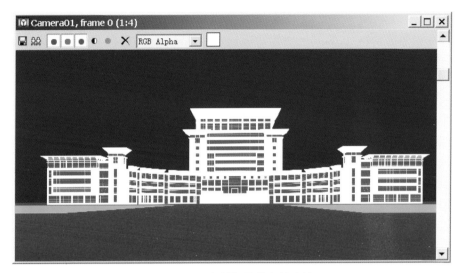

图 5-057　写字楼场景纯色块渲染图

5.4.4　写字楼场景渲染图后期图像处理

（1）粘贴夜景背景和纯色块图像：启动并进入 Photoshop R7.0，选 File/Open 菜单命令，打开一幅如图 5-058 所示的夜景背景图像；将上一节生成的写字楼场景渲染图 Xiezilou.tga 和纯色块渲染图 Xiezilou-o.tga 粘贴进来，并放置在如图 5-058 所示的位置；在图层工作面板中，它们分别位于图层 Layer 1 和 Layer 2。

将图层 Layer 1 和 Layer 2 两侧的草地和铺地通过复制粘贴后补全，然后关闭图层 Layer 2 的显示，再激活图层 Layer 1，选择 Image/Adjust/Brightness&Contrast 菜单命令，在弹出的对话框中将 Brightness 和 Contrast 分别设置为 −15 和 +25 后回答 OK；选菜单命令 Image/Adjust/Color Balance，在弹出的对话框中点取 Midtones 来设置图像中间调色彩调整值，将第一行小黑三角向 Red(红)移动为 +10，将第二行小黑三角向 Magenta (粉红)移动为 −5，将第三行小黑三角向 Yellow(黄)移动为 −15，按下 OK 钮以执行色彩平衡调整，结果得到如图 5-058 所示的效果。

选 File/Save As 菜单命令，将当前场景画面存储为 Xiezilou.psd。

图 5-058　粘贴夜景背景后的写字楼场景效果

(2)修补主体建筑和粘贴配景：通过纯色块图层Layer 2，选择出草地所在的选区，然后选择Image/Adjust/Brightness&Contrast菜单命令，在弹出的对话框中将Brightness和Contrast分别设置为+20和+40后回答OK，将草地提亮一些；同样可将铺地也提亮，分别设置Brightness和Contrast为+10和+15后回答OK；另外，建筑正面入口处的台阶太黑，粘贴一个较亮的台阶在Layer 3，覆盖住原来的台阶，结果如图5-059所示。

复制粘贴背景层的地面图像到Layer 3之上的Layer 4，并将该图层的不透明度设置为50%，这样地面上就得到了一定的灯光效果，也如图5-059所示。

粘贴庭院路灯到草地的边缘，并制作出它们在地面上照射的光斑，这些庭院灯位于图层Layer 5；再粘贴三面旗帜到图层Layer 6，并制作出它们在地面上的微弱倒影，结果也如图5-059所示。

Layer 7是月亮所在的图层，该图层的不透明度设置为75%，并且加入了外发光特效(使用Layer/Layer Style/Outer Glow菜单命令)，结果如图5-059所示。

图5-059　主体建筑修补和配景粘贴后的效果

(3)平面打光和粘贴内透光：首先选择主楼的顶部，然后复制粘贴到Layer 8，最后利用平面打光命令Filter/Render/Lighting Effects，来为该区域打上黄光的照射效果，结果如图5-060所示。

选择四个类似大柱头的发光体，然后将它们复制粘贴到Layer 9，最后再将它们变为亮黄色，并制作出发光效果，结果也如图5-060所示。

首先通过纯色块图层Layer 2，选择出玻璃所在的区域，然后打开一个如图5-061所示的室内透光贴图Chuang.tif，将该贴图通过Edit/Paste Into菜单命令和放缩、提亮、复制等处理，粘贴在如图5-060所示的位置，最后将所有内透光图层合并到Layer 10，图层Layer 10位于建筑图层Layer 1之上，台阶图层Layer 3之下。

(4)制作光柱和粘贴人物：首先将多边形选区工具的羽化边缘Feather值设定为10Pixels，然后勾画出光柱的范围选区，最后利用渐变工具，在选区中拉出渐变的光柱效果。在图层工

图 5-060　平面打光和粘贴内透光后的场景效果

图 5-061　室内透光贴图 Chuang.tif

作面板中，光柱位于图层 Layer 11，在建筑图层 Layer 1 的下面，效果如图 5-050 所示。

　　场景中的所有人物都位于图层 Layer 12 中，该图层位于 Layer 9 之上。最后再新建一个图层 Layer 13，利用渐变工具█，从图幅底部向上拉出一个黑色渐变，并将该图层的不透明度 Opacity 设置为 40%，结果也如图 5-050 所示。

　　按 Ctrl+S 键，将 Xiezilou.psd 文件覆盖存盘。还可以选择 File/Save As，将图像存储为不含图层和通道的文件 Print.tif。至此整个写字楼夜景效果图制作完毕，下面就可以到打印机上进行打印了。

5.5　制作某规划小区效果图

　　本规划小区场景的模型、灯光、透视等如图 5-062 所示，最终处理效果如图 5-063 所示。可在 3DS MAX R5.0 中调入光盘二中的 \Ch05\j05\Xiaoqu.max 文件，查看该场

景的模型、材质、灯光、相机等的详细设置；在Photoshop中打开光盘二中的
\Ch05\j05\Xiaoqu.psd文件，可查看了解渲染图后期平面图像处理的图层、通道、贴图
等处理细节。

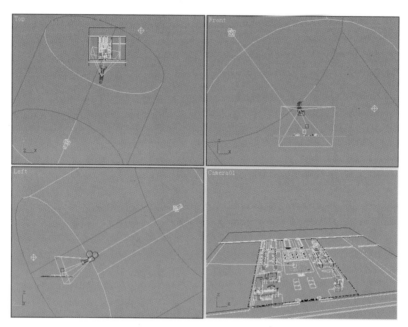

图5-062　规划小区场景的模型、灯光和透视

图5-063　规划小区效果图的最终制作效果

5.5.1　小区建筑场景模型的制作

(1)小区场景模型的制作顺序通常是这样的：先制作小区规划的道路、铺地和草地等地面，然后再制作一个个单体建筑，最后将它们安放在小区相应的位置即可。本小区的地面包括马路、地砖铺地和草地三部分，它们的边界勾画也比较简单，只需将小区的AutoCAD平面图形调入3DS MAX中，以此为底图按需要勾描出这三部分的图形，再延展(Extrude)一定的厚度即可。如图5-064所示，是本小区的草地[Grass]、铺地[Pudi]和马路[Malu]的模型。其中深蓝色的方形是马路[Malu]，它被赋予简单的深色材质MALU，参数定义如下：

着色方式：Blinn
阴影区颜色 Ambient：HSV(128，15，70)
过渡区颜色 Diffuse：HSV(128，15，100)
高光区颜色 Specular：HSV(128，10，150)
高光强度 Specular Level：25
高光区域 Glossiness：20

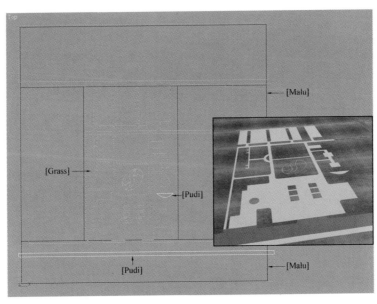

图 5-064　小区的草地[Grass]、铺地[Pudi]和马路[Malu]

(2)图 5-064 中的绿色图形是草地[Grass]，它被赋予有草地纹理的贴图材质 GRASS 和100m × 100m 的平面型(Planar)贴图坐标。材质 GRASS 定义如下：

着色方式：Blinn
阴影区颜色 Ambient：HSV(0，0，0)
过渡区颜色 Diffuse：HSV(0，0，0)
高光区颜色 Specular：HSV(70，130，170)
高光强度 Specular Level：25
高光区域 Glossiness：20
纹理贴图 Diffuse Color：100 Grass.tif(如图 5-065 左图所示)

图 5-064 中的浅蓝色图形是铺地[Pudi]，它被赋予石材地砖贴图材质 PUDI 和 10m ×
10m 的平面型(Planar)贴图坐标。材质 PUDI 定义如下：

着色方式：Blinn

阴影区颜色 Ambient：HSV(0，0，0)

过渡区颜色 Diffuse：HSV(0，0，0)

高光区颜色 Specular：HSV(25，10，220)

高光强度 Specular Level：30

高光区域 Glossiness：25

纹理贴图 Diffuse Color：100 Pudi.tif(如图 5-065 右图所示)

在纹理贴图 Pudi.tif 的参数面板中设置 U Tiling＝V Tiling＝10.0。

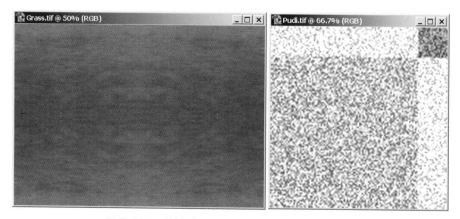

图 5-065　草地贴图 Grass.tif 和地砖贴图 Pudi.tif

(3)如图 5-066 所示，被赋予橙色材质 CHENG 的物体为网球场地面和草地上小亭子的
顶，它们被组合为物体[Cheng]；被赋予黑褐色材质 HEI 的物体为小区围栏、篮球架、小亭
柱等，它们被组合为物体[Hei]。其中橙色材质 CHENG 的参数定义如下：

着色方式：Blinn

阴影区颜色 Ambient：HSV(13，130，160)

过渡区颜色 Diffuse：HSV(13，130，190)

高光区颜色 Specular：HSV(13，70，210)

高光强度 Specular Level：30

高光区域 Glossiness：25

黑褐色材质 HEI 的参数定义如下：

着色方式：Blinn

阴影区颜色 Ambient：HSV(10，70，50)

过渡区颜色 Diffuse：HSV(10，70，70)

高光区颜色 Specular：HSV(10，40，100)

高光强度 Specular Level：30

高光区域 Glossiness：25

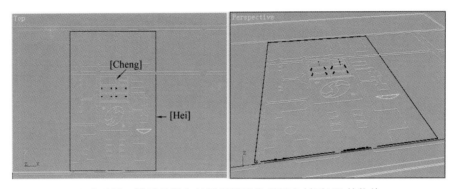

图 5-066　被赋予橙色材质 CHENG 和黑褐色材质 HEI 的物体

(4)如图 5-067 所示，被赋予白色材质 BAI 的物体为马路牙、草地边缘、体育场分割线等，它们被组合为物体[Bai]；被赋予蓝色透明材质 BOLI 的物体为小亭的透明玻璃顶 Boli。其中材质 BAI 的参数定义如下：

着色方式：Blinn

阴影区颜色 Ambient：HSV(30，10，180)

过渡区颜色 Diffuse：HSV(30，10，210)

高光区颜色 Specular：HSV(0，0，230)

高光强度 Specular Level：30

高光区域 Glossiness：25

蓝色透明材质 BOLI 的参数定义如下：

着色方式：Blinn　勾选 2-Sided 选项

阴影区颜色 Ambient：HSV(145，80，150)

过渡区颜色 Diffuse：HSV(145，80，180)

高光区颜色 Specular：HSV(145，40，200)

不透明度 Opacity：50

高光强度 Specular Level：35

高光区域 Glossiness：45

透明过滤色：Filter：HSV(145，80，180)

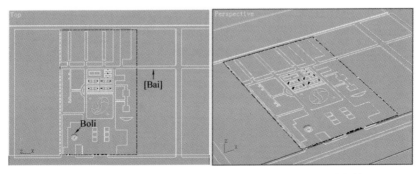

图 5-067　被赋予白色材质 BAI 和蓝色透明材质 BOLI 的物体

反射贴图 Reflection：40 Refmap.gif(如图 2-041 所示)

在反射贴图 Refmap.gif 的参数面板中设置 Blur Offset 为 0.03。

(5)如图 5-068 所示，单体建筑中的白墙组合为物体[Wall01]，它被赋予乳白色材质 WALL01；红色砖墙合并为物体 Wall02，被赋予红色砌砖材质 WALL02，其贴图坐标是边长为 1.2m 的 Box 型贴图坐标。其中乳白色材质 WALL01 的参数定义如下：

着色方式：Blinn

阴影区颜色 Ambient：HSV(34，20，160)

过渡区颜色 Diffuse：HSV(34，20，190)

高光区颜色 Specular：HSV(34，10，210)

高光强度 Specular Level：30

高光区域 Glossiness：25

红色砌砖材质 WALL02 的参数定义如下：

着色方式：Blinn

阴影区颜色 Ambient：HSV(0，0，0)

过渡区颜色 Diffuse：HSV(0，0，0)

高光区颜色 Specular：HSV(10，70，200)

高光强度 Specular Level：25

高光区域 Glossiness：20

纹理贴图 Diffuse Color：100 Bricks 贴图类型

在 Bricks 贴图参数面板中，设置参数成如图 5-069 中所示的数值。

(6)如图 5-070 所示，单体建筑中所有的窗玻璃合并为物体 Glass，其材质是有明暗退晕变化的纹理贴图材质 GLASS，在 Front 视窗它被赋予了一个平面型贴图坐标；所有的窗棂以及金属材质的物体合并为了物体 Metal。其中窗玻璃材质 GLASS 定义如下：

着色方式：Blinn

阴影区颜色 Ambient：HSV(0，0，0)

过渡区颜色 Diffuse：HSV(0，0，0)

高光区颜色 Specular：HSV(150，30，200)

高光强度 Specular Level：30

高光区域 Glossiness：40

纹理贴图 Diffuse Color：100 Glass.tif(如图 5-071 所示)

反射贴图 Reflection：40 Raytrace 贴图类型

金属材质 METAL 的参数定义如下：

着色方式：Metal

阴影区颜色 Ambient：HSV(0，0，70)

过渡区颜色 Diffuse：HSV(0，0，170)

高光强度 Specular Level：55

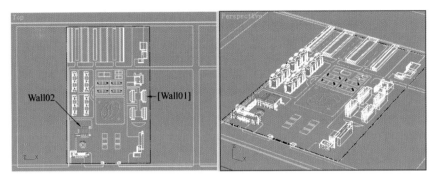

图 5-068　单体建筑中的白墙[Wall01]和红色砖墙 Wall02

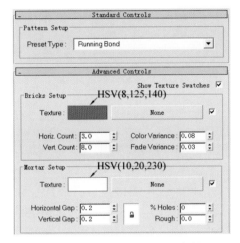

图 5-069　Bricks 贴图面板中的参数设置

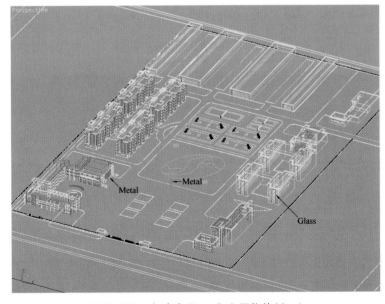

图 5-070　窗玻璃 Glass 和金属物体 Metal

图 5-071　窗玻璃纹理贴图 Glass.tif

高光区域 Glossiness：65

反射贴图 Reflection：100 Refmap.gif(如图 2-041 所示)

在反射贴图 Refmap.gif 贴图参数面板中，设置 Blur offset=0.03。

(7)如图 5-072 所示，建筑和小区中的所有台阶都合并为了物体 Jie，它被赋予材质 WALL01。所有单体建筑的屋顶合并为了物体 Ding，该物体的材质是浅蓝灰色材质 DING，定义如下：

着色方式：Blinn

阴影区颜色 Ambient：HSV(140, 25, 140)

过渡区颜色 Diffuse：HSV(140, 25, 180)

高光区颜色 Specular：HSV(140, 15, 210)

高光强度 Specular Level：30

高光区域 Glossiness：25

墙体上的蓝色色带物体组合为物体[Lan]，砖红色色带物体组合成物体[Hong]，它们分别被赋予蓝色材质 LAN 和红色材质 HONG，其中材质 LAN 定义如下：

着色方式：Blinn

阴影区颜色 Ambient：HSV(155, 100, 120)

过渡区颜色 Diffuse：HSV(155, 100, 150)

高光区颜色 Specular：HSV(155, 50, 180)

高光强度 Specular Level：30

高光区域 Glossiness：25

红色材质 HONG 与蓝色材质 LAN 的参数定义基本相同，只是色度 Hue 为 255。

至此本小区场景的模型、材质和贴图坐标都制作完毕，选择 File/Save 菜单命令，将当前场景存盘为 Xiaoqu.max。

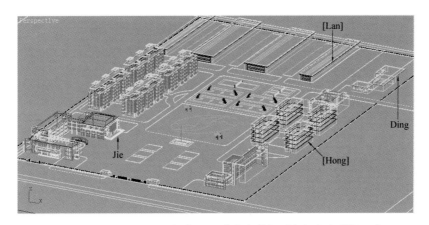

图 5-072　屋顶 Ding、台阶 Jie、蓝色色带[Lan]和红色色带[Hong]

5.5.2　小区场景相机与灯光的创建与调整

(1)照相机视窗的创建：创建一个如图 5-073 所示的相机 Camera01，其焦距为 30mm，打开 Show Cone 选项；激活 Perspective 视窗，按下 C 键，将 Perspective 视窗变为 Camera01 视窗，这就是我们所要的透视视窗。

在 Top 和 Left 视窗利用移动、拉伸等命令来微调相机及其目标点的位置，调整完毕的 Camera01 及照相机视窗也如图 5-073 所示。

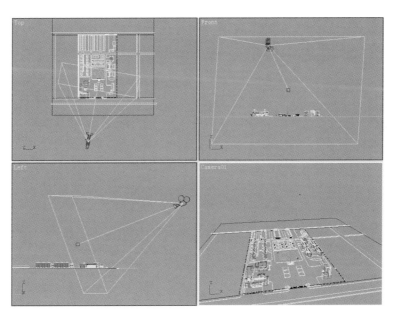

图 5-073　相机 Camera01 及其目标点的位置

(2)模拟日光：建立一个自左前上方向右后下方照射的直射目标聚光灯 Direct01，设置其阴影方式为 Ray Traced Shadows，颜色为 HSV(0，0，255)，Multiplier 为 1.35，在 Directional Parameters 展卷栏中勾选 Show Cone 钮，设置 Hotspot 为 1000.0m 后回车，则 Falloff 自动变为 1000.02m；在 Shadows Parameters 展卷栏中点取 Color 右侧的颜色

块，设置阴影亮度为80。

使用移动工具调整平行光Direct01及其目标点到如图5-062所示的位置。

(3)模拟环境光：建立一个泛光灯Omni01，将其放置如图5-062所示的位置，设置其亮度为120，用以照亮建筑的侧面和屋顶，起辅助光的作用。

到目前为止，整个小区场景的模型、材质、相机和灯光等都已初步制作完毕，可以进行着色渲染了。如果对着色结果感到不满意，可反复进行着色、观察、调试，来纠正或调整一些场景中的设置，以达到预期的效果。当确信在3DS MAX中已经获得了最佳的建筑表现效果时，按Ctrl+S键，将调试整理完毕的场景覆盖存储为Xiaoqu.max，以备将来再次调试、应用。

5.5.3 大幅面渲染生成小区场景图像和纯色块图像

(1)渲染生成小区场景图像：首先激活Camera01视窗，然后选择菜单命令Rendering/Render，在弹出的Render Scene对话框中设置Width为4000Pixels，Height为3000Pixels；在Render Output区按下Files钮，在弹出的对话框中指定目录并输入文件名Xiaoqu，选择文件格式为TGA，按下"保存"钮，在又弹出的对话框中设置Bits Per Pixel为32，采用Compress方式存盘，由于这时场景中没有背景设置，因此无需选择Pre-Multiplied Alpha选项，参数设置如图2-080所示，按OK钮确认TGA图像属性参数设置；其他的渲染参数设置请参见图3-079，最后按下Close钮确认所有渲染参数并关闭Render Scene对话框。

在快捷命令面板中设置渲染方式为Blowup，按渲染钮，在照相机视窗确定渲染区域后，按下视窗右下角的OK钮进行着色渲染，渲染结果为Xiaoqu.tga(如图5-074所示)，并被存储到硬盘中，可调入Photoshop中进行后期平面图像处理。

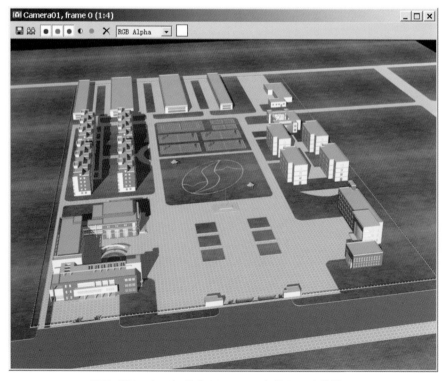

图5-074　小区场景在3DS MAX中的最后渲染效果

(2)生成小区场景纯色块图像：首先按Ctrl+S键，将调整好模型、材质、相机、灯光和渲染参数的写字楼场景覆盖存盘；然后选择菜单命令File/Save As，将场景另存为Xiaoqu-o.max，以防止待会儿修改材质后，不小心覆盖存盘而造成原场景的损失。

按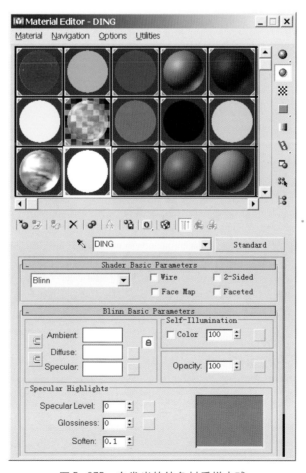钮打开材质编辑器，将场景中的材质分别改变为自发光的纯色材质，结果如图5-075所示。

激活照相机视窗，按下钮则弹出场景着色对话框，其中的参数大多采用上一步的渲染参数，只是在Render Output区按下Files钮，改变输出的文件名为Xiezilou-o.tga，并取消Max Default Scanline A-Buffer展卷栏中对Shadow项的勾选，之后按下Render钮和照相机视窗中的OK钮，则渲染生成与建筑场景图像尺寸相同的纯色块图像Xiaoqu-o.tga，如图5-076所示，可调入Photoshop中辅助建筑场景渲染图进行平面图像处理。

5.5.4 小区场景渲染图后期图像处理

(1)调整幅面和颜色并粘贴纯色块图像：启动并进入Photoshop R7.0，选File/Open菜单命令，打开上一节生成的小区场景渲染图Xiaoqu.tga和纯色块渲染图Xiaoqu-o.tga；

图5-075 自发光的纯色材质样本球

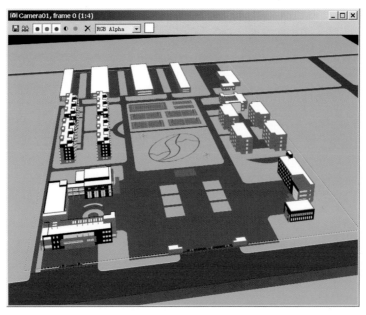

图 5-076　小区场景纯色块渲染图

然后将纯色块图像粘贴至 Xiaoqu.tga 窗口中，在图层工作面板中，纯色块图像位于图层 Layer 1，并关闭该图层的显示；最后通过裁剪将图像尺寸变为 3800 × 2850Pixels，如图 5-077 所示。

在图层工作面板中，激活小区渲染图所在的图层 Layer 0，然后选择菜单命令 Image/Adjust/Brightness&Contrast，在弹出的对话框中将 Brightness 和 Contrast 分别设置为 +5 和 +25 后回答 OK，得到如图 5-077 所示的效果。

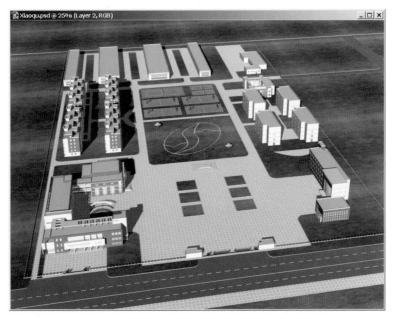

图 5-077　调整幅面和颜色处理后的小区场景效果

新建一个图层Layer 2，使用画线工具绘制出马路上的斑马线；再粘贴一个红旗到旗杆上，并制作出红旗的阴影，最后把它们都合并到图层Layer 2，结果也如图5-077所示。

选File/Save As菜单命令，将当前场景画面存储为Xiaoqu.psd。

(2)小区场景局部修描与调整：利用魔棒工具，通过对纯色块图层Layer 1中屋顶区域的选择，可得到所有建筑的屋顶选区；然后在小区场景图层Layer 0，选择菜单命令Image/Adjust/Brightness&Contrast，在弹出的对话框中将Brightness和Contrast分别设置为+20和+30后回答OK，结果如图5-078所示。

同样利用魔棒工具和纯色块图层，可以很容易得到草地所在的选区。将围墙内草地的亮度(Brightness)提高20%，对比(Contrast)提高10%，然后将其色度(Hue)向绿(Green)偏移+5。将围墙外草地的亮度降低20%，然后将其色度(Hue)向黄(Yellow)偏移-10，饱和度(Saturation)降低15%。

再利用魔棒工具和纯色块图层，可得到所有马路所在的选区；然后将前景色改变为RGB(120，130，130)，利用渐变填充工具，在Layer 0中从上到下拉出渐变线可得到亮度渐变的马路。

同样也可将小区场景中球场的亮度和对比度均提高20%，然后将其色度(Hue)向红(Red)偏移-3，饱和度降低15%；再对场景中局部过亮的玻璃和墙面进行明暗调整和局部修描后，结果也如图5-078所示。

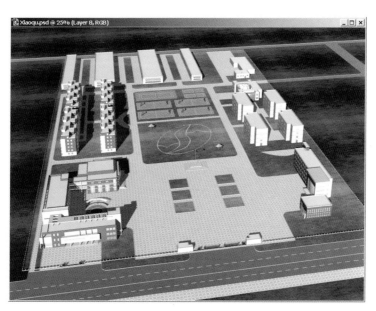

图5-078 经局部颜色调整和修描后的小区场景效果

(3)粘贴植物：所有的绿色树木及其阴影都位于图层Layer 3，所有的红色树木及其阴影都位于图层Layer 4，所有的灌木球及其阴影都位于图层Layer 5。根据它们的高低和遮挡关系，将Layer 4置于Layer 5之上，Layer 3又于Layer 4之上，结果如图5-079所示。

提示：俯视图中树木粘贴时，应遵循先远后近的顺序。另外还要注意使树木远小近大，远暗近亮，远模糊近清晰的原则，以使其符合透视和画面颜色的要求。

图5-079 粘贴树木后的小区场景效果

(4)粘贴人物及制作雾效：图层Layer 6中是草坪中的滑梯、水池水面和喷泉等，Layer 7中是所有人物及其阴影所在的图层，处理效果如图5-063所示。

图层Layer 9中是通过渐变工具制作的白色雾效，其不透明度Opacity为90%。该图层能起到强化小区主体部分，弱化周围大面积草地的效果，处理结果也如图5-063所示。

按Ctrl+S键，将Xiaoqu.psd文件覆盖存盘。还可以选择File/Save As，将图像存储为不含图层和通道的文件Print.tif。至此整个小区场景效果图制作完毕，最终效果如图5-063所示，下面就可以到打印机上进行打印了。

第六章
山脉地形与树木森林的制作与渲染

在三维软件中制作精确的山脉地形、逼真高效的花草树木等自然景物一直是个难题,但这对于建筑效果图,尤其是建筑动画的制作上又是必不可少的。本章就首先总结了山脉地形的多种制作和渲染方法,然后结合实例详细介绍了当前最强大的树木制作插件 TreeStorm (树木风暴)的使用方法,最后对其他一些可能用到的自然景物制作插件进行了简要介绍,以期能为读者的自然景物制作起到抛砖引玉的作用。

6.1 制作山脉地形

在大多数效果图制作中,山脉地形往往是用 Photoshop 绘制、粘贴等处理方法合成的,但有时对于需要精确描绘建筑周围复杂地理环境的建筑效果图,就必须通过建模渲染的方法来真实地再现了,而对于建筑动画的制作来说,制作地理环境就更是必须的了。

图 6-001 "底片"隆起造型法制作的山脉

对于 3DS MAX 软件来说，除了可使用各种专用插件来直接制作山川地形外，使用软件的基本命令也可以方便地制作山脉地形，并且制作的方法很多，下面就列举几种常用的方法，实际制作时根据需要选择其中简单方便的一种即可。

1."底片"隆起造型法

这种方法是先根据地形制作出一幅地形的"底片"，在这幅底片中，地形的高低通过图像的明暗来表示，越高的位置图像越亮，越低的位置图像就越暗；然后通过对一个分段平面物体进行 Displace 变动修改，以使其根据地形"底片"的明暗隆起，来制作出地形的模型；最后再利用 Noise 贴图类型这种不需要人为指定贴图坐标的贴图方式，为像山脉这类起伏变化较大的不规则物体来指定纹理贴图材质，以渲染出较为逼真的山脉地形效果。结合如图 6-001 所示的山脉实例，我们将具体的制作步骤简述如下，可在 3DS MAX R5.0 中调入光盘二中的 \Ch06\Mountain-1.max 文件，查看该实例场景的模型、材质、环境、灯光、相机等的详细设置。

(1)利用 Photoshop 等平面图像制作处理工具，根据当前所需的地形绘制出如图 6-002 所示的地形山脉"底片"图像。

(2)在 3DS MAX R5.0 中，绘制一个如图 6-003 所示的平面物体 Plane01，其参数也如图 6-003 所示。

(3)给 Plane01 增加 Displace 变动修改，参数如图 6-004 所示。为了使山体增强一些随机性，可为 Plane01 再增加一到两次 Noise 变动修改，变动修改的参数也如图 6-004 所示。最后山脉地形的模型也如图 6-004 所示。

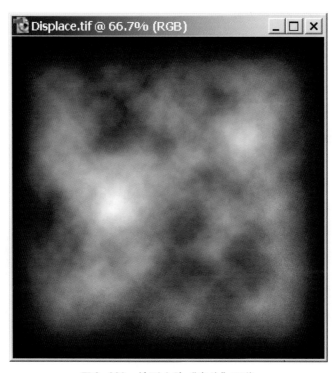

图 6-002　地形山脉"底片"图像

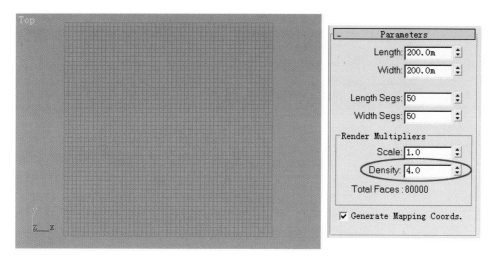

图 6-003　平面物体 Plane01 及其参数设置

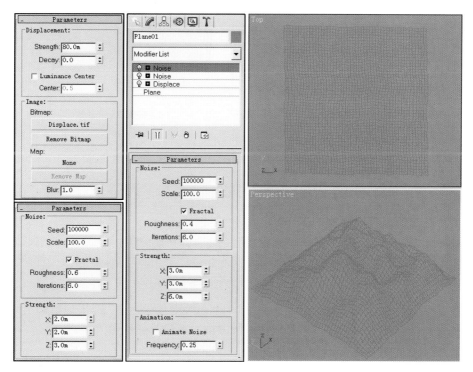

图 6-004　山脉地形的模型及变动修改的参数

（4）为山脉地形指定材质：由于诸如 Noise、Dent、Marble、Wood 等 3D 贴图方式不需要人为的贴图坐标，而能将纹理均匀地映射到物体上，因此我们就用 Noise 贴图类型的纹理贴图材质指定给山脉地形。为表现地形山脉中褐色沙石和绿色的植被，我们还要为 Noise 材料设定了相应的位图，如图 6-005 所示。山脉地形的材质 SHAN 定义如下：

着色方式：Blinn

阴影区颜色 Ambient：HSV(0，0，0)

过渡区颜色 Diffuse：HSV(0，0，0)

高光区颜色 Specular：HSV(0，0，220)

高光强度 Specular Level：15

高光区域 Glossiness：10

纹理贴图 Diffuse Color：100 Noise 贴图类型(贴图参数如图6-005 所示)

凹凸贴图 Bump：30 Noise 贴图类型(贴图参数如图6-005 所示)

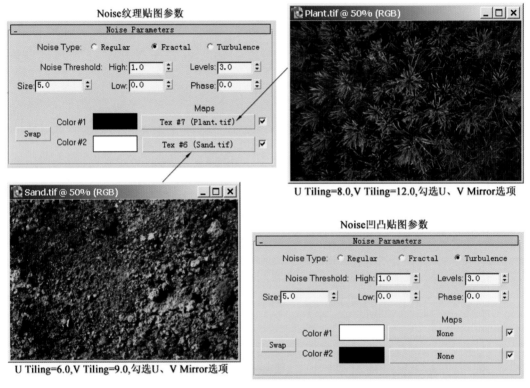

图6-005　Noise贴图参数设置及贴图效果

(5)创建灯光、相机、背景、体雾后，进行渲染，效果如图6-001 所示。

2.节点拉伸造型法

这种方法先是制作出一个分段平面物体，然后利用软选择，根据当前地形山势的要求，通过对节点的拉拽揪出山峰和按出山谷。如图6-006 所示就通过这种方法揪出的山峰渲染效果，我们将具体的制作步骤简述如下，可在3DS MAX R5.0中调入光盘二中的\Ch06\Mountain-2.max 文件，查看该实例场景的模型、材质、环境、灯光、相机等的详细设置。

(1)在3DS MAX R5.0中，绘制一个如图6-003 所示的平面物体 Plane01，其参数也如图6-003 所示；使用移动工具，在 Top 视窗将光标放置在 Plane01 上，然后按鼠标右

图 6-006   节点拉伸造型法制作的山脉

键，在弹出的菜单中选择 Convert To/Convert to Editable Mesh 命令，则 Plane01 被塌陷为可编辑网格物体。

(2)如果直接对节点进行拉拽就会拉出尖锐的平面，在 3DS MAX 中提供了软选择(Soft Selection)设定功能，通过它可决定移动节点的影响范围和影响程度。当我们在 Soft Selection 展卷栏中勾选 Use Soft Selection 后，再在屏幕中点取选择节点，则节点周围一些点就出现了半选择状态，表明软选择的影响范围。使用移动工具向上移动节点，则周围的节点也跟着鼓起，形成一个山丘形状。山丘的形状由图 6-007 中所示的剖面曲线决定，改变曲线的形状，则每次可拉出不同的山丘或山谷。

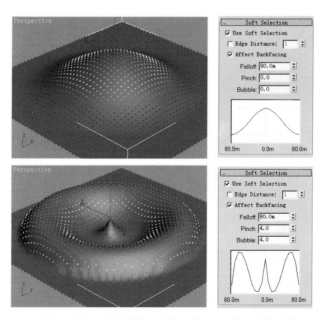

图 6-007   剖面曲线决定拉出的山丘或山谷的形状

(3)为创建的山丘地形指定Noise纹理贴图材质,然后创建灯光、相机、背景、体雾等,最后进行渲染,效果如图6-006所示。

3.等高线精确造型法

这种方法的制作过程是这样的:首先根据建筑周围的地形绘制出等高线,然后将一条条的等高线按高度进行排列,最后使用Terrain创建命令根据这些等高线可自动创建出山脉地形的三维模型。这种精确地形Terrain建模方法,常用于建筑效果图和建筑动画中房屋周围的真实地理环境再现。如图6-008所示就通过这种方法创建的山脉地形的渲染效果,我们将具体的制作步骤简述如下,可在3DS MAX R5.0中调入光盘二中的\Ch06\Mountain-3.max,查看该实例场景的模型、材质、环境、灯光、相机等的详细设置。

图6-008 等高线精确造型法制作的山脉地形

(1)绘制等高线图形:将Top视图最大化显示,选择画线工具,画出一条山的底面轮廓图,最后将曲线节点封闭,结果如图6-009所示。

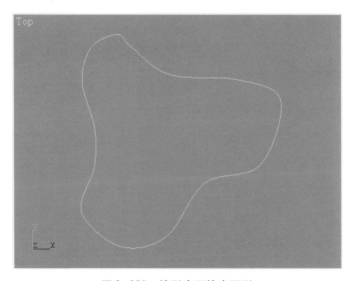

图6-009 地形底面轮廓图形

(2)完成全部轮廓线：下面我们接着绘制如图6-010所示的第2、3、4条轮廓线。在绘制第5条时，我们绘制出上下两个，这样我们就可以形成两个起伏不平的山头。然后再绘制第6～12条，最后绘制的轮廓线将作为各山头顶部的轮廓，这样我们就完成所有等高线轮廓的绘制，结果也如图6-010所示。

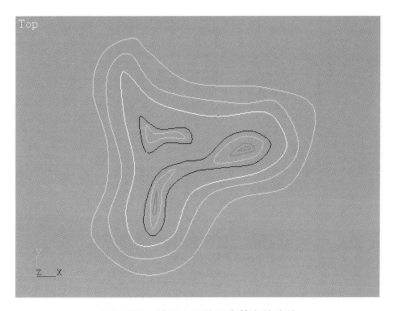

图6-010　地形山丘的所有等高轮廓线

(3)放置曲线高度：恢复四视图显示方式，使用移动工具，分别将每条轮廓线进行垂直移动，将它们形成三个山头的透视效果，如图6-011所示，从透视图中我们可以看到大致的透视效果了。

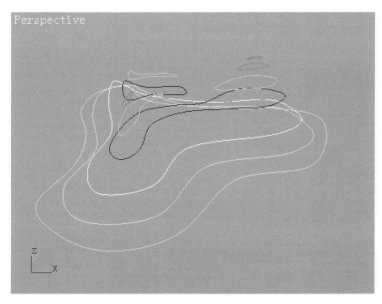

图6-011　将每条轮廓线进行垂直移动

(4)制作地形：选择最外圈的曲线，然后选择 ▧/◙/Compound Objects/Terrain 钮，按下拾取对象钮Pick Operand，分别在视图中点击其他的曲线，可以看到已经产生了一个山形，勾选Stitch Border(缝合边界)选项和Retriangulate(重新三角化)选项以使山体表面更加平整，结果如图6-012所示。如果想对山形进行修改，可以选择每一根等高线，进入它们的点、线段的次物体层级使用移动工具修改它们的外形。

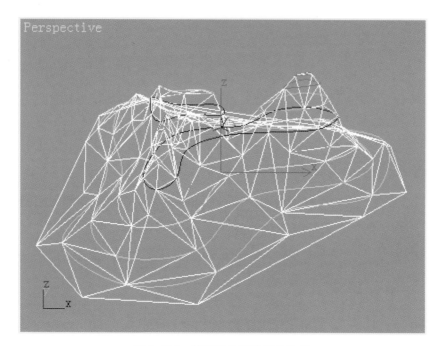

图6-012　等高线地形的制作效果

(5)增加细腻度：这时的山体过于简单，我们给它增加一个光滑网格物体的变动修改Meshsmooth，设置重复次数Iterations为2，这样我们可以看到一个复杂的模型。对当前山体渲染，可以看到我们有了一个比较复杂平滑的山丘效果了，如图6-013所示。

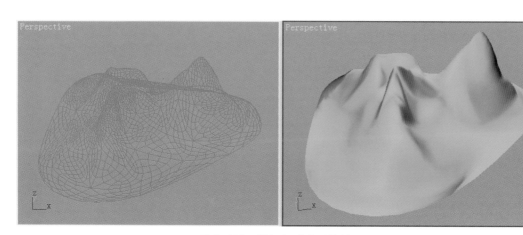

图6-013　增加细腻度后的地形

(6)为创建的山丘地形指定Noise纹理贴图材质，由于Terrain模型没有自动内建的贴图坐标，因此我们为其增加一个平面贴图坐标，然后创建灯光、相机、背景、体雾等，最后进行渲染，效果如图6-008所示。

4.利用山脉地形制作插件

采用插件制作山川地形也是一种较好的方法，下面就列举几个这种插件。由于这些插件的参数十分庞杂，想学习它们的制作过程请查阅相关的专业书籍和资料，在此我们只对插件作一些简要介绍。

(1)山川地形TerraScape插件

这个插件是由Digimation公司开发的，可以制作三种类型的地形：TerraGrids、TerraPatches和TerraTilies，每一种地形都有很多参数可供调节，以产生各种与众不同的地形。它还带有三个变动修改器：TerraGrater、TerraImage和TerraVolcano，使用这些工具可以进一步雕琢地形，然后为之贴上一种程序贴图，在不同的区域贴上诸如海岸线、白雪、岩石、水面等不同贴图，能产生非常逼真的效果，如图6-014所示。有关TerraScape更详细的功能特点及用法可进入该公司的网站(www．Digimation.com)或参阅有关的专门教材。

图6-014　利用TerraScape插件制作的山川地形

(2)山川地形天空包TerraScape Nsight 3D Skies 1&2 Bundle

这个插件在TerraScape插件基础上又加入了Nsight 3D Skies 1&2插件，该插件主要用于制作天空、云彩等环境效果，而且在场景中这些天空、云彩可以是变化、流动的，完全达到了仿真的效果，如图6-015即是一个实例制作效果。

(3)自然环境模拟器DreamScape

DreamScape是一个能制作静帧和动态自然风景的3DS MAX插件，可以方便地模拟天空、云朵、山川地形和海洋等，如图6-016所示。制作地形的原理与"底片"隆起造型法相似，不过它有专门的DreamScape Terra Editor工具来制作起伏的地形，编辑调节起来也简便得多。另外，它还提供地形贴图类型DreamScape：Composite，特别适合为山脉地形指定逼真的材质。

图 6-015　山川地形天空包插件的制作效果

图 6-016　利用 DreamScape 插件制作的山川地形

　　(4)世界创造者 Animatek's World Builder 插件

　　该插件由 Animatek(www. Animatek.com)公司开发,能制作山川地形、河流、大海、森林、草地、公路、瀑布、流云、海滩等各种自然景观,覆盖的植被非常真实,树、草都可以晃动,流动的水流冲刷石头形成旋涡,水面可以产生涟漪和折射焦散,是同类软件中最强的。它还可以与 3DS MAX 互导模型、灯光、摄影机和动画,并可以共用相互的渲染器。利用 AWB 插件制作并渲染的几个自然景观场景效果如图 6-017 所示。

图 6-017　世界创造者 World Builder 插件的制作效果

6.2　制作树木森林

在效果图制作中,树木森林大多数情况下是通过Photoshop粘贴处理而成的,但有时在某些特殊情况下或调试过程角度未定的建筑场景中,特别是建筑动画的制作中,就必须通过建模渲染的方法来制作了。对于 3DS MAX 软件来说,专门制作树木森林的插件很多,但由于树木森林模型的复杂性,有时我们也使用软件的基本命令,通过平板物体赋予透空贴图材质的办法来制作。下面就简要介绍一下这几种常用的方法,实际制作时根据需要和自己手头的工具,选择其中简单方便的一种即可。

1.平板透空贴图法

这种方法的制作过程是:首先在Photoshop中制作出所需植物贴图的黑白模板,在黑白模板中,植物所在区域为纯白色,其余背景部分为纯黑色,由它来确定植物贴图哪些部分显现,哪些部分透明;然后根据植物的宽高比例建立一个平面物体,来代表植物;最后给平面物体赋予一个透空黑白模板贴图材质,就可以只让植物显示出来了。需要注意的是在静止场景中一定要保证照相机视线垂直于该平面物体,这样植物才不会变形而显得更加真实。对于动画或角度需要变动的场景,我们可以利用植物具有不规则形状的特点,将平面物体再复制一个并旋转90°,这样不论在什么角度就都能看到树木了。结合如图6-018所示的树木效果实例,我们将它们的具体制作步骤简述如下,可在 3DS MAX R5.0中调入光盘二中的\Ch06\Tree-1.max 和 Tree-2.max 文件,查看该实例场景的模型、材质、环境、灯光、相机等的详细设置。

图 6-018　采用平板透空贴图法制作的树木

(1)利用 Photoshop 等平面图像处理工具，制作出如图 6-019 所示的大树 Tree.tif 及其黑白透空模板贴图 Tree-o.tif。

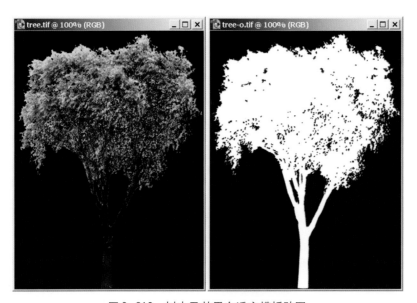

图 6-019　树木及其黑白透空模板贴图

(2)在 3DS MAX R5.0 中，绘制一个如图 6-020 所示的平面物体 Plane01，其参数也如图 6-020 所示；然后给其赋予一个透空贴图材质 TREE，参数定义如下：

着色方式：Blinn　勾选 2-Sided

阴影区颜色 Ambient：HSV(0, 0, 0)

过渡区颜色 Diffuse：HSV(0, 0, 0)

高光区颜色 Specular：HSV(0, 0, 0)

高光强度 Specular Level：0

高光区域 Glossiness：0

纹理贴图 Diffuse Color：100 Tree.tif

透明贴图 Opacity：100 Tree-o.tif

提示：Diffuse Color 贴图的显现由 Opacity 贴图控制，Opacity 贴图的纯白色部分使 Diffuse Color 贴图完全显现，纯黑色部分使 Diffuse Color 贴图完全透明而不能显现。因此本材质中将只有树木部分显现，而树木贴图中的背景部分将完全透明。

材质 TREE 的 Specular Level(高光强度)和 Glossiness(高光区域)必须设置为 0，以免在树木物体 Plane01 上产生反射高光而失真。

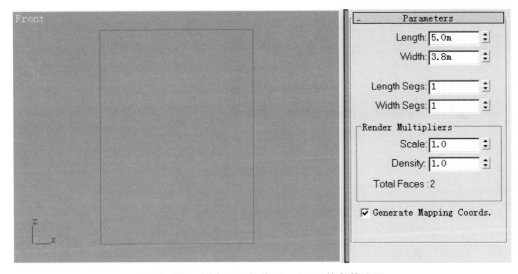

图 6-020　树木平面物体 Plane01 及其参数设置

(3)创建相机 Camera01，并旋转物体 Plane01，使它垂直于 Camera01 视线方向，如图 6-021 所示。再创建地面、灯光、设置背景等之后进行渲染，效果如图 6-019 左图所示。

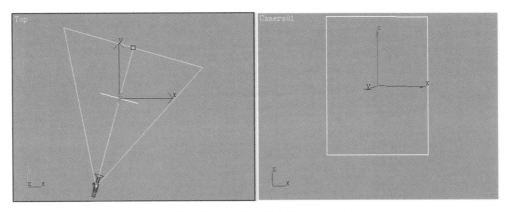

图 6-021　旋转 Plane01 使其垂直于 Camera01 视线方向

(4)为省却调整树木平板物体方向的麻烦,或者为防止摄像机角度变化带来的树木变形,按住 Shift 键,在 Top 视窗将 Plane01 旋转 90°并复制为 Plane02,结果如图 6-022 所示。将 Plane01 和 Plane02 组合为物体[Tree],这样不论从哪个方向观看都能看到完整的树木,在有些角度只是稍微有些变形,这样的树木模型常用于产生建筑场景中的远景植物,尤其是在需要节省模型量的场景如建筑动画场景中。如图 6-018 中右图所示,即是每隔 90°渲染而成的树木效果。

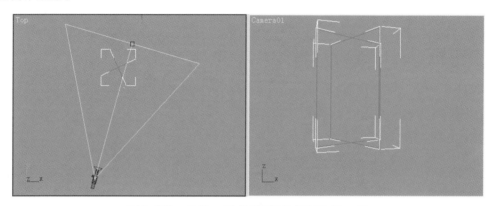

图 6-022　将 Plane01 旋转 90°并复制为 Plane02

2.RealPeople 全息模型

RealPeople 是 Arch Soft(www.Archivision.com)公司开发的一个用于制作人物、植物、汽车、家具、喷泉、房屋等的插件。实际上,该插件的制作原理与平板透空贴图法相似,在三维场景中只需放置一个模型十分简单的物体标志,在最终渲染时就会渲染出立体的贴图效果,最神奇的是它还可以制作全三维的物体效果,你可以在建筑漫游动画中使用,像在平面效果图中贴图一样,可得到的却是三维的真实物体效果。如图 6-023 所示,即是利用 RealPeople 插件及其全息模型库制作的植物效果。有关 RealPeople 插件的详细安装、使用以及全息模型库的详细介绍,请参阅拙作《室内设计效果图实例制作精粹》一书中的有关章节。

3.树木风暴插件 TreeStorm

TreeStorm 是由 Onyx Computing 公司开发的树木制作插件,本身带有 270 多种树木的树库,可以在 3DS MAX 中直接调用,制作出树木的真正三维模型,而不是靠树木贴图。TreeStorm 屏幕树木显示有简化方式,非常快捷;渲染支持投影,可以被反射和折射,制作一大片树木都没有问题。TreeStorm 目前已成为建筑效果图和动画制作的必备,近景需要动画的树木一般都用它来完成,自带的树木库非常全,而且还带有大量的树叶不透明贴图,制作的树木效果非常逼真,如图 6-024 所示。另外,TreeStorm 还支持植物动力学,可以轻松制作出植物的动画。有关的详细介绍和最新信息请进入该公司的网站:http://www.onyxtree.com 去查阅。

下面我们就通过一个实例制作来感受一下 TreeStorm 在 3DS MAX 中制作树木的过程以及各个参数的含义及使用方法。

(1)点取 ▧/◙/Tree Storm/Tree,在其下的 Choose 展卷栏中点取 Tree 按钮,打开 Load Tree Parameter(调入树木参数)对话框,选择 TreeStorm 插件自带的 Tree Library 目录,在这里按照树木类型共分为 8 个子目录,打开其中的 Broadleef.Library(阔叶树库)

图6-023　利用RealPeople插件及其全息模型库制作的植物效果

图6-024　树木风暴TreeStorm的制作效果

目录，选择Acer Platanoides y1.TRE文件后回答OK。

　　提示：在Preview Mode(预视方式)展卷栏中有三种预览方式，在创建树木时应选择第一种线条方式。创建好的树木经过Polygons项目面板中的Adjust(调节)后再选择另外两种预览方式,这样可以提高视图的显示速度,建议在场景制作和保存场景文件时都选择第一种预览方式。

(2)在 Top 视图中点取可放置一颗树,如图 6-025 所示。也可以打开 Position 展卷栏,输入树木的 X、Y、Z 坐标,然后点击 Create 钮,在指定的坐标位置放置树木。

打开 Polygons 展卷栏,点击 Adjust 钮,打开 Adjust Polygons 对话框,也如图 6-025 所示;在该对话框中,我们可以调节从 TreeStorm 转化到 3DS MAX 的树木模型的多边形数目。多边形数目越多,将来的渲染效果越好,当然也就会耗费越长的时间,你可以根据场景的需要来调节。在此我们使用默认值,直接点击 OK 钮结束。

再按下 Polygons 展卷栏中的 Count 钮,可计算本棵树所用的多边形数目。

提示:在 Adjust Polygons 对话框中,可以选择调节树木各个部位的模型类型,例如在 Trunk(树干)中有两种模型可供选择:C 和 PL。C 表示 Complex(复合体),PL 表示 Polygon(多边形)。当选择 C 时,树干被视为由一个个多棱柱体组成的复合体;当选择 PL 时,树干被视为多边形模型。从 Polygons(多边形)下的数字可以看到选择不同模型类型时计算出的多边形数目。在 Transversal Resolution(红色滑条)中可以调节组成树干的多棱柱体横截面的多边形边数。在 Curving Resolution(蓝色滑条)中可以调节组成树干的多棱柱体的数目,它的值越小,树干在弯曲处越平滑。在 Foliage Reduction 中可以设置减少树叶的百分数,来减少树木的树叶数量。

点击 Count 钮可以计算当前设置状态下树木多边形的数量。

点击 Sub-objects 按钮,可打开 Leaf Block 对话框。在该对话框中,当 Number of blocks 设置为 0 时,树上的每个树叶都被视为独立的物体;否则,所有的树叶都被视为整体模型,这样可以减少输出的多边形的数目,加快渲染的速度。With variable scale 用

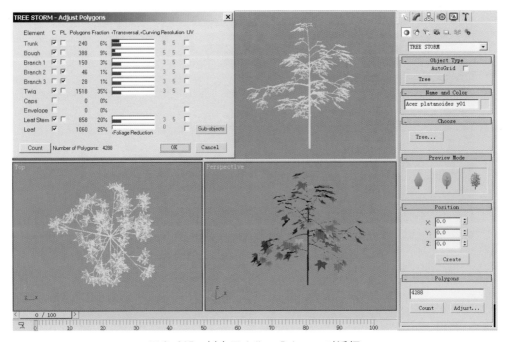

图 6-025 树木及 Adjust Polygons 对话框

于调节树叶的比例变化，例如当调节 Number of blocks 为 8，With variable scale 为 5 时，则所有的树叶中有 5 组树叶按照不同的尺寸分布在树上，其余 3 组树叶则保持相同的尺寸。

(3)在制作建筑效果图时，我们往往需要在同一场景中放置多株同一种类的树木，但希望这些树木在形态上多一些变化。这时可以打开 Parameters 展卷栏，勾选 Random Variation(随机变化)后再创建其他树木即可，如图 6-026 所示。

提示：TreeStorm 插件另外还有了一个 Tree Professional 程序，利用该程序我们可以任意调用树库中的 270 多种树木，修改枝干的粗细、长短，枝叶的疏密、多寡等，然后存储为 BMP、TGA、DXF 等格式的文件，供 3DS MAX 或其他程序调用。有关 Tree Professional 的详细介绍请参阅有关的专业书籍。

图 6-026　随机产生的三棵不同形态的树

(4)在 Wind(风力)展卷栏中，TreeStorm 还为树木提供了动力学特性，我们可以分别调节树干、树枝、树叶等各个部分的风力特征，还可以调节风速、风速变化率、风向变化率等参数，以制作出树木在风中摇晃的动画效果，在此我们不做过多赘述。

4.树工厂插件 Tree Factory

Tree Factory 是 Digimation 公司早期开发的一个制作树木的常用插件，它的特点是使用简便，可以分别调节树干、树枝、树杈、树叶等，也可以添加花朵和果实，能在场景中制作出各种各样的树木来。但利用 Tree Factory 制作的树木模型量大，渲染慢，无法制作动画，现在大都使用 TreeStorm 或 SpeedTree 插件了。TreeStorm 出现后导致 Tree Factory

图 6-027　树工厂 Tree Factory 制作的树木效果

插件停止了开发，已经不对 3DS MAX R4 进行升级了。由于 Tree Factory 的使用非常简便，因此对于一两棵树的制作还常使用它，如图 6-027 所示，即是利用 Tree Factory 制作的树木效果。

5.SpeedTree 插件

SpeedTree V1.0 是由 Digimation 公司开发的一套用于制作树木植物的 3DS MAX 插件，它除了软件包带有多种树木库外，还有一个独立的树木植物制作软件 SpeedTreeCAD，可以在 3DS MAX 之外制作完成树木，以树木库的形式保存，然后由 3DS MAX 以树木库的方式调入，方便以后继续使用。SpeedTreeCAD 能够编辑树木的形态、种类，树干、树枝的枝节，树叶、花朵的颜色及各种细致的可调参数，能够实时预览树木受灯光的照射及风力吹动的效果，大大减小了在场景中调整的难度。

SpeedTree 充分利用了 3DS MAX 自有的动力学效果，能够随机计算同类的树木形态变化，可以根据地形设定树木的种植高低位置等，这些都是其他插件难以做到的。另外，在制作大片的树林时，为减少多边形数量，SpeedTree 还给我们提供了两种建立树林的方式，即 SpeedTree 和 SpeedPlane。SpeedTree 是使用在 SpeedTreeCAD 中创建的多边形树木库，可做风吹动画效果；SpeedPlane 只是一个面片，每棵树木只是一个面及四个点的多边形，利用 3DS MAX 的透空贴图材质来产生树木，大大减少了多边形的数量，这对于制作较远处大面积的树林非常有效，这也是目前用 3DS MAX 制作此类树林的最有效方法之一。

有关 SpeedTree 更详细的功能特点及用法请参阅有关的专门教材，如图 6-028 所示，即是 SpeedTree 插件制作的树木植物效果。

图 6-028　SpeedTree 插件制作的树木植物效果

6.森林制作插件 Forest Pro

Forest Pro是ITOO公司(www.itoosoft.com)开发的一个种树工具,虽然很多插件都提供了制作树木和植物的功能,但只有Frest Pro能够将大面积的树林、草丛、人群等迅速无误地种植在各种复杂的地形和区域内。它支持的是参数化的算法,使用贴图产生真实的树木,所以运算速度非常快,可以在350MHz的机器上每秒创建50000棵树木。Forest Pro种植树木使用随机方式,分布自然,并且可以自动分布到山坡地形上。还有一个最大的特点是它可以将摄影机和树木进行链接,保证在运动拍摄过程中树木的正面永远朝向摄

图 6-029　Forest Pro 插件制作的森林草地人物效果

影机，不会看到不正确的侧面。这是一个非常实用的插件，广泛地用于建筑类动画的制作，因为它不仅可以种树，还可以种"人"，能快速将一个广场分布上大量的人群，很有实用价值。

另外，Forest Pro 还自带了一种叫 X Shadow 的投影类型，可以产生比 Raytrace Shadow 还要精确的阴影，这种投影类型对 Forest Pro 创建的树木进行了优化，速度很快。对于 Forest Pro 产生的几千棵树的投影计算应采用这种投影类型，在灯光的修改参数面板中，可以看到它的参数与 Shadow Map 非常相似。有关 Forest Pro 更详细的功能特点及用法请参阅有关的专门教材，如图 6-029 所示，即是 Forest Pro 插件制作的森林草地人物效果。

6.3 其他自然景观制作插件简介

如果单纯使用 3DS MAX 软件的基本命令，要想模拟出理想的自然景观效果是很困难的，幸好有许多公司为我们设计开发了不少专门用于自然景观制作的插件，借助这些专用程序我们就可以轻松制作出逼真的自然景观效果。除了上面介绍的山川地形和树木森林插件外，下面再列举几个这种插件，对它们的功能进行一点简要介绍，希望读者需要时再查阅有关的专业技术资料。

1．海景 Seascape 插件

Seascape 是 Digimation 公司开发的专门用于制作水面效果的插件，可到该公司网站 WWW.Digimation.com 查阅有关的详细信息。Seascape 的独到之处在于可以逼真地表现海面波涛翻涌的动态效果，它不但可以制作平静的湖面效果，也可以制作船只在水面行驶时的尾迹效果，制作的海景足以以假乱真，如图 6-030 所示。

图 6-030　海景 Seascape 插件的制作效果

2．自然贴图工具 Texturelab：Elemental Tools

这个插件也是 Digimation 公司开发的，包括六种程序贴图，如火、水、雾、电等，它们的用法大致相同，这些程序贴图的大部分参数都还可以记录为动画。与 3DS MAX 内部自带的程序贴图不同的是：这六种程序贴图都可以自动将XYZ贴图坐标转换为UVW贴图坐标。另外，这些程序贴图也可以作为灯光的投影贴图使用。如图6-031所示，即是利用这些程序贴图制作的自然景观效果。

图6-031　自然贴图工具Texturelab：Elemental Tools的制作效果

3.闪电Lightning

Lightning是Digimation公司开发的用于制作闪电的插件，与其他的闪电合成效果不同的是，Lightning在3DS MAX中创建的是真实的三维物体，可以指定两个物体之间产生电弧，也可以让闪电沿着指定的路径运动制作雷击效果，系统会自动计算出闪电的动画。如图6-032所示，即是利用Lightning制作的天空闪电效果。

图6-032　闪电插件Lightning的制作效果

4.烟雾簇PyroCluster

该插件是Cebas公司(www.cebas.com)开发的用于制作烟雾效果的插件，其最主要的特点是带有一套叫做A-Bomb的气体粒子系统，它默认的设置是制作蘑菇云的动画，在此基础上调节它的各种参数，可以制作出各种粒子效果和体积光效。PyroCluster 支持Raytrace 光线跟踪，可以使用 3DS MAX 的标准灯光来制作体积光中的彩色阴影，这是PyroCluster 的特色之一。PyroCluster 提供了三种特殊算法来制作云朵、固体表面和烟雾特效，制作的效果在同类软件中是出类拔萃的。如图 6-033 和图 6-034 所示，即是烟雾簇插件 PyroCluster 制作的粒子、体光烟雾效果和火山喷发浓烟的效果。

图 6-033　烟雾簇 PyroCluster 的制作效果

图 6-034　烟雾簇 PyroCluster 制作的火山烟雾效果

5. 解剖刀 Scalpel Max

Scalpel Max 是 Cebas 公司开发的一个切片工具，它可以方便、快捷地在网格物体上切割，而不必考虑烦人的贴图坐标问题。常用来制作建筑、机械等的剖面立体效果图，如图6-035 所示，即是利用 Scalpel Max 作为切片工具制作的剖面效果。

图 6-035　利用 Scalpel Max 制作的剖面效果

6.场景发生器 SceneGenie

SceneGenie 是 Digimation 公司开发的，用以将实拍的场景与 3DS MAX 三维场景合成在一起的插件。利用 SceneGenie 可以将 3DS MAX 中的物体代替实景拍摄场景中的某一物体，或者放置在实拍场景中，在许多电脑特技的影视作品中可以看到它的踪影。另外，SceneGenie 还可以自动将三维场景中的摄影机与实拍的摄影机对位跟踪，根据实景中的灯光调整 3DS MAX 场景中的灯光和位置，将实拍场景与虚拟场景天衣无缝地结合起来，创造神奇的完美效果。如图 6-036 所示，即是利用 SceneGenie 制作的实景录像与模型渲染动画的合成效果。

图 6-036　利用 SceneGenie 制作的合成效果

附　录

配套光盘的使用及贴图素材图标索引

　　本书首先针对室外建筑效果图的模型、材质、灯光、相机、渲染和后期图像处理等各个方面的创作技法，分别以实例训练的方式进行了讲解，然后对七个典型的室外建筑效果图，以笔录的形式给出了制作它们的详细步骤。所附光盘中提供了所讲范例制作过程中的模型文件、过程文件、最终作品文件以及制作这些作品所用到的贴图和材质等，这些文件放置在光盘的 Ch02～Ch06 目录中。读者可按照书中所介绍的操作步骤，并配合配套光盘中的资料，一步步地练习制作，最终将制作出与书中彩图相同的电脑效果图作品。由于所有范例模型及其所需的贴图放在同一子目录下，因此在练习时可直接调入模型，3DS MAX 会自动找到贴图文件。记住：在您的效果图制作中可随意使用这些模型和贴图文件，但不能将这些文件再销售或给他人拷贝。

　　另外，作者还精选了几百个在室外建筑效果图制作过程中使用频率很高的贴图素材，都已用 Photoshop 处理好，可直接在 3DS MAX 或 Photoshop 中使用。它们放置在配套光盘二的 Maps 目录中。光盘二的 Works 目录存放的是本书彩页中的精品效果图，可供读者在制作、欣赏过程中进行色彩、明暗对照。

一、光盘一各目录中内容

　　(1)Ch02：该目录下存放第二章有关室外建筑效果图制作技法训练实例的模型、贴图以及后期图像处理的 PSD 文件。

　　(2)Ch03：该目录下存放第三章制作售楼处效果图过程中的模型文件、过程文件、最终作品 PSD 文件以及制作这些作品所用到的贴图和材质等。重要文件介绍如下：

　　Shoulou.max 和 Shoul-o.max：前者是售楼处场景的模型文件，包含售楼处场景渲染前的模型、灯光、材质、透视、渲染设置等，通过对它的渲染可生成售楼处场景的渲染图像 Shoulou.tga；后者是售楼处场景的纯色块渲染模型文件，通过对它的渲染可直接生成纯色块渲染图像 Shoul-o.tga；

　　Shoulou.psd：经平面图像处理后的分层售楼处场景效果图，包含平面图像处理过程中所用到的选区通道以及粘贴的各类图层，便于读者以自己的意愿进行再处理；

　　Print.tif：可用于打印的售楼处场景效果图。

　　(3)Ch04：该目录下存放第四章制作某办公楼效果图过程中的模型文件、过程文件、最终作品 PSD 文件以及制作这些作品所用到的贴图和材质等。重要文件介绍如下：

　　Bgl.max 和 Bgl-o.max：前者是办公楼场景的模型文件，包含办公楼场景渲染前的模型、灯光、材质、透视、渲染设置等，通过对它的渲染可生成办公楼场景的渲染图像 Bgl.tga；后者是办公楼场景的纯色块渲染场景模型文件，通过对它的渲染可直接生成纯色块渲染图像 Bgl-o.tga；

　　Bgl.psd：经平面图像处理后的分层办公楼场景效果图，包含平面图像处理过程中所用到的选区通道以及粘贴的各类图层，便于读者以自己的意愿进行再处理；

Print.tif：可用于打印的办公楼场景效果图。

(4)Ch05\j01～j04：这几个目录下分别存放第5.1～5.4节制作各效果图过程中的模型文件、过程文件、最终作品文件以及制作这些作品所用到的贴图等。与Ch04目录类似，在这几个目录下也可找到相应的关键文件，如Ch05\j03目录下可找到相应于某大门场景效果图制作的Damen.max、Damen-o.max、Damen.psd和Print.tif等关键文件。

二、光盘二各目录中内容

(1)Ch05\j05：与Ch05\j01～j04目录类似，在该目录中可找到相应于小区规划效果图制作的Xiaoqu.max、Xiaoqu-o.max、Xiaoqu.psd和Print.tif等关键文件。

(2)Ch06：该目录下存放第六章有关山脉地形和树木森林制作技法训练实例的模型、贴图以及最终的渲染结果。

(3)Works目录中存放的是42幅精品室外建筑效果图文件Work001.jpg～Work040.jpg（见本书彩页部分）。

(4)Maps目录中存放的是经过处理的几百个使用频率很高的室外场景贴图素材，这些素材被分为8类，放置在不同的子目录中。

[灯具]：存放各种路灯、地灯、射灯灯具贴图20幅；

[雕塑]：存放室外建筑墙壁上的壁雕贴图以及各种雕塑贴图20幅；

[汽车]：存放室外建筑效果图中常用的各种颜色、各种透视角度和形态的汽车贴图145幅；

[配景]：存放室外建筑效果图中用作远景、配楼、背景的贴图15幅；

[人物]：存放各种形态的儿童、单人、双人、人群等人物贴图215幅；

[天空]：存放适合用于制作室外建筑效果图的天空云彩贴图25幅；

[杂类]：存放室外建筑效果图制作过程中常用的诸如鸟类、船舶、地面、石墙面、旗帜、路标、玻璃、礼花、飞机、汽球、石块、屋瓦、水面、室外座椅、围栏、小品等贴图120幅；

[植物]：存放诸如草地、冬青、各种花草、树木等室外植物贴图120幅。

三、贴图的使用方法

在Maps目录中存放的贴图素材都已用Photoshop处理好，背景是单色、透明或分层的图像。它们的使用方法很简单，对于背景透明或分层的贴图，可直接将它们拖动放置到效果图画面中即可；而对于背景是单色的贴图，可使用魔棒工具，在其工具行中将Tolerance项设置为32，勾选Anti-aliased选项，关闭Contiguous选项，在单色背景部分单击，则所有背景部分都被选择；然后选菜单命令Select/Inverse，将选择区域反转，则所需的贴图部分都会被选择，最后就可以将所选的贴图拖动到效果图画面中进行处理了。如果拖进效果图中的贴图的边缘部分有问题，可按第2.2.7节中所介绍的方法进行再处理。

四、贴图图标索引

由于光盘二的Maps目录中素材数量太多，为便于读者在效果图制作过程中能迅速查找到所需的贴图，我们将各子目录下的贴图以索引图标的形式介绍如下：

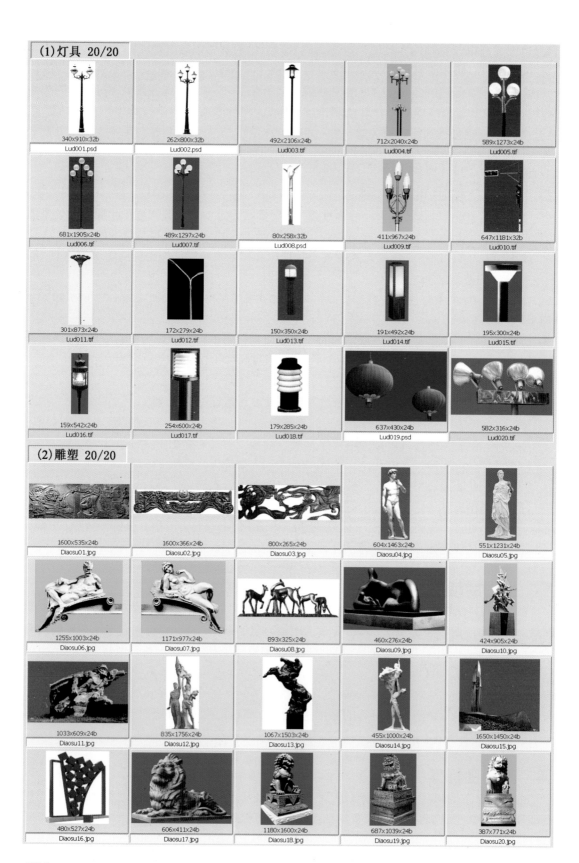

(1)灯具 20/20

340x910x32b
Lud001.psd

262x800x32b
Lud002.psd

492x2106x24b
Lud003.tif

712x2040x24b
Lud004.tif

589x1273x24b
Lud005.tif

681x1905x24b
Lud006.tif

489x1297x24b
Lud007.tif

80x258x32b
Lud008.psd

411x967x24b
Lud009.tif

647x1181x32b
Lud010.tif

301x873x24b
Lud011.tif

172x279x24b
Lud012.tif

150x350x24b
Lud013.tif

191x492x24b
Lud014.tif

195x300x24b
Lud015.tif

159x542x24b
Lud016.tif

254x600x24b
Lud017.tif

179x285x24b
Lud018.tif

637x430x24b
Lud019.psd

582x316x24b
Lud020.tif

(2)雕塑 20/20

1600x535x24b
Diaosu01.jpg

1600x366x24b
Diaosu02.jpg

800x265x24b
Diaosu03.jpg

604x1463x24b
Diaosu04.jpg

551x1231x24b
Diaosu05.jpg

1255x1003x24b
Diaosu06.jpg

1171x977x24b
Diaosu07.jpg

893x325x24b
Diaosu08.jpg

460x276x24b
Diaosu09.jpg

424x905x24b
Diaosu10.jpg

1033x609x24b
Diaosu11.jpg

835x1756x24b
Diaosu12.jpg

1067x1503x24b
Diaosu13.jpg

455x1000x24b
Diaosu14.jpg

1650x1450x24b
Diaosu15.jpg

480x527x24b
Diaosu16.jpg

606x411x24b
Diaosu17.jpg

1180x1600x24b
Diaosu18.jpg

687x1039x24b
Diaosu19.jpg

387x771x24b
Diaosu20.jpg

800x242x32b
Black001.psd

690x203x24b
Black002.tif

736x397x24b
Black003.tif

935x279x24b
Black004.tif

1071x384x24b
Black005.tif

638x236x24b
Black006.tif

1038x438x24b
Black007.tif

965x301x24b
Black008.tif

917x262x24b
Black009.tif

865x325x24b
Black010.tif

981x396x24b
Black011.tif

634x247x24b
Black012.tif

593x205x24b
Black013.tif

640x195x24b
Black014.tif

640x296x24b
Black015.tif

640x297x24b
Black016.tif

935x340x24b
Black017.tif

1021x379x24b
Black018.tif

823x388x24b
Black019.tif

1192x384x24b
Black020.tif

800x499x24b
Black021.tif

467x165x32b
Blue001.psd

1298x461x24b
Blue002.tif

1000x382x24b
Blue003.tif

945x396x24b
Blue004.tif

579x325x24b
Blue005.tif

640x233x24b
Blue006.tif

1264x400x24b
Blue007.tif

1078x414x24b
Blue008.tif

626x402x24b
Blue009.tif

881x374x24b
Blue010.tif

945x295x24b
Blue011.tif

992x369x24b
Blue012.tif

320x110x32b
Blue013.psd

891x319x24b
Bus01.tif

903x329x24b
Bus02.tif

600x399x24b
Bus03.tif

879x425x24b
Bus04.tif

640x318x24b
Bus05.tif

837x353x24b
Bus06.tif

879x377x24b
Bus07.tif

570x242x24b
Bus08.tif

819x405x24b
Bus09.tif

851x389x24b
Bus10.tif

855x391x24b
Bus11.tif

1009x385x24b
Bus12.tif

641x373x24b
Bus13.tif

1530x408x24b
Bus14.tif

1000x572x24b
Bus15.tif

1000x572x24b
Bus16.tif

1000x583x24b
Bus17.tif

888x448x24b
Bus18.tif

320x158x24b
Bus19.tif

640x305x24b
Bus20.tif

1027x526x24b
Bus21.tif

457x183x24b
Bus22.tif

591x245x24b
Bus23.tif

616x313x24b
Bus24.tif

320x164x32b
Fushi001.psd

480x253x32b
Fushi002.psd

480x235x32b
Fushi003.psd

950x420x24b
Fushi004.tif

597x258x24b
Fushi005.tif

1100x778x24b
Fushi006.tif

1000x422x24b
Fushi007.tif

609x295x24b
Fushi008.tif

938x366x24b
Fushi009.tif

545x297x24b
Fushi010.tif

918x423x24b
Fushi011.tif

869x511x24b
Fushi012.tif

844x414x24b
Fushi013.tif

1121x578x24b
Fushi014.tif

480x250x32b
Fushi015.psd

320x169x32b
Fushi016.psd

480x246x32b
Fushi017.psd

480x304x32b
Fushi018.psd

975x377x24b
Fushi019.tif

1000x471x24b
Green001.tif

618x325x24b
Green002.tif

1000x386x24b
Green003.tif

589x311x24b	666x447x24b	664x456x24b	320x188x32b	573x303x24b
Green004.tif	Green005.tif	Green006.tif	Red001.psd	Red002.tif
1170x550x24b	1142x492x24b	1140x436x24b	1000x354x24b	1196x428x24b
Red003.tif	Red004.tif	Red005.tif	Red006.tif	Red007.tif
642x296x24b	648x284x24b	940x352x24b	697x510x24b	674x509x24b
Red008.tif	Red009.tif	Red010.tif	Red011.tif	Red012.tif
730x520x24b	725x504x24b	320x188x24b	1000x428x24b	972x321x24b
Red013.tif	Red014.tif	Red015.tif	Red016.tif	Red017.tif
800x321x24b	1000x375x24b	677x318x24b	1198x394x24b	963x351x24b
Red018.tif	Red019.tif	Red020.tif	Red021.tif	Red022.tif
640x264x32b	320x245x32b	839x331x24b	803x293x24b	815x481x24b
Red023.psd	Red024.psd	Truck001.tif	Truck002.tif	Truck003.tif
879x399x24b	497x191x24b	791x413x24b	833x487x24b	457x183x32b
Truck004.tif	Truck005.tif	Truck006.tif	Truck007.tif	White001.psd
640x312x32b	316x164x24b	320x165x24b	480x148x24b	634x243x24b
White002.psd	White003.tif	White004.tif	White005.tif	White006.tif

(3) 汽车 145/145

755×287×24b	511×273×24b	800×622×24b	800×608×24b	1000×570×24b
White007.tif	White008.tif	White009.tif	White010.tif	White011.tif
640×269×24b	287×147×24b	891×403×24b	898×332×24b	961×309×24b
White012.tif	White013.tif	White014.tif	White015.tif	White016.tif
833×402×24b	958×345×24b	1339×457×24b	637×250×24b	1000×376×24b
White017.tif	White018.tif	White019.tif	White020.tif	White021.tif
874×297×24b	635×285×24b	320×154×24b	937×320×24b	687×530×24b
White022.tif	White023.tif	White024.tif	White025.tif	White026.tif
640×249×32b	762×532×24b	625×282×24b	709×309×24b	1029×715×24b
White027.psd	yellow01.tif	yellow02.tif	yellow03.tif	yellow04.tif

(4) 配景 15/15

1241×455×24b	2380×1155×24b	1861×1961×24b	1103×733×24b	359×173×24b
Peij001.jpg	Peij002.jpg	Peij003.jpg	Peij004.jpg	Peij005.jpg
1563×2319×24b	2048×3072×24b	2105×1403×24b	2977×1041×24b	3072×2048×24b
Peij006.jpg	Peij007.jpg	Peij008.jpg	Peij009.jpg	Peij010.jpg
2571×1816×24b	3072×2048×24b	3072×2048×24b	768×512×24b	2984×1960×24b
Peij011.jpg	Peij012.jpg	Peij013.jpg	Peij014.jpg	Peij015.jpg

761x772x32b	551x567x32b	283x595x32b	647x567x32b	619x652x32b
Che001.psd	Che002.psd	Che003.psd	Che004.psd	Che005.psd
457x240x32b	336x252x32b	461x285x24b	298x440x24b	691x712x24b
Che006.psd	Che007.psd	Che008.tif	Child001.tif	Child002.tif
216x499x24b	443x1376x24b	189x526x24b	442x919x24b	421x889x24b
Child003.tif	Child004.tif	Child005.tif	Child006.tif	Child007.tif
178x482x24b	675x617x24b	419x439x24b	389x783x24b	835x921x24b
Child008.tif	Child009.tif	Child010.tif	Child011.tif	Child012.tif
1385x928x24b	835x863x24b	725x600x24b	317x297x32b	1000x430x32b
Child013.tif	Child014.tif	Child015.tif	Child016.psd	Child017.psd
253x417x24b	960x528x24b	890x803x24b	600x415x24b	412x563x24b
Child018.psd	Child019.psd	Child020.psd	Child021.psd	Child022.psd
413x529x24b	970x674x24b	717x952x24b	235x530x24b	308x517x24b
Child023.psd	Child024.psd	Child025.psd	Child026.psd	Child027.psd
448x381x24b	376x884x24b	235x322x24b	351x770x24b	252x498x24b
Child028.psd	Child029.tif	Child030.tif	Child031.tif	Child032.psd

303x523x24b	329x673x24b	701x648x24b	408x522x24b	313x690x24b
Child033.psd	Fushi001.psd	Fushi002.psd	Fushi003.psd	Fushi004.psd
420x534x24b	308x712x24b	373x510x24b	191x566x24b	275x518x24b
Fushi005.psd	Fushi006.psd	Fushi007.psd	Fushi008.psd	Fushi009.psd
339x584x24b	336x529x24b	191x518x24b	185x493x24b	218x517x24b
Fushi010.psd	Fushi011.psd	Man001.psd	Man002.psd	Man003.psd
224x509x24b	156x506x24b	270x512x24b	228x561x24b	207x485x24b
Man004.psd	Man005.psd	Man006.psd	Man007.psd	Man008.psd
224x568x24b	400x688x24b	179x557x24b	509x1600x24b	297x745x24b
Man009.psd	Man010.psd	Man011.psd	Man012.tif	Man013.tif
512x1654x32b	102x288x24b	255x755x24b	345x714x24b	165x603x24b
Man014.tif	Man015.tif	Man016.tif	Man017.tif	Man018.tif
378x790x24b	283x889x24b	165x400x24b	237x785x24b	205x559x24b
Man019.tif	Man020.tif	Man021.tif	Man022.tif	Man023.psd
253x532x24b	193x619x24b	134x462x24b	177x278x24b	929x357x24b
Man024.psd	Man025.psd	Man026.tif	Man027.tif	Man028.tif

341x494x24b	484x518x24b	457x507x24b	301x523x24b	452x531x24b
Man029.tif	Qun001.psd	Qun002.psd	Qun003.psd	Qun004.psd
327x530x24b	598x520x24b	553x601x24b	755x764x24b	651x726x24b
Qun005.psd	Qun006.psd	Qun007.psd	Qun008.psd	Qun009.tif
956x712x24b	657x618x24b	479x546x24b	517x375x32b	1516x867x24b
Qun010.tif	Qun011.tif	Qun012.tif	Qun013.psd	Qun014.tif
558x815x24b	299x474x24b	588x627x24b	413x489x24b	668x520x24b
Qun015.psd	Qun016.psd	Qun017.psd	Qun018.psd	Qun019.psd
454x360x24b	228x305x24b	455x636x24b	967x674x24b	1665x683x32b
Qun020.psd	Qun021.psd	Qun022.psd	Qun023.psd	Qun024.psd
275x522x24b	267x460x24b	305x532x24b	406x593x24b	264x454x24b
Two001.psd	Two002.psd	Two003.psd	Two004.psd	Two005.psd
291x522x24b	294x529x24b	417x520x24b	344x555x24b	304x528x24b
Two006.psd	Two007.psd	Two008.psd	Two009.psd	Two010.psd
315x466x24b	260x477x24b	298x471x24b	211x538x24b	295x545x24b
Two011.psd	Two012.psd	Two013.psd	Two014.psd	Two015.psd

231x606x24b Two016.psd
247x532x24b Two017.psd
236x522x24b Two018.psd
1000x561x24b Two019.psd
413x679x24b Two020.psd

589x800x24b Two021.psd
327x520x24b Two022.psd
476x703x24b Two023.psd
452x697x24b Two024.psd
172x488x24b Two025.psd

456x700x24b Two026.psd
321x556x24b Two027.psd
574x735x24b Two028.psd
293x530x24b Two029.psd
608x800x24b Two030.psd

330x535x24b Two031.psd
516x908x24b Two032.psd
263x423x24b Two033.psd
395x769x24b Two034.psd
356x621x24b Two035.psd

295x528x24b Two036.psd
571x1094x24b Two037.tif
367x489x24b Two038.tif
688x1200x24b Two039.tif
835x1500x24b Two040.tif

671x1032x24b Two041.tif
905x1600x24b Two042.tif
621x1024x24b Two043.tif
543x967x24b Two044.tif
498x843x24b Two045.tif

500x807x24b Two046.tif
545x763x24b Two047.tif
1000x547x24b Two048.tif
902x1365x24b Two049.tif
393x778x24b Two050.tif

589x746x24b Two051.tif
837x870x24b Two052.tif
436x317x24b Two053.tif
616x443x24b Two054.tif
373x632x24b Two055.psd

350x545x24b	224x645x24b	238x443x24b	295x550x24b	529x678x24b
Two056.psd	Two057.psd	Two058.psd	Two059.psd	Two060.psd
489x639x24b	345x553x24b	307x563x24b	381x669x24b	206x553x24b
Two061.psd	Two062.psd	Two063.psd	Two064.psd	Two065.psd
278x530x24b	147x527x24b	173x532x24b	246x526x24b	149x522x24b
Two066.psd	Women001.psd	Women002.psd	Women003.psd	Women004.psd
193x533x24b	178x520x24b	175x561x24b	176x523x24b	261x521x24b
Women005.psd	Women006.psd	Women007.psd	Women008.psd	Women009.psd
163x465x24b	282x1000x24b	276x531x24b	202x543x24b	164x619x24b
Women010.psd	Women011.psd	Women012.psd	Women013.psd	Women014.psd
255x526x24b	314x695x24b	188x488x24b	200x553x24b	274x550x24b
Women015.psd	Women016.psd	Women017.psd	Women018.psd	Women019.psd
218x710x24b	369x1000x24b	267x597x24b	284x562x24b	147x507x24b
Women020.psd	Women021.psd	Women022.psd	Women023.psd	Women024.psd
185x567x24b	202x581x24b	211x535x24b	486x696x24b	371x973x24b
Women025.psd	Women026.psd	Women027.psd	Women028.tif	Women029.tif

(5) 人物 215/215

298×790×24b
Women030.tif

413×817×24b
Women031.tif

302×668×24b
Women032.tif

795×800×24b
Women033.tif

172×462×32b
Women034.psd

197×590×24b
Women035.tif

337×867×24b
Women036.tif

327×923×32b
Women037.psd

475×683×24b
Women038.tif

344×633×24b
Women039.tif

701×1105×24b
Women040.tif

580×388×24b
Women041.tif

698×984×24b
Women042.psd

169×563×24b
Women043.psd

181×504×24b
Women044.psd

(6) 天空 25/25

1454×970×24b
Sky001.jpg

2000×1482×24b
Sky002.jpg

756×486×24b
Sky003.jpg

2500×1500×24b
Sky004.jpg

2000×1825×24b
Sky005.jpg

2500×1500×24b
Sky006.jpg

2500×1213×24b
Sky007.jpg

2500×1561×24b
Sky008.jpg

1042×433×24b
Sky009.jpg

2500×1717×24b
Sky010.jpg

3072×2048×24b
Sky011.jpg

3072×2048×24b
Sky012.jpg

2048×3072×24b
Sky013.jpg

640×480×24b
Sky014.jpg

675×484×24b
Sky015.jpg

640×480×24b
Sky016.jpg

2500×709×24b
Sky017.jpg

1536×682×24b
Sky018.jpg

2500×1213×24b
Sky019.jpg

2500×2000×24b
Sky020.jpg

1024×1536×24b
Sky021.jpg

1250×688×24b
Sky022.jpg

756×512×24b
Sky023.jpg

2000×2097×24b
Sky024.jpg

2500×1537×24b
Sky025.jpg

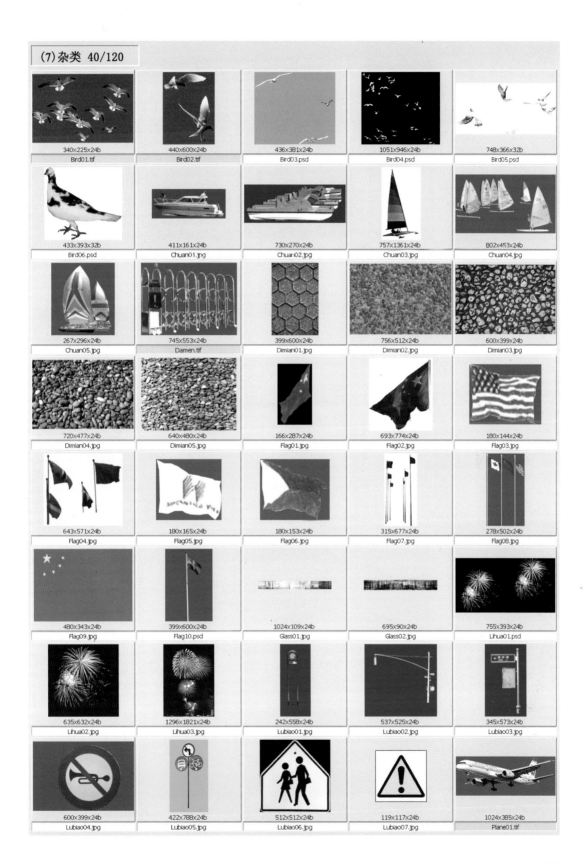

340x225x24b	440x600x24b	436x381x24b	1051x946x24b	748x366x32b
Bird01.tif	Bird02.tif	Bird03.psd	Bird04.psd	Bird05.psd
433x393x32b	411x161x24b	730x270x24b	757x1361x24b	802x453x24b
Bird06.psd	Chuan01.jpg	Chuan02.jpg	Chuan03.jpg	Chuan04.jpg
267x296x24b	745x553x24b	399x600x24b	756x512x24b	600x399x24b
Chuan05.jpg	Damen.tif	Dimian01.jpg	Dimian02.jpg	Dimian03.jpg
720x477x24b	640x480x24b	166x287x24b	693x774x24b	180x144x24b
Dimian04.jpg	Dimian05.jpg	Flag01.jpg	Flag02.jpg	Flag03.jpg
643x571x24b	180x165x24b	180x153x24b	315x677x24b	278x502x24b
Flag04.jpg	Flag05.jpg	Flag06.jpg	Flag07.jpg	Flag08.jpg
480x343x24b	399x600x24b	1024x109x24b	695x90x24b	755x393x24b
Flag09.jpg	Flag10.psd	Glass01.jpg	Glass02.jpg	Lihua01.psd
635x632x24b	1296x1821x24b	242x558x24b	537x525x24b	345x573x24b
Lihua02.jpg	Lihua03.jpg	Lubiao01.jpg	Lubiao02.jpg	Lubiao03.jpg
600x399x24b	422x788x24b	512x512x24b	119x117x24b	1024x385x24b
Lubiao04.jpg	Lubiao05.jpg	Lubiao06.jpg	Lubiao07.jpg	Plane01.tif

1200x428x24b	639x734x24b	428x474x24b	583x522x24b	904x509x24b
Plane02.tif	Play01.jpg	Play02.jpg	Play03.jpg	Play04.jpg
801x733x24b	540x582x24b	598x551x24b	575x756x24b	752x566x24b
Play05.jpg	Play06.jpg	Play07.jpg	Play08.jpg	Play09.jpg
765x500x24b	304x521x24b	487x661x24b	320x287x24b	500x735x32b
Play10.jpg	Qiu01.psd	Qiu02.tif	Qiu03.tif	Qiu04.psd
2394x1429x24b	469x150x24b	250x167x24b	574x318x24b	915x537x24b
Qiu05.tif	Rock01.tif	Rock02.tif	Rock03.tif	San01.tif
377x451x24b	710x525x24b	800x722x24b	725x545x24b	1129x1057x24b
San02.tif	San03.tif	San04.tif	San05.tif	San06.jpg
688x651x24b	563x588x24b	1092x1101x24b	357x505x24b	600x399x24b
San07.psd	San08.tif	San09.tif	Tx01.jpg	Tx02.jpg
250x235x24b	600x399x24b	320x240x24b	64x64x24b	671x350x24b
Wa01.jpg	Wa02.jpg	Wa03.jpg	Wa04.jpg	Wa05.jpg
510x510x24b	510x510x24b	510x510x24b	756x512x24b	640x480x24b
Wall01.jpg	Wall02.jpg	Wall03.jpg	Wall04.jpg	Wall05.jpg

640x480x24b	600x399x24b	600x399x24b	640x377x24b	1024x1024x24b
Wall06.jpg	Wall07.jpg	Wall08.jpg	Wall09.jpg	Wall10.jpg
640x480x24b	768x512x24b	2268x499x24b	1584x579x24b	1087x653x24b
Water01.jpg	Water02.jpg	Water03.jpg	Water04.jpg	Water05.jpg
625x500x24b	1070x440x24b	1536x1024x24b	756x512x24b	640x430x24b
Water06.jpg	Water07.jpg	Water08.jpg	Water09.jpg	Water10.jpg
1536x1024x24b	480x384x24b	512x108x24b	403x519x32b	400x492x32b
Water11.jpg	Water12.jpg	Water13.jpg	Water14.psd	Water15.psd
150x811x24b	570x318x24b	225x150x256	1053x735x24b	921x633x24b
Weilan01.tif	Weilan02.tif	Weilan03.tif	Win01.jpg	Win02.jpg
1087x738x24b	1300x1039x24b	458x222x24b	318x240x24b	399x600x24b
Win03.jpg	Xiaop01.jpg	Xiaop02.jpg	Xiaop03.jpg	Xiaop04.jpg
752x801x24b	686x583x24b	516x400x24b	471x350x24b	624x463x24b
Xiaop05.jpg	Xiaop06.jpg	Yizi01.jpg	Yizi02.jpg	Yizi03.jpg
285x187x24b	549x456x24b	418x305x24b	523x240x24b	537x325x24b
Yizi04.tif	Yizi05.tif	Yizi06.tif	Yizi07.tif	Yizi08.tif

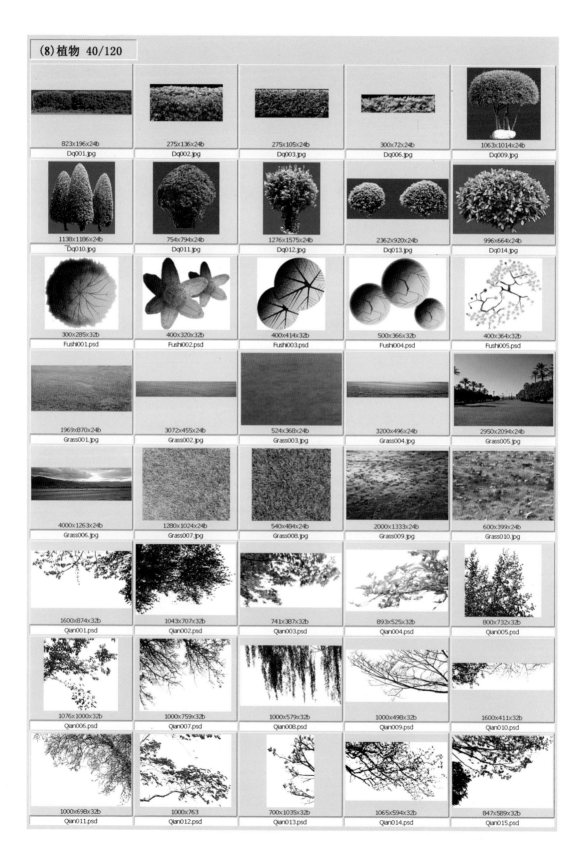

823x196x24b	275x136x24b	275x105x24b	300x72x24b	1063x1014x24b
Dq001.jpg	Dq002.jpg	Dq003.jpg	Dq006.jpg	Dq009.jpg
1138x1186x24b	754x794x24b	1276x1575x24b	2362x920x24b	996x664x24b
Dq010.jpg	Dq011.jpg	Dq012.jpg	Dq013.jpg	Dq014.jpg
300x285x32b	400x320x32b	400x414x32b	500x366x32b	400x364x32b
Fushi001.psd	Fushi002.psd	Fushi003.psd	Fushi004.psd	Fushi005.psd
1969x870x24b	3072x455x24b	524x368x24b	3200x496x24b	2950x2094x24b
Grass001.jpg	Grass002.jpg	Grass003.jpg	Grass004.jpg	Grass005.jpg
4000x1263x24b	1280x1024x24b	540x484x24b	2000x1333x24b	600x399x24b
Grass006.jpg	Grass007.jpg	Grass008.jpg	Grass009.jpg	Grass010.jpg
1600x874x32b	1043x707x32b	741x387x32b	893x525x32b	800x732x32b
Qian001.psd	Qian002.psd	Qian003.psd	Qian004.psd	Qian005.psd
1076x1000x32b	1000x759x32b	1000x579x32b	1000x498x32b	1600x411x32b
Qian006.psd	Qian007.psd	Qian008.psd	Qian009.psd	Qian010.psd
1000x698x32b	1000x763	700x1035x32b	1065x594x32b	847x589x32b
Qian011.psd	Qian012.psd	Qian013.psd	Qian014.psd	Qian015.psd

905x147x24b
Qian016.psd

2200x181x32b
Qian017.psd

1609x213x32b
Qian018.psd

500x305x32b
Qian019.psd

500x352x32b
Qian020.psd

1969x1068x24b
Tan001.jpg

1500x2436x24b
Tan002.jpg

1348x1205x24b
Tan003.jpg

607x365x24b
Tan004.jpg

1155x467x24b
Tan005.jpg

1969x1405x24b
Tan006.jpg

1591x1009x24b
Tan007.jpg

1280x1041x24b
Tan008.jpg

886x1575x24b
Tan009.jpg

1802x348x24b
Tan010.jpg

1200x425x32b
T-qun001.psd

1200x457x32b
T-qun002.psd

709x1000x32b
T-qun003.psd

1116x1042x32b
T-qun004.psd

839x1200x32b
T-qun005.psd

558x1068x24b
Tree001.psd

396x417x32b
Tree002.psd

687x709x24b
Tree003.jpg

425x607x24b
Tree004.jpg

551x709x24b
Tree005.jpg

425x567x24b
Tree006.jpg

567x709x24b
Tree007.jpg

1003x1424x24b
Tree008.JPG

449x1112x32b
Tree009.psd

621x1200x32b
Tree010.psd

647x800x32b
Tree011.psd

691x970x32b
Tree012.psd

921x1089x32b
Tree013.psd

812x1200x32b
Tree014.psd

563x1000
Tree015.psd

609x1000x32b
Tree016.psd

903x1000x32b
Tree017.psd

915x1000x32b
Tree018.psd

533x1200x32b
Tree019.psd

571x1000x32b
Tree020.psd

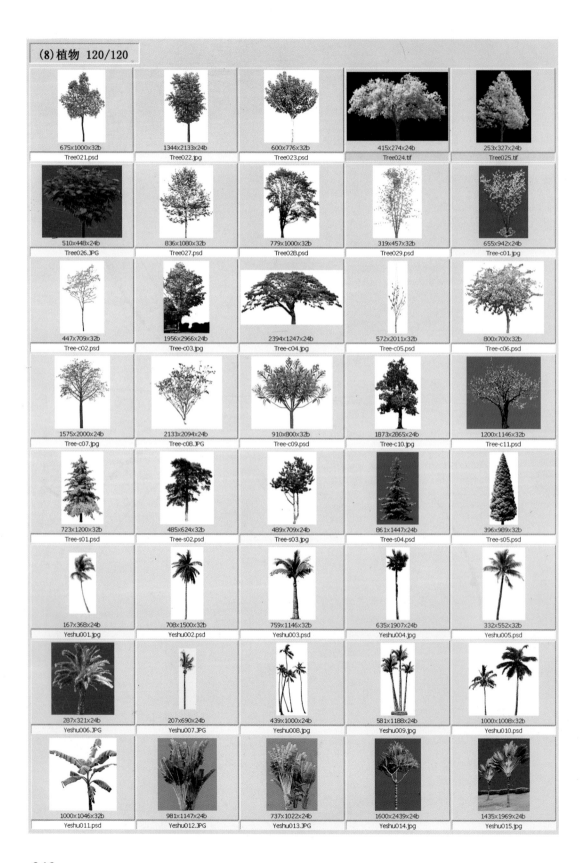

675x1000x32b	1344x2133x24b	600x776x32b	415x274x24b	253x327x24b
Tree021.psd	Tree022.jpg	Tree023.psd	Tree024.tif	Tree025.tif
510x448x24b	836x1080x32b	779x1000x32b	319x457x32b	655x942x24b
Tree026.JPG	Tree027.psd	Tree028.psd	Tree029.psd	Tree-c01.jpg
447x709x32b	1956x2966x24b	2394x1247x24b	572x2011x32b	800x700x32b
Tree-c02.psd	Tree-c03.jpg	Tree-c04.jpg	Tree-c05.psd	Tree-c06.psd
1575x2000x24b	2133x2094x24b	910x800x32b	1873x2865x24b	1200x1146x32b
Tree-c07.jpg	Tree-c08.JPG	Tree-c09.psd	Tree-c10.jpg	Tree-c11.psd
723x1200x32b	485x624x32b	489x709x24b	861x1447x24b	396x989x32b
Tree-s01.psd	Tree-s02.psd	Tree-s03.jpg	Tree-s04.psd	Tree-s05.psd
167x368x24b	708x1500x32b	759x1146x32b	635x1907x24b	332x552x32b
Yeshu001.jpg	Yeshu002.psd	Yeshu003.psd	Yeshu004.jpg	Yeshu005.psd
287x321x24b	207x690x24b	439x1000x24b	581x1188x24b	1000x1008x32b
Yeshu006.JPG	Yeshu007.JPG	Yeshu008.jpg	Yeshu009.jpg	Yeshu010.psd
1000x1046x32b	981x1147x24b	737x1022x24b	1600x2439x24b	1435x1969x24b
Yeshu011.psd	Yeshu012.JPG	Yeshu013.JPG	Yeshu014.jpg	Yeshu015.jpg